GAOCENG JIANZHU SHUSAN ZOUDAO HUOZAI
YANQI DUO QUDONGLI ZUOYONG XIA YUNDONG TEXING

高层建筑疏散走道火灾烟气多驱动力作用下运动特性

李思成　陈颖　等著

知识产权出版社
全国百佳图书出版单位
—北京—

图书在版编目（CIP）数据

高层建筑疏散走道火灾烟气多驱动力作用下运动特性/李思成等著. —北京：知识产权出版社，2019.12

ISBN 978 - 7 - 5130 - 6607 - 5

Ⅰ.①高… Ⅱ.①李… Ⅲ.①高层建筑—建筑火灾—烟气控制—研究 Ⅳ.①TU998.1

中国版本图书馆 CIP 数据核字（2019）第 257428 号

内容提要

本书通过小尺寸实验，模拟高层建筑中着火房间的火灾场景，并对室外风、排烟、送风三种驱动力对火灾烟气控制的影响进行研究，从而确定不同驱动力组合作用下走廊烟气输运规律和烟气控制效果。本书的研究成果，可为机械排烟系统的优化设计提供一定的理论基础，完善机械防排烟系统的相关规范，还可以为消防部队扑救高层建筑火灾提供一定的技术指导。

责任编辑：尹　娟　　　　　　　　　　责任印制：孙婷婷

高层建筑疏散走道火灾烟气多驱动力作用下运动特性

李思成　陈　颖　等著

出版发行	知识产权出版社 有限责任公司	网　　址	http：//www.ipph.cn
电　　话	010 – 82004826		http：//www.laichushu.com
社　　址	北京市海淀区气象路 50 号院	邮　　编	100081
责编电话	010 – 82000860 转 8702	责编邮箱	yinjuan@cnipr.com
发行电话	010 – 82000860 转 8101	发行传真	010 – 82000893
印　　刷	北京中献拓方科技发展有限公司	经　　销	各大网上书店、新华书店及相关专业书店
开　　本	720mm×1000mm　1/16	印　　张	23.25
版　　次	2019 年 12 月第 1 版	印　　次	2019 年 12 月第 1 次印刷
字　　数	414 千字	定　　价	88.00 元
ISBN 978-7-5130-6607-5			

前　言

随着经济的不断发展，城市化进程不断加快，与之相伴的是高层建筑越来越多，建筑高度越来越高。建筑高度的不断攀升虽然在一定程度上缓解了城市对土地资源的需求，给人们的生活带来了许多便利，但是由于其结构的特殊性，也给建筑安全尤其是消防安全带来了新的挑战。

近年来，高层建筑火灾发生的次数逐渐增多，造成了较为严重的人员伤亡和财产损失。调查表明，高层建筑火灾中，火灾烟气造成的人员伤亡比例占 80% 以上。因此，亟需高层建筑火灾烟气控制科学基础理论的支撑。

本书主要基于作者近几年来的科研成果，并适当吸纳了国内外其他与火灾相关的基础知识撰写而成。本书以高层建筑疏散走道火灾烟气在多驱动力下的运动特性为主线，系统讨论火灾烟气的生成，疏散走道内的运动、稳定性和多驱动力作用下的烟控效果。本书首先深入讨论室外风作用下火灾烟气生成量，然后研究了室外风作用下疏散走道火灾烟气运动速度，并研究了疏散走道火灾烟气分层特性，最后讨论了多驱动力作用下的烟控效果。

本书共 5 章，由李思成、陈颖等共同撰写。李思成拟定了全书的大纲，并对全书进行了统稿。第 1 章由李思成、陈颖撰写。第 2 章由梁振涛撰写。第 3 章由陈颖和李昌厚撰写。第 4 章由李思成和黄东方撰写。第 5 章由李思成和王梓蘅撰写。本书的一些具体文字、图、表等格式的完善工作得到了思成指导的研究生刘旭、王彦飞、尹观吉、谭同强、侯旭、高若馨等的大力协助。在本书的撰写过程中，还得到了胡隆华教授、纪杰教授、阳东教授和孙晓乾总工程师的大力支持，在此表示感谢。

本书的研究工作得到国家自然科学基金项目（51278493）的经费支持，特此致谢。

本书主要供从事建筑火灾理论研究、消防安全管理、防火设计等工作的人员使用，也可作为高等院校安全科学与工程专业研究生的参考书。

由于作者水平有限，书中难免会有疏漏之处，恳请广大读者批评指正。

李思成

2019 年 11 月

目　录

第一章 绪 论

第一节 高层建筑的发展和分类

一、高层建筑的发展

随着社会的发展，城市人口日益增长，为了节省用地面积，世界各城市的生产和消费达到一定程度之后，都积极提高城市建筑的层数。实践证明，高层建筑可以带来明显的社会经济效益：首先，使人口集中，可利用建筑内部的竖向和横向交通缩短部门之间的联系距离，从而提高效率；其次，减少建筑的用地面积；第三，可以减少市政建设投资和缩短建筑工期。

现代高层建筑首先从美国兴起，1883 年在芝加哥建造了第一幢砖石自承重和钢框架结构的保险公司大楼，高 11 层。1913 年在纽约建成的伍尔沃思大楼，高 52 层。1931 年在纽约建成的帝国州大厦，高 381m，为 102 层。第二次世界大战后，出现了世界范围内的高层建筑繁荣时期。1976 年建于纽约的世界贸易中心大楼，为 110 层，高 411m。1974 年建于芝加哥的西尔斯大厦，为 110 层，高 443m。日本近十几年来建起大量高百米以上的建筑，如东京池袋阳光大楼为 60 层，高 226m。法国巴黎德方斯区有几十幢 30～50 层高层建筑。苏联在 1971 年建造了 40 层的建筑，并发展为高层建筑群。

中国近代的高层建筑始建于 20 世纪 20～30 年代。1934 年上海建成国际饭店，高 22 层。50 年代北京建成 13 层的民族饭店、15 层的民航大楼；60 年代广州建成 18 层的人民大厦、27 层的广州宾馆。70 年代末期起，全国各大城市兴建了大量的高层住宅以及大批高层办公楼、旅馆。1986 年建成的深圳国际贸易中心大厦，高 50 层。近年来，随着经济的发展，我国的高层建筑越来越多，越来越高。目前，中国有高层建筑 34.7 万幢，百米以上超高层建筑 6000 多幢，数量均居世界第一。如上海金茂大厦 88 层，高度 420.5m。上海环球金融中心楼 101 层，高 492m。上海中心大厦建筑主体为 119 层，总高为 632m（图 1.1）。

图1.1　上海中心大厦

二、高层建筑的分类

根据《建筑设计防火规范》（GB 50016—2014）[1]（以下简称《建规》）规定，高层建筑是指建筑高度大于27m的住宅建筑或建筑高度大于24m的非单层厂房、仓库和其他民用建筑。

《建规》第5.1条对高层民用建筑进行了分类。高层民用建筑根据其建筑高度、使用功能和楼层的建筑面积可分为一类和二类，见表1.1。

表1.1　高层民用建筑分类

名称	高层民用建筑	
	一类	二类
住宅建筑	建筑高度大于54m的住宅建筑（包括设置商业服务网点的住宅建筑）	建筑高度大于27m，但不大于54m的住宅建筑（包括设置商业服务网点的住宅建筑）
公共建筑	1. 建筑高度大于50m的公共建筑； 2. 建筑高度24m以上部分任一楼层建筑面积大于1000m²的商店、展览、电信、邮政、财贸金融建筑和其他多种功能组合的建筑； 3. 医疗建筑、重要公共建筑、独立建造的老年人照料设施；	除一类高层公共建筑外的其他高层公共建筑

续表

名称	高层民用建筑	
	一类	二类
	4. 省级及以上的广播电视和防灾指挥调度建筑、网局级和省级电力调度建筑； 5. 藏书超过100万册的图书馆、书库	

从表 1.1 可见，高度大于 27m 的住宅建筑和建筑高度大于 24m 的其他非单层民用建筑均为高层建筑。《建规》将高层民用建筑分为一类和二类建筑。从消防的角度出发，在高层建筑中将性质重要、火灾危险性大、疏散和扑救难度大的建筑定为一类。这类高层建筑有的同时具备上述几个方面的因素，有的则具有较为突出的一、两个方面的因素。例如，将医疗建筑不论高度皆划为一类，主要考虑了建筑中有不少人员行动不便、疏散困难，建筑内发生火灾容易造成疏散困难的特点来决定的。

高层民用建筑的耐火等级为一级或二级，根据其建筑高度、使用功能、重要性和火灾扑救难度等确定。《建规》中规定：一类高层建筑的耐火等级不应低于一级；二类高层建筑的耐火等级不应低于二级；建筑高度大于 100m 的民用建筑，其楼板的耐火等级不应低于 2.00h。

第二节　高层建筑的火灾特点和典型案例

研究资料表明，烟气的高温和毒害作用是火灾中导致人员伤亡的主要原因，同时也是加速火势蔓延的重要因素[2]。根据相关调查数据显示，火灾中有将近百分之八十的人是由于火灾烟气致死的，大部分遇难者并非位于起火房间内，而是位于距离起火房间较远的疏散通道上，这也进一步证实了火灾烟气的重大危害性[3-5]。

在高层建筑中，火灾烟气的危害主要体现为以下几个方面：

（1）烟气的高温作用。高层建筑中物资相对比较集中，火灾荷载大，一旦发生火灾，烟气的温度可以高达几百度甚至上千度。相关资料表明，当人体暴露在 2.5kW/m² 热辐射通量的热烟气中，或直接与约 60℃ 的热烟气相互接触时，人体会被严重灼伤。高层建筑火灾中，热烟气的高温作用对建筑内人员的生命安全造成了很大的威胁[6-8]。

（2）烟气的毒害和窒息作用。随着制作工艺和手段的不断先进化，各种材料的装饰品层出不穷，其中很多装饰材料都是由高分子材料制成，不仅易燃，而且含有大量有毒成分。而生活中人们为了追求美观舒适的生活环境，大多偏爱于这种装饰材料。火灾中，可燃的装饰材料分解产生大量有毒有害气体，若这些烟气不能及时排出室外，累积到达一定浓度就会导致人员中毒和窒息[9]。

（3）烟气的减光性。建筑火灾发展过程中，随着燃料的不断燃烧和空气的不断消耗，建筑内燃料和空气供应量不断变化，火灾过程存在燃料控制型和通风控制型燃烧等不同阶段。在通风不足的情况下，建筑内可燃物发生不完全燃烧，产生大量烟尘颗粒，降低能见度，影响人员视线，严重阻碍人员的正常疏散。

（4）烟气引起人员的恐慌心理。火灾中产生的高温、烟气和燃烧随时可能发出的爆炸声都会引起建筑内人员的恐慌，影响人们的理智和判断力，有的人甚至会做出过激的举动，如跳楼等。高层建筑中人员相对密集，过度的恐慌心理还会引起现场混乱，影响疏散，导致拥挤甚至踩踏事故的发生。

一、高层建筑的火灾特点

高层建筑具有高度高、层数多、功能复杂、设备繁多、竖向管道井多等特点。高层建筑火灾除具有一般建筑火灾的典型特征外，还具有易形成立体燃烧、易造成大量人员伤亡以及灭火作战难度大等特点。总体而言，高层建筑火灾具有如下特点。

（1）室外风压大[10-12]。室外风速随高度增加而呈指数增长。据测定，离地面 10m 处的风速为 3m/s 时，100m 处风速可达到 18m/s，300m 处风速高达 60m/s，如此高的风速会在高层建筑外立面产生较大的风压。当室外风作用于高层建筑外立面时形成的风压分布更明显，这一压力分布会对建筑内烟气的运动产生影响。一旦发生火灾，高温烟气会诱发玻璃等脆性材料迅速破裂，导致外部风灌入着火房间，增大火灾烟气生成量，同时也会改变烟气的输运路线，使烟气在建筑内的输运过程变得更加复杂而难以控制。

（2）驱动力综合作用影响疏散走道火灾烟气运输[13]。普通建筑发生火灾时，火灾烟气主要受热浮力驱动，因此，烟气蔓延速度较小。相对于高层建筑而言，室外风、送风、排烟等多种驱动力显著增加了火灾烟气在疏散走道输运的动能。室外风风速随高度的增加成指数增长；加压送风启动后，正压送风会阻挡火灾烟气在疏散走道的输运，同时机械排烟会对火灾烟气层造成较大的扰动、吸穿等现象加速烟气层的紊乱。因此，在多驱动力综合作用下，疏散走道内火灾烟气输运过程更加复杂，烟气流动更加难以控制。

（3）火势蔓延途径多，易形成立体火灾。高层建筑火灾由于火势蔓延途径多，影响火势蔓延的因素复杂，如果火灾初起时得不到有效控制，极易形成立体火灾。

高层建筑火势可以通过门、窗、吊顶、走道、可燃隔墙等途径水平蔓延，也能通过横向的孔洞、管道、电缆桥架等较隐蔽的途径蔓延。火灾发展阶段火势水平蔓延的速度为 0.5 ~ 0.8m/s。另外，竖向管井和孔洞、共享空间、玻璃幕墙缝隙等是高层建筑火势垂直发展蔓延的主要途径。这些部位易产生烟囱效应，加剧火势垂直蔓延速度。火灾发展阶段火势垂直蔓延的速度可达 3 ~ 5m/s。并且，火势突破外墙门窗时，由于火势的卷叠作用，能向上升腾、卷曲，甚至呈跳跃式向上蔓延。

（4）烟雾扩散影响大，人员疏散困难。高层建筑由于人员高度集中，疏散距离长，加上火势发展快，烟雾扩散迅速，人员疏散非常困难。高层建筑发生火灾时，会产生大量烟雾，不仅浓度大，能见度低，而且流动扩散快，一幢100m高的建筑物，30s左右烟雾即可窜到顶部，大范围充烟给人员疏散、逃生带来了极大困难。高层建筑火灾中，烟雾不仅向上扩散，也会向下沉降。据测试，着火房间内烟层降到床的高度（约0.8m）的时间为 1 ~ 3min。因此，一旦房间内着火，人很快就会受到烟气侵袭和伤害。

另外，高层建筑由于楼层高，导致垂直疏散距离长，需要较多的疏散时间。建筑越高，楼层人数越多，疏散的时间越长。而且，高层建筑发生火灾时，由于人员众多，心理紧张，疏散时容易出现拥挤堵塞情况，甚至发生踩踏事故，从而严重影响人员的疏散速度。这种情况在高层商场、旅馆等人员集中场所更加突出。而若消防电梯失效，消防人员到场后利用封闭楼梯登高时，由于与疏散方向相反，必然与疏散人群发生碰撞，也容易造成拥挤，影响疏散速度。

（5）灭火设施及装备技术要求高，灭火作战难度大。高层建筑的高度和复杂的结构，给消防人员的灭火作战带来了艰巨性和复杂性。扑救高层建筑火灾需要可靠的固定消防设施和功能强大的消防移动装备。但现有的消防设施和移动装备，还难以满足灭火实战的需求。例如：受高度的局限，举高消防车一般只能救助相应伸展高度内的被困人员，或输送消防人员到达这一高度的窗口；有射水功能的举高消防车也只能向这一高度的喷火窗口射水。受飞行安全和停放场地的局限，消防直升机目前只能救助那些已经逃生到屋顶直升机停机坪的被困人员，或者输送消防人员到达该处。高层建筑较高部位发生火灾时，如果电梯无法使用，消防人员通过楼梯登高，会消耗很大的体力，既影响时间，也影响后续战斗。除少数消防人员可利用消防直升机和举高消防车登高外，大多数只能依靠内部楼梯和电梯登高。因此，高层建筑灭火战斗展开的时间，往往要比其他火场长得多。另外，消防人员若从疏散楼梯登高，还会遇到向下疏散人流的影响，从而更加影响战斗展开的时间。

而对于火场供水方面，我国高层建筑在设计消防给水能力时，由于受诸多因素的限制，难以考虑较大火灾的灭火用水需求，而高层建筑空间布局的复杂性，又使火场直接供水难度极大。高层建筑发生火灾，一旦固定消防设施失效，或火场燃烧面积较大时，消防人员只能依靠垂直铺设水带的方法实施直接供水灭火，往往需要较长的时间，容易贻误战机，使火势扩大。

另外，扑救高层建筑火灾，一般会调集较多力量参战，而高层建筑对现场消防通信质量有一定的影响，如果现场组织协调不好，容易出现局面混乱。高层建筑发生较大火灾时，消防通信指挥中心将会调集大量的人员和单位参战。因此，要组织协调好各参战力量，发挥整体作战的威力，避免出现混乱局面的任务很繁重。

高层建筑如雨后春笋般越建越多，越建越高。据有关部门统计，全国共有超高层建筑 1000 多幢，其中北京的超高层建筑有 40 余幢，而上海的超高层建筑达 200 多幢，高层建筑更是数不胜数[14]。这类建筑在给人们带来舒适和美观的视觉感受的同时，也隐藏着巨大的火灾安全隐患。实例证明，建筑火灾中烟气是造成人员伤亡的重要原因[15]。据相关资料统计，洛阳东都商厦特大火灾中，起火点在地下二层，却造成顶层歌舞厅 300 多人的死亡；吉林中百商厦二楼发生火灾，却造成楼上 54 人死亡[16]。对于高层建筑，由于其结构特性，空间复杂，烟气效应明显，更容易造成严重后果。2010 年上海静安区"11.15 特大火灾"就是一个典型案例。火灾共造成 58 人遇难，70 余人入院治疗，其中多数死伤者是由于吸入了火灾产生的高温和有毒烟气。表 1.2 列举了历年来高层建筑火灾案例[17-19]。图 1.2 为广州建业大厦火灾。

表 1.2 近年来高层建筑火灾案例

时间	建筑名称	建筑描述	伤亡情况
2010.11.15	上海静安区教师公寓楼	28 层	58 人死亡，70 余人受伤
2011.2.3	沈阳皇朝万鑫国际大厦	152m	无人员伤亡
2013.3.4	天津华苑金茂科技园	99m	无人员伤亡
2013.12.15	广州建业大厦	91m	无人员伤亡

高层建筑火灾中导致烟气蔓延的驱动力有：热浮力、室外风和控制烟气的机械排烟与加压送风等[5,20-21]。火灾烟气在多种驱动力的综合作用下从着火房间经疏散走道进入前室与楼梯间并向建筑其他部位蔓延。前室和楼梯间作为人员疏散的重要途径，一旦被烟气侵入，会严重影响建筑内人员的生命安全[3]。因此控制烟气在建筑内蔓延扩散、阻止烟气进入前室，是减少火灾烟气造成人员伤亡的有效办法。

图 1.2 广州建业大厦火灾

二、高层建筑火灾典型案例

根据相关火灾统计数据发现，在各类火灾事故案例中，建筑火灾所占的比例达到了 60% 左右，而高层建筑火灾在所有建筑火灾中所占的比例也极高，且有相当一部分重特大火灾事故都是由高层建筑火灾引起的[22-24]。近年来，国内外高层建筑火灾也时有发生，2009 年 2 月 9 日，央视新址在建大楼发生火灾，造成 1 死 8 伤；2010 年 8 月 28 日，沈阳铁西万达售楼部发生火灾，导致 11 人死亡，同年 11 月，上海静安区教师公寓楼火灾酿成惨剧（见图 1.3）；2013 年 12 月，广州市建业大厦发生火灾；2015 年 2 月，迪拜玛丽娜火炬大厦发生火灾，造成了巨大的损失[25-28]。本节主要介绍几个典型火灾的经过、救援、人员伤亡情况和起火原因。

（一）上海 "11·15" 静安区教师公寓火灾

2010 年 11 月 15 日 14 时许，上海市静安区胶州路一幢 28 层的公寓大楼发生大火。火灾共造成 58 人死亡，71 人受伤。

该事故原因系电焊工人违章操作，致使易燃的尼龙安全网遭焊渣点燃，工程本身也涉及非法分包和安全监管缺失。本次事故造成直接经济损失 1.58 亿元人民币。

1. 经过

胶州路教师公寓于 1997 年落成，共 28 层，高 85m。事故是由电焊工在大楼

10 楼违规进行电焊作业引发，电焊溅落的金属熔融物引燃作业位置下方 9 层位置脚手架防护平台上堆积的聚氨酯保温材料碎块、碎屑，引发了大火。起火时间大约在 14 时 14 分。火灾发生时，大楼正在实施施工改造，建筑外表搭满了脚手架，包围着大量易燃物品，如易燃尼龙网、竹片板制的踏脚板，以致火势迅速蔓延（主要向垂直方向和周边蔓延），在极短时间形成大面积密集火情（见图1.3）。同时，现场施工工地较大，风助火势，加速了火灾蔓延。

图 1.3　上海静安区教师公寓火灾

2. 救援

2010 年 11 月 15 日 14 时 15 分左右，上海市应急联动中心接到火灾报警，随后上海市消防局接警出动，共调集 45 个消防中队的各种消防车 122 辆，官兵1300 人。因火势很大，派出的救援直升机均无法靠近，而因云梯车限制，20 层以上的火灾难以控制。大火持续了 4 个多小时，于 18 时 30 分左右熄灭。

3. 人员伤亡

楼内居民总共有 440 人左右，大多是退休教师，有不少在家带孩子。此次火灾死亡 58 人，包括男性 22 人，女性 36 人。受害者年龄段在 3 至 85 岁，有64.5% 的居民在 50 岁以上，伤者老人小孩居多。

4. 原因调查

直接原因和间接原因如下。

（1）直接原因：在公寓大楼节能综合改造项目施工过程中，施工人员违规在10层电梯前室北窗外进行电焊作业，电焊溅落的金属熔融物引燃下方9层位置脚手架防护平台上堆积的聚氨酯保温材料碎块、碎屑引发火灾。

（2）间接原因：一是建设单位、投标企业、招标代理机构相互串通、虚假招标和转包、违法分包；二是工程项目施工组织管理混乱；三是设计企业、监理机构工作失职；四是上海市、静安区两级建设主管部门对工程项目监督管理缺失；五是静安区消防机构对工程项目监督检查不到位；六是静安区政府对工程项目组织实施工作领导不力。

（二）中央电视台电视文化中心火灾

1. 经过

2009年2月9日晚上8时27分，中央电视台新大楼北配楼工地发生火灾，火焰高达6~9m，火光照亮数十公里外（见图1.4）。火灾燃烧近6个小时后于凌晨2时救熄。

图1.4　中央电视台文化中心火灾

火警救熄后，外墙受损严重，大楼西、南、东侧外墙材料过火，火灾未造成主体结构的损坏。救灾过程耗费大量人力物力，建筑物过火过烟面积2.1万平方米，造成直接经济损失1.64亿元。

2. 救援

消防指挥中心接到报警后，迅速调派16个中队、54辆消防车赶赴现场。有居民称，该晚元宵节，北京多处放烟花，央视新总部附近亦有烟花表演，表演结束后北配楼就发生大火。还有目击者称，楼外部装饰板首先着火，火势愈来愈猛烈，烧到大楼中部时开始发生爆炸，并发生局部坍塌，火光呈黄色、青色和黑色等数种色彩，似乎是化学品燃烧所致。

3. 人员伤亡

由于央视北配楼高159m，使营救变得困难，整幢大楼被烧通顶，并传出爆炸声。央视大火案造成1名消防员牺牲、6名消防员和2名施工人员受伤。

4. 事故原因

直接原因和间接原因如下。

1）直接原因。

火灾发生直接原因是业主单位不听民警劝阻，违法燃放烟花。当晚，"中央电视台新台址建设工程办公室"雇用"浏阳三湘烟花制造有限公司"在北配楼西南角空地燃放了数百枚礼花弹。该单位违反烟花爆竹安全管理规定，未经有关部门许可，在施工工地内违法组织大型礼花焰火燃放活动，在安全距离明显不足的情况下，礼花弹爆炸后的高温星体落入文化中心主体建筑顶部擦窗机检修孔内，引燃检修通道内壁裸露的易燃材料引发火灾。

2）间接原因。

（1）施工单位违规配合建设单位违法燃放烟花爆竹，在文化中心幕墙中使用大量不合格保温板。

（2）监理单位对违法燃放烟花爆竹和违规采购、使用不合格保温板的问题监理不力。

远达监理公司对违法燃放烟花爆竹问题巡查不力。该公司项目现场监理对中建公司新址主楼项目部在施工区域内，为业主单位2009年元宵节燃放烟花爆竹搭设燃放支架等问题巡查不力。

（3）有关单位对非法销售、运输、储存和燃放烟花爆竹的问题失察。

（4）相关监管部门贯彻落实国家安全生产等法律法规不到位，对非法销售、运输、储存和燃放烟花爆竹，以及文化中心幕墙工程中使用不合格保温板的问题监管不力。

（三）6·14伦敦公寓楼火灾

1. 经过

2017年6月14日凌晨，位于英国伦敦西部一栋24层公寓大楼发生大火，火势猛烈，几乎蔓延到所有楼层（见图1.5）。

2. 救援

消防部门接到火警后，出动 40 辆消防车和 200 多名消防员参与灭火。

图 1.5 6·14 伦敦公寓楼火灾

3. 人员伤亡

伦敦公寓楼大火遇难者总数达到 79 人。

4. 事故原因

调查表明，该大楼四楼的一台冰箱起火是这场火灾的罪魁祸首，另外，大楼外墙包层所使用材料可能是发生火灾的原因之一。发生火灾的高层居民楼外墙材料是价格较低的不防火材料，虽然在英国符合建筑标准，但在德国被列为易燃材料，而美国则在 2012 年就规定高层建筑禁用这种材料。据报道称，包层由 3 层材料组成，上下是铝层，中间包着塑料材料。世界多地装有这种包层的大楼都曾遭遇过火灾，如阿联酋、澳大利亚和法国等地。

第三节 高层建筑火灾烟气控制研究现状

一、火灾烟气生成量

机械排烟系统是目前公认最有效的烟气控制设施之一，通常认为受外界环境因素包括室外风的影响较小，排烟效果比较稳定，因而一般是根据理想羽流模型进行设计的。但是在实际火灾中，由于自然通风或强制通风等原因，火灾往往是在有风条件下发生、发展的，尤其是在高层建筑或超高层建筑中，室外风增大到超过热烟浮力，成为火灾发展的主要驱动力，对烟气的产生和输运影响很大。在室外风的影响下，火羽流的输运规律与自然填充有很大不同，火羽流的烟气层高度、烟气层温度和烟气生成量等参数也会与理想状况下有很大的差异。这些都会对机械排烟系统产生影响，尤其是烟气生成量和烟气输运路线的改变，将很大程度上影响机械排烟系统的排烟效率，甚至使系统失效，而现有的机械排烟系统设计规范都没有考虑室外风这一因素。

风对火羽流的以上影响在火灾的发展过程中是同时存在的，在不同的火灾条件、发展阶段，他们对火灾发展的影响程度也不一样，但总体来说对火灾发展起到两种相反的作用，即促进作用和抑制作用[29-31]。室外风对建筑火灾的促进或抑制程度、在存在室外风的情况下如何保证排烟系统的工作效率以及如何利用室外风进行灭火救援都需要进一步研究。

火灾发生后，室外风将通过窗户等开口进入建筑内部，对火灾的发展和烟气输运产生重大影响。研究表明[32]，室外风速随着高度的增加呈现指数增长的趋势，如式（1.1）所示。

$$u = u' \left(\frac{z}{z'} \right)^k \tag{1.1}$$

式中，u 为高度 z 处风速，u' 为参考高度 z' 处的风速，k 为反映地面粗糙程度的无量纲风速指数，在平坦地带（如空旷的野外）可取 0.16 左右，在不太平坦的地带（如周围有树木的小村镇）可取 0.28 左右，在很不平坦的地带（如人城市市区）可取 0.4 左右。参考高度一般取 10m。

机械排烟量是机械排烟系统的重要设计参数之一，一般是根据烟气生成量计算得到的。但现在使用的烟气生成量计算模型都是在理想羽流的基础上建立的，没有考虑建筑结构、室外风等重要因素，使得据此计算得到的机械排烟量的可靠性缺乏保证。在火灾烟气控制中，烟气生成量是一个很重要的羽流特征参数。它不仅是排烟量计算和风机选型的基础，同时也是进行烟气填充计算的重要前提。高层建筑发生火灾后，高温烟气诱发玻璃等脆性材料破碎，导致室外风进入着火房间，进而对火羽流产生较大影响，使得实际火灾烟气生成量远大于轴对称羽流模型的计算值，造成了现有的机械排烟量计算方法的可靠性缺乏保证。有一些学者对室外风作用下的火羽流倾角、温度等进行了研究，并提出了相应的计算公式，也有一些学者就室外风和烟气生成量进行了定性分析，但定量性的结论较少，且缺乏相关实验研究。

《建筑防烟排烟系统技术标准》[33]以及 NFPA 92B[34]是基于轴对称羽流模型

的公式法计算机械排烟量的，该方法考虑了火灾荷载、烟气层温度、最小清晰高度的因素，在一定程度上克服了处方式规范法的不足，但是仍然具有较大的局限性。室外风会使烟气生成量比无风条件下大大增加，加重机械排烟系统的负担，同时，室外风提供的驱动力会改变烟气输运路线，使烟气输运规律更加复杂，也会使机械排烟效率降低，甚至失效。但是国内外有关机械排烟系统设计的规范都没有考虑室外风这一因素。因此，本书主要研究室外风和热烟浮力作用下的火羽流参数的变化规律，在确定室外风作用下烟气生成量的基础上提出机械排烟量的计算公式，并进行实验分析和验证，为机械排烟系统的设计、审核以及高层建筑火灾的扑救提供一定的理论依据和技术支持。

（一）室外风作用下机械排烟量

设置机械排烟系统就是通过风机强制往室外抽烟，为被困人员提供足够的可用疏散时间，并保证该时间内在疏散路线上的人员不受烟气危害或将危害降到最低。完全将烟气排出室外是不现实的，而且也没有这个必要性，但如果排烟量过小，将达不到排烟的目的，会使火灾烟气迅速扩散，威胁到疏散人员的安全，并增加灭火救援的难度。这就要求排烟系统的排烟速率至少等于烟气下降到最小清晰高度时所对应的烟气生成速率，使烟气层高度在疏散时间内不会下降到威胁人员疏散的安全高度。上海市《建筑防排烟技术规程》[35]对于清晰高度的定义是：烟气层底部至室内地平面的高度。最小清晰高度是指火灾时，通过消防设施控制室内烟气，必须保证的烟气层最低安全高度。因此，排烟系统的设计思想是使烟气层在疏散时间内维持在一个预定的高度以上，或减缓烟气层的沉降，这个预定高度要大于最小清晰高度。

计算得到的烟气生成量为质量流量，将其换算成体积流量即为机械排烟量，因此，烟气生成量是计算机械排烟量的前提，也是计算机械排烟量的最主要内容。火灾中的烟气生成量主要取决于羽流的质量流量，而羽流质量流量由三部分组成，分别为羽流上升过程中卷吸空气量、燃烧消耗空气量和可燃物的质量损失速率。由于燃烧消耗空气量和可燃物的质量损失速率在火灾规模一定的条件下是不变的，而且二者之和远小于羽流卷吸空气量，所以可以近似认为烟气主要是由卷吸空气组成的。也就是说，一定高度处的羽流质量流量主要取决于羽流上升过程中对周围空气的卷吸能力，因此，烟羽流在整个烟气层高度之下卷吸的空气量可以认为是烟气生成量[36,37]。

由于计算机械排烟量的最主要内容就是计算烟气生成量，也可以说排烟量的确定归根到底就是烟气生成量的确定，因此本节从烟气生成量的角度出发对机械排烟量进行综述，分为两个方面，即室外风作用下烟气生成量理论模型的研究和室外风对烟气生成量影响的实验研究。

（二）室外风作用下烟气生成量理论模型的研究

当室外风通过窗户等开口进入建筑内部后，将对烟气生成量产生很大影响。目前，国内外学者关于室外风对燃烧速率、烟气温度等影响的研究较为充分，但有关室外风作用下烟气生成量的计算模型研究较少，我国学者对有风条件下的羽流进行了分析，并提出了考虑室外风的烟气生成量模型。

邱雁等[38]采用二维平面射流和动量积分分析方法，建立了有风条件下水平巷道火灾的羽流积分方程，但他们没有对积分方程进行求解，无法直接在消防部队中应用，且他们没有对风速和烟气生成量进行定量分析。王海燕等[39]同样建立了水平巷道进风条件下浮羽流和顶棚射流的羽流模型，并推导得到了烟气向上风向输运的逆行距离表达式，但模型中仅仅列出了控制性方程，并没有进一步分析，相关的参数也没有确定，同样无法在消防实际工作中进行应用。

杨淑江[40]在理想羽流的基础上，认为室外风对羽流的影响主要是使卷吸速率增加，增加的程度由室外风速决定，即与某高度处的羽流竖直方向分速度和水平风速的幂函数成正比关系。通过联立求解质量守恒方程、能量守恒方程和动量守恒方程，运用量纲分析法获得了水平风作用下的羽流质量流率公式，并利用FDS模拟了火源功率为24kW、142kW，水平风速为0.2m/s、0.5m/s的四种工况，确定了模型的系数。该模型虽然将羽流水平截面假设为椭圆形，较为贴近实际，但模型的适用条件为非受限条件，没有考虑建筑结构这一重要因素，模型中的系数仅通过数值模拟确定，缺乏实验验证，而且，在研究中最大风速仅为2m/s，对于较大水平风速下的烟气生成量并没有进行研究。

李勇[41,42]在理想羽流的基础上，引入横流中的射流和羽流思想，认为羽流在室外风的作用下，前后压强分布不对称，羽流发生弯曲，整个火羽流可分为三段，羽流起始段、羽流弯曲段和顺流贯穿段。运用量纲分析的方法，推导得到了室外风作用下的烟气生成量模型，并利用FDS模拟确定了模型中的系数。研究还定性分析了室外风速与烟气生成量之间的关系，并指出，存在一个临界风速使烟气生成量达到最大值，而且临界风速由火源热释放速率决定。该模型同样是在非受限条件下建立的，没有考虑建筑自身结构的影响，假设中将弯曲的火羽流截面认为是理想羽流模型的圆形，并且认为水平风对火源功率没有影响，这都与室内火灾的实际情况有很大的出入，而且模型中的系数也仅通过数值模拟确定，缺乏实验验证。

为了对比在有风条件下，各羽流模型计算的烟气生成量的差异，本书设计了两种算例。第一种是对比分析各羽流模型在同一风速下，计算的烟气生成量随火源功率的变化。风速 u 为 5m/s，火源功率 Q 从 1MW 增加至 10MW，对比结果如图 1.6 所示。第二种是在同一火源功率下，对比分析各羽流模型计算的烟气生成量随风速的变化，火源功率 Q 为 1MW，风速 u 从 1m/s 增加至 8m/s，对比结果如图 1.7 所示。两种算例中，烟气层高度 $z = 1.8$m，当量火源直径 $D = 2$m，环境温度 $T = 293$K，空气密度 $\rho = 1.2$kg/m^3。各模型的计算公式见表 1.3，其中，Thomas – Hinkley 模型、Zukoski 模型、Heskestad 模型和 McCaffrey 模型为轴对称羽流模型，杨淑江模型和李勇模型为考虑室外风因素的羽流模型。

表 1.3　各羽流模型公式及其适用条件

模型名称	参数计算	模型公式	适用条件
Thomas – Hinkley 模型[23-27]		$\dot{m}_p = 0.59Dz^{3/2}$	$z < 10D$
Heskestad 模型[28]	$z_0 = 0.083\dot{Q}^{2/5} - 1.02D$ $z_1 = 0.235\dot{Q}^{2/5} - 1.02D$	$\dot{m}_p = 0.071\dot{Q}_c^{1/3}(z - z_0)^{5/3} + 0.00192\dot{Q}_c$	$z > z_0$
		$\dot{m}_p = 0.0056\dot{Q}_c\dfrac{z}{z_1}$	$z \leqslant z_1$
McCaffrey 模型[29-31]		$\dfrac{\dot{m}_p}{\dot{Q}} = 0.011\left(\dfrac{z}{\dot{Q}^{2/5}}\right)^{0.566}$	$\dfrac{z}{\dot{Q}^{2/5}} < 0.08$
		$\dfrac{\dot{m}_p}{\dot{Q}} = 0.026\left(\dfrac{z}{\dot{Q}^{2/5}}\right)^{0.909}$	$0.08 \leqslant \dfrac{z}{\dot{Q}^{2/5}} < 0.20$
		$\dfrac{\dot{m}_p}{\dot{Q}} = 0.124\left(\dfrac{z}{\dot{Q}^{2/5}}\right)^{1.895}$	$0.20 \leqslant \dfrac{z}{\dot{Q}^{2/5}}$
Zukoski 模型[32-33]		$\dot{m}_p = 0.071\dot{Q}^{1/3}z^{3/5}$	
杨淑江 模型[20]	$\beta = 0.15 + 0.215u_0^{0.262}$ $C = \dfrac{(7.2 - 4.2\beta) + \sqrt{(7.2 - 4.2\beta)^2 - 4 \times 3.24 \times (2 - 1.5\beta)}}{2(2 - 1.5\beta)^2}\beta^2$	$\dot{m}_p = 0.8C^{2/3}\beta^{2/3}\dot{Q}_0^{1/3}Z^{5/3}$	
李勇模型[21,22]	$B_0 = \dfrac{gQ}{\rho_\infty C_p T_\infty}$ $m_0 = \dfrac{Q}{C_p\Delta T}\cdot\dfrac{Q}{\rho C_p\Delta TA}$	$\dot{m}_p = \dfrac{0.322u_a Q_c^{0.7}z^{1.8}}{m_0}$	$0 < z \leqslant \dfrac{m_0^{3/4}}{B_0^{1/2}}$
	$z_B = \dfrac{B_0}{u_a^3}$	$\dot{m}_p = \dfrac{0.35u_a^{0.8}Q_c^{0.76}z^{0.85}}{B_0^{2/3}}$	$\dfrac{m_0^{3/4}}{B_0^{1/2}} \leqslant z \leqslant z_B$
	$\Delta T = 0.4\Delta T' = \begin{cases} 0.4 \times 980 & (z/Q_c < 0.08) \\ 0.4 \times 78.4(z/Q_c) & (0.08 \leqslant z/Q_c < 0.2) \\ 0.4 \times 23.9(z/Q_c)^{-5/3} & (z/Q_c \geqslant 0.2) \end{cases}$	$\dot{m}_p = \dfrac{0.017u_a^{-1}Q_c^{1.67}z^{0.3}}{B_0}$	$z > z_B$

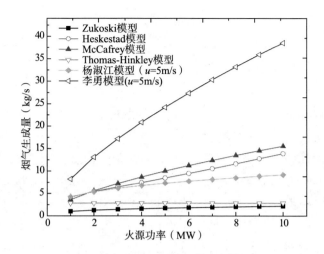

图1.6 不同火源功率下各羽流模型计算的烟气生成量

图1.6为不同火源功率下，各羽流模型计算的烟气生成量对比图。从图中可以看出，在6种模型中，Thomas–Hinkley模型和Zukoski模型计算的烟气生成量较为接近，但计算值比其他几种模型小。在4种轴对称羽流模型中，Heskestad模型和McCaffrey模型计算的烟气生成量较大，变化趋势较为相近。由于考虑了室外风的影响，李勇模型计算的烟气生成量要比其他模型大得多，且增长趋势较快。杨淑江模型虽然也考虑了风的影响，但计算的烟气生成量却介于Heskestad模型和Thomas–Hinkley模型之间，且增长缓慢。

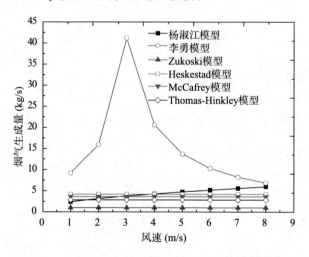

图1.7 不同风速下各羽流模型计算所得到的烟气生成量

图1.7为不同风速下，各羽流模型计算得到的烟气生成量对比图。从图中可以

看出，四种轴对称羽流模型由于没有考虑风的影响，计算的烟气生成量不变；虽然杨淑江模型和李勇模型都考虑了室外风的影响，但变化趋势相差很大，杨淑江模型计算的烟气生成量增长缓慢，在风速 $u=1m/s$ 时小于 Heskestad 模型、Thomas-Hinkley 模型和 McCaffrey 模型的计算值，但在风速 $u=4m/s$ 时，超过三种轴对称羽流模型的计算值，李勇模型计算的烟气生成量要比其他 5 种模型大得多，且随风速的增加呈现先增加后减少的趋势，在风速 $u=3m/s$ 时达到最大值 41.2kg/s。

通过以上的对比分析结果可以看出，对于同一问题各羽流模型计算得到的烟气生成量存在一定的差异，考虑室外风与不考虑室外风差异更大，而这些差异必然会对机械排烟量的计算产生影响，进而使机械排烟系统的有效性缺乏保证。虽然不同的羽流模型具有各自不同的适用条件，但这些条件的界限并不十分清晰，使用者难以把握。此外，大部分羽流模型是基于早期实验的研究成果，由于受当时实验条件、测试仪器水平以及人们对火灾问题的科学认识程度的限制，这些成果在现代高层建筑中的适用性需要重新进行评价。另外，室外风作为影响烟气输运和控制的主要驱动力之一，对烟气生成量具有很大的影响，但基于理想羽流的烟气生成量模型都没有考虑室外风这一因素。杨淑江和李勇的研究虽然考虑了室外风，但是两者的研究结果相差较大，假设条件与建筑火灾的实际情况仍有很大的出入，且缺乏实验验证。在火灾发生时，室外风将对机械排烟系统的有效性和安全性产生影响，因此考虑室外风因素的机械排烟系统将更加安全、可靠。本书在理论分析的基础上，结合全尺寸实验建立一个考虑室外风的烟气生成量模型，用以确定机械排烟量，以指导高层建筑机械排烟系统的设计、审核和施工。

（三）室外风对烟气生成量影响的实验研究

最早研究风对羽流影响的学者提出的火焰倾角公式是研究室外风作用下烟气生成量的基础。通过木垛火实验研究了风对火焰的影响，提出了火焰长度与风速之间的关系式[43-45]。通过小尺寸实验台，研究了风对不同燃料的燃烧速率、烟气层温度和火焰长度的影响，依据动量平衡提出了火焰倾角的计算公式，但是研究得到的羽流倾角公式不适用于浮力羽流区[46,47]。

李思成等[48]在利用 FDS 软件研究中庭补风时发现，火羽流附近的风速较大时，羽流倾角较大，且烟气沉降的速度也较快。有学者通过中庭实验研究指出，在进行机械排烟时，面向火源的机械补风气流将使机械排烟效率降低 30% ~ 50%[49]。但李思成等都没有定量分析风速与机械排烟量之间的关系。有学者研究了室外风对烟气生成量的影响，将烟气生成量分为竖直卷吸和水平卷吸两部分，并利用竖直卷吸系数和水平卷吸系数来衡量空气卷吸量[50]，但有学者发现，通过实验研究得到的竖直卷吸系数相差甚大，导致计算的烟气生成量也相差很大[51]。有学者在一间 2.8m×2.8m×2.13m 的房间内，用实验研究了自然进风对火羽流倾角和烟气生成量的影响[52]。实验中通过控制开启的门和窗户的大小来控制进风量，烟气生成量是通过进风量和烟气温度间接计算得到的。研究结果表明，水平风作用下的烟气生成量比无风状况下增加 2～5 倍。因此，将烟气生成量分为竖直卷吸和水平卷吸的计算方法的可靠性有待进一步验证。

目前，还没有学者研发专门用于研究室外风对烟气生成量影响的实验平台，包括用于确定有风条件下的室内火灾参数的方法，如烟气层高度和烟气生成量。本书将自行设计、搭建可用于研究室外风作用下火羽流参数的实验台，在现有测量方法的基础上，改进得到可以实时测量有风条件下烟气层高度的方法——激光片光源法，并在激光片光源法的基础上确定测量烟气生成量的方法。利用该实验台开展室外风速、火源功率、烟气层高度、通风窗面积、火源与通风窗之间的距离对火源、羽流特性以及烟气生成量的影响研究。

二、疏散走道火灾烟气运动速度

目前，疏散走道内火灾烟气的运动规律逐渐成为火灾科学中的热点问题，国内外很多学者在这方面都进行了不同程度的研究。当疏散走道内发生火灾或火灾烟气由相邻着火房间蔓延至疏散走道时，热浮力驱动的烟气流动一般可分为三个阶段：一是火焰上方形成的浮力羽流；二是烟羽撞击顶棚后形成的顶棚射流；三是顶棚射流前端到达走道尽头后形成的烟气层[53]。对于阶段一和阶段三火灾烟气的发展规律，已有较多较成熟的研究成果，但阶段二火灾烟气的运动规律还缺乏系统的研究。鉴于疏散走道是建筑内人员疏散的必经之路，同时也是烟气蔓延的重要途径，因此有必要弄清疏散走道中火灾烟气输运的规律。由于室外风风速随高度的增加成指数增长[54]，室外风作用对高层建筑内烟气运动的影响会更显著，因此有必要研究室外风作用下高层建筑内烟气运动的规律。本节将分别就目前热浮力和室外风作用下建筑内火灾烟气运动规律的研究进展进行综述。

（一）热浮力作用下建筑内火灾烟气运动规律研究

当室内发生火灾后，着火房间内的可燃物燃烧生成大量高温烟气，由于热烟气密度小于周围空气，二者的密度差产生热浮力，驱动烟气向上流动，并在到达顶棚后形成顶棚射流，当热烟气层越过着火房间房门的上缘时，烟气便会进入走道，并向走道远端流动[55]。着火房间内的热烟气与相邻空间内的冷空气之间的密度差产生的热浮力大小可表示为[56]：

$$\Delta P_b = (h - H_N)(\rho_a - \rho_g)g \qquad (1.2)$$

式中，ΔP_b 为热浮力产生的压差，Pa；h 为测点高度，m；H_N 为着火房间的中性面高度，m；ρ_a 为周围空气的密度，kg/m^3；ρ_g 为热烟气的密度，kg/m^3；g 为重力加速度，m/s^2。

由理想气体状态方程和式（1.2）可得，热浮力的大小与室内外温差有关，当疏散走道与着火房间的温差增大时，热浮力作用对烟气的驱动效果将更显著。

热浮力引起的烟气流动主要是垂直流动和水平流动，其中垂直流动主要发生在建筑的竖井结构中，而水平流动通常是指烟羽撞击顶棚后形成的顶棚射流。单纯热浮力作用下，烟气在竖井中的流动会使竖井内温度升高，导致竖井与相邻外界环境的温差增大，烟囱效应逐渐增强，竖井内烟气流动的驱动力由单纯的热浮力作用变为热浮力和烟囱效应共同作用[53]，且烟囱效应逐渐成为主导驱动力。

驱使火灾烟气由着火房间进入疏散走道的驱动力除了热浮力外还有热膨胀力。热膨胀力指由于火灾导致着火房间温度升高，引起房间内气体膨胀，使着火房间与外界产生的压差。对热浮力外和热膨胀力的相对大小进行了研究，并提出无量纲数 B 来确定二者的相对大小，B 的计算公式如下[56]：

$$B = \frac{Gr}{Re^2} \qquad (1.3)$$

式中，Gr 为格拉晓夫数，Re 为雷诺数。又

$$Gr = \frac{g\left(\dfrac{\Delta\rho}{\bar{\rho}}\right)\bar{D}^3}{v^2}, Re = \sqrt{\frac{\Delta P}{\bar{\rho}}}\frac{\bar{D}}{v}$$

式中，g 为重力加速度，m/s^2；$\Delta\rho$ 为室内外气体的密度差，kg/m^3；$\bar{\rho}$ 为平均密度，kg/m^3；$\bar{D}$ 为房间开口的特征直径（通常取长度或宽度的平均值），m；v 为运动黏度；ΔP 为着火房间与室外环境的压差，Pa。则

$$B = g\frac{\Delta\rho}{\Delta P}\bar{D} \qquad (1.4)$$

实验结果表明，当 $B < 0.1$ 时，膨胀力作用占主导地位，热浮力引起的烟气流动可以忽略；当 $B > 10$ 时，热浮力是导致烟气流出着火房间的主要驱动力。

火灾烟气进入疏散走道后，烟气在热浮力驱动下水平流动，其流动速度的大小关系到人员在走道中疏散的可用疏散时间。国内外学者就热浮力驱动下走道中烟气的运动进行了大量研究。其中，推导出热浮力作用下疏散走道中烟气单向流动的速度衰减公式，计算公式如下[57]：

$$V = 0.8\left(\frac{gQT}{c_p\rho_0 T_0^2 W}\right)^{1/3} \tag{1.5}$$

式中，g 为重力加速度，m/s^2；Q 为火源的热释放速率，kW；T 为距火源某一水平距离处的烟气温度，K；c_p 为烟气的质量定压热容；ρ_0 为周围空气的密度，kg/m^3；T_0 为周围环境温度，K；W 为疏散走道宽度，m。

有学者利用激光片光源观察烟气在一 11.83m×2.83m×2.3m 的走道中的运动，并将烟气流动速度的测量结果与用 Hinkley 公式计算的结果进行比较，发现公式计算的结果较实际测量结果大 20% 左右[58]。有学者发现激光片光源实验中烟气在走道中是双向流动，而 Hinkley 公式假设走道中的烟气是单向流动，因此公式的计算结果偏大。假设烟气进入走道后变成两股对称的烟流，并提出 Hinkley 公式的改进公式[59]：

$$V = 0.8\left(\frac{0.5gQT}{c_p\rho_0 T_0^2 W}\right)^{1/3} \tag{1.6}$$

上式计算的烟气流动速度比 Kim 的实验结果小 5% 左右，表明公式（1.6）可以较好地预测走道中双向烟气流动的速度变化情况。

由于区域模型不能很好地模拟走道等特殊结构内烟气的运动过程，有学者将走道中烟气的流动简化为二维流动模型，并假设烟气在流动过程中密度不变，提出双区域模型中计算烟气水平流动平均速度的简化公式，计算公式如下[60]：

$$V_{mean} = 0.961\left(\frac{\Delta\rho g Q_0}{\rho_s W}\right)^{1/3} \tag{1.7}$$

式中，g 为重力加速度，m/s^2；Q_0 为走道烟气的体积流率，m^3/s；$\Delta\rho$ 为周围空气与烟气的密度差，kg/m^3；ρ_s 为火灾烟气的密度，kg/m^3；W 为疏散走道宽度，m。

Jones 在一长 40m 的全尺寸实验台进行了验证实验，发现公式（1.7）的计算结果与实验结果吻合较好。但该验证实验中的烟气温度最高仅为 69.7℃，与实际情况相差较大，且公式（1.7）在推导过程中忽略了烟气的密度变化和两区域间的质量交换，因此不能很好地预测实际火灾中走道烟气的水平运动速度。

有学者基于场模型提出了改善 CFAST 的子模型，子模型中计算走道中烟气水平流动速度和烟气温度变化的公式如下[61]：

$$V \approx 0.7\left(gd_0\frac{\Delta T}{T_{amb}}\right)^{1/2} \tag{1.8}$$

$$\Delta T = \Delta T_0\left(\frac{1}{2}\right)^{x/16.7} \tag{1.9}$$

式中，g 为重力加速度，m/s^2；d_0 为烟气层厚度，m；ΔT 为烟气前端与环境空气的温差，K；T_{amb} 为环境温度，K，ΔT_0 为起始点烟气与环境空气的温差，K；x 为烟气前端距起始点的水平距离，m。

为验证该模型的可靠性，在一长 8.51m 的走道中进行了火灾实验，实验结果与该子模型的模拟结果吻合较好。但实验中所用的走道长度较短，而实际建筑中走道的长度一般都远大于 8.51m，因此该子模型还需在较长的走道中进行验证。

有学者认为火灾烟气从火源处上升撞击顶棚后，由于与周围冷空气和墙壁发生了对流换热，顶棚射流的热释放速率远小于火源的热释放速率，因此 Hinkley 的公式中应用顶棚射流起点处的热释放速率来代替火源的热释放速率，计算公式如下[62]：

$$V = 0.8 \left(\frac{g Q_{cv} T}{c_p \rho_0 T_0^2 W} \right)^{1/3} \qquad (1.10)$$

式中，Q_{cv} 为顶棚射流起点处的热释放速率，其大小可用公式（1.11）计算得到：

$$Q_{cv} = \frac{\Delta T V_l \rho_a T_a c_p}{T} \qquad (1.11)$$

式中，ΔT 为顶棚射流的平均温升，K；V_l 为顶棚射流的体积流率，m^3/s；ρ_a 为周围空气的密度，kg/m^3；T_a 为周围环境的温度，K；c_p 为空气的质量定压热容；T 为顶棚射流的温度，K。

Yang 将上式计算的结果与其在一 66.0m × 1.5m × 1.3m 的走道中实验的结果进行比较，发现计算结果与实际观测结果最大仅相差不足 15%，说明公式（1.10）可以很好地预测走道中烟气的流动速度。

通过分析走道中烟气满足的质量守恒、动量守恒和能量守恒方程，推导出烟气在走道中流动时，温度和速度衰减的计算公式[63]：

$$\frac{\Delta T}{\Delta T_0} = \exp \left[-\frac{\alpha}{\rho h \mu} (x - x_0) \right] \qquad (1.12)$$

$$\frac{\mu}{\mu_0} = \exp \left[-\frac{c_f}{2h} (x - x_0) \right] \qquad (1.13)$$

式中，ΔT 为烟气前端距参考点 x 时的温度变化，K；ΔT_0 为火源到顶棚之间的温差，K；ρ 为烟气密度，m^3/s；h 为导热系数，W/(m·K)；μ 为烟气流动速度，m；μ_0 为参考点处烟气流动速度，m；c_f 为摩擦系数，通常取 0.0055 ~ 0.0073[64]；x_0 为参考距离，m。

Hu 通过分析在 88.0m × 8.0m × 2.65m 的全尺寸走道中得到的试验数据，得出走道中烟气的温度和速度满足指数函数衰减，验证了得到的理论模型。

（二）室外风作用下建筑内火灾烟气运动规律研究

室外风流经建筑时，会在建筑周围产生压力分布，这种压力分布会影响建筑内的烟气流动。室外风作用在建筑外立面产生的风压大小可表示为[54]：

$$P_s = \frac{1}{2}C_p\rho_a U_H^2 \tag{1.14}$$

式中，P_s 为室外风作用到建筑表面产生的压力，Pa；C_p 为风压系数；ρ_a 为室外空气密度，kg/m³；U_H 为室外风速，m/s。

风压系数 C_p 是指某一风向时，室外风作用于建筑物不同外立面上形成的风压与按该高度处风速计算所得的动压之比，与室外风风速的大小无关，与建筑形状、室外风风向、周围建筑布局和建筑所处地形等因素有关[65]。精确的风压系数只能通过风洞试验得到，对于形状较规则的建筑，也可通过查阅相关试验数据或进行场模拟得到[66]。

当室外风流经矮宽的建筑时，气流主要从建筑的顶部流过；当流经瘦高的建筑时，气流则主要沿建筑侧面流动，少部分会流经建筑顶部，因此对于高层建筑来说，室外风主要作用于建筑外立面[67]。虽然现代高层建筑外围护物的密封性较好，室外风对建筑内压力的影响有所减弱，但由于可开启外窗的存在，以及发生火灾后玻璃等脆性材料的破裂，室外风仍会对建筑内的压力产生非常大的影响[68]，且由于室外风的风速和风向无时无刻不在变化，这些变化有可能导致火灾情况更加复杂，阻碍人员的安全疏散和消防员的应急救援[69]。因此，有必要对室外风作用下建筑内烟气的流动情况进行研究。

目前，国内外对室外风的研究内容主要是室外风对建筑的中性面及自然排烟效果的影响。其中，刘何清[70]和高甫生[71]等研究了热压和室外风压共同作用对建筑中性面的影响，得出热压和室外风压可以完全分解，二者对中性面的耦合作用可认为是二者单独作用结果的代数叠加。由建筑位于迎风面时新的中性面处热压与室外风压的和为0可得中性面位置的计算公式为

$$\frac{P_r}{P_f} = \frac{N - k}{u_s \cdot k^{0.44}} \cdot W = -1 \tag{1.15}$$

其中：

$$W = \frac{h_0(r_0 - r_i)}{0.22h_0^{0.44} \cdot P_{f0}}, P_{f0} = \frac{1}{2}\rho \cdot v_0^2$$

式中，N 为单纯热压作用时中性面所在楼层；k 为计算楼层；u_s 为建筑体型系数，取值参考《建筑结构荷载规范》；h_0 为楼层层高，m；r_0 为室外空气平均重

率，N/m^3；r_i 为建筑竖井内空气平均重率，N/m^3；ρ 为室外空气密度，kg/m^3；v_0 为 B 类地貌、距地面 10m 高度处的风速，m/s。

符永正[72]提出可用 S 值来判断热压和室外风压对中性面位置影响的相对强弱，S 值的计算方法如下：

$$S = 5.744 \frac{V^2}{H^{0.6}\Delta t} \tag{1.16}$$

式中，V 为标准高度 10m 处的室外风速，m/s；H 为建筑高度，m；Δt 为室内外温差，K。

由上式可知，当 Δt 和 H 增大时，S 减小，因而迎风面的中性面下降，背风面的中性面上升；当 v 增大时，S 增大，所以迎风面的中性面上升，背风面的中性面下降。

通常情况下，当自然排烟口位于迎风面时，室外风在建筑迎风面形成较大的风压，不利于烟气的排出；当排烟口位于背风面时，室外风作用于建筑物会在排烟口处形成负压区，加速烟气的排出[73]。当排烟口位于迎风面时，随着室外风速增大至一定值后，自然排烟会失效，此时的风速值称为临界失效风速。杨淑江[74]通过建立排烟口处热压与风压之和为 0 的等式推导出临界失效风速的计算公式：

$$u_c = \sqrt{\frac{-2gH\Delta\rho}{\Delta C_w \rho_0}} \tag{1.17}$$

式中，g 为重力加速度，m/s^2；H 为排烟口距地面的高度，m；$\Delta\rho$ 为室外空气与室内烟气的密度差，kg/m^3；ΔC_w 为总风压系数，其值为补气口所在壁面的附加风压系数与排烟口所在壁面的附加风压系数之差，ρ_0 为室外空气密度，kg/m^3。

由上式可得，临界失效风速的大小与室外风作用于建筑外立面形成的风压分布有关，因此在布置排烟口时，应考虑主导风向作用于建筑形成的风压分布情况，以减少室外风对自然排烟的不利影响。

当有室外风作用于建筑时，自然排烟过程通常是多驱动力共同作用的结果，对此，通过理论分析热浮力和室外风共同作用下采用自然排烟的中庭内烟气的流动，得到自然排烟中庭的临界风速值 V_t，其计算公式如下[75]：

$$V_t = \frac{(Bh/A)^{1/3}}{\sqrt{|C_p|}} \tag{1.18}$$

式中，B 为对流浮力通量，m^4/s^3；h 为烟气层厚度，m；A 为排烟口面积，

m^2；C_p为开口处的风压系数。

计算结果表明，当室外风速小于V_t时，室外风对烟气的影响可以忽略；当室外风速大于 2 倍的临界风速值时，自然排烟口处的室外风压大于热浮力，此时火灾烟气主要受室外风的驱动。但该公式未考虑烟气在卷吸周围空气时的热量损失，因此公式中的热浮力较实际情况偏大，低估了室外风的作用。

施微[76]等采用场 – 区模型模拟火灾发生时高层建筑条形走道内的自然排烟过程，对有室外风作用时走道自然排烟的效果进行了研究。模拟结果表明，当非起火侧位于迎风面时，迎风面的排烟口在风速较小的情况下就会失效；当起火侧位于迎风面时，大量高温烟气使排烟口处热压作用远大于风压作用，自然排烟仍有效。但该模拟工况中设置的室外风速最大仅有 2.5m/s（相当于 2 级风），而实际风速通常会远大于该值，因此模拟结果不具有代表性。

当室外风作用于建筑时，火灾烟气在建筑中的扩散蔓延就演变成室外风与其他建筑内的驱动力耦合作用的结果。国内外学者对热浮力和室外风共同作用下着火房间烟气运动的规律做了很多研究，其中，有学者通过理论分析得到了热浮力和室外风共同作用时烟气从迎风面开口流出着火房间的临界风速值，其计算公式如下[77]：

$$V_{cr} = \sqrt{2\left(1 - \frac{T_a}{T_g}\right)gh/(C_{pw} - C_{pl})} \tag{1.19}$$

式中，T_a为室外环境温度，K；T_g为烟气温度，K；h为着火房间两开口中心的高度差，m；C_{pw}为迎风面的风压系数；C_{pl}为背风面的风压系数。

当室外风速小于临界风速值V_{cr}时，热浮力是驱动烟气流出着火房间的主要驱动力；当室外风速大于临界风速值V_{cr}时，室外风会驱动烟气向建筑的背风部分运动。

通过理论分析一组对称双开口的小尺寸房间风洞模拟试验的数据，提出判断热浮力和室外风对着火房间烟气作用大小的比值Ar，其计算公式如下[78]：

$$Ar = \frac{(C_{pw} - C_{pl})V^2}{2(\Delta T_g/T_g)gH} \tag{1.20}$$

式中，C_{pw}为迎风面的风压系数；C_{pl}为背风面的风压系数；V为室外风速，m/s；T_g为烟气温度，K；ΔT_g为烟气与室外环境的温差，K；H为开口内测点的高度，m。

当$Ar \ll 1$时，室外风对烟气的影响可以忽略；当$Ar < 1$时，热浮力起主导作用，流经着火房间门的烟气仍能保持较好的分层状态，烟气在开口处为双向流

动；当 $Ar > 1$ 时，室外风起主导作用，烟气与室外风掺混后进入走道，烟气在开口处为单向流动。

通过理论计算和 CFD 软件模拟，提出浮力通量比 m_Q/m_W 来判断单室火灾中烟气流动的主导驱动力，该比值通过求解一元二次方程得到[79]：

$$T^*(T^* + 1)\left(\frac{m_Q}{m_W}\right)^2 + 2(T^* - 1)^2\left(\frac{m_Z}{m_W}\right)^2 - 2T^*(T^* - 1)^2 = 0 \quad (1.21)$$

式中，T^* 为烟气温度与环境温度的比值；m_Z 为与建筑高度和开口面积有关的质量流率，kg/s；m_Q 为热浮力作用下的质量流率，kg/s；m_W 为室外风压作用下的质量流率，kg/s。

模拟结果表明，当该比值接近 0 时，热浮力驱动下的烟气流动变得不稳定，室外风逐渐成为主要驱动力。

综上所述，国内外学者对疏散走道内火灾烟气输运规律的研究偏重于单纯热浮力作用，而对于室外风影响建筑内火灾烟气运动的研究，则侧重于室外风在建筑外立面形成的压力分布对建筑内烟气运动的影响，但当高层建筑发生火灾后，着火房间内的高温极可能诱发玻璃等脆性材料的破裂，导致室外风灌入建筑，此时室外风具有的动能也将影响建筑内烟气的运动，因此室外风进入建筑后对疏散走道内烟气运动影响的研究工作有待进一步扩展。

三、疏散走道火灾烟气层的稳定性

作为建筑物的水平交通通道，民用建筑走道的宽度一般比较小，如两侧布置房间的走道，宽度一般为学校 2.1 ~ 3.0m，门诊部 2.4 ~ 3.0m，办公楼 2.1 ~ 2.4m，旅馆 1.5 ~ 2.1m[1]，但民用建筑走道的长度却可以很长[80,81]，图 1.8 为某办公楼图纸缩图，走道长达 120m。图 1.9 为某酒店的长走道照片。

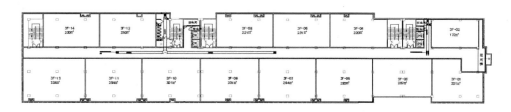

图 1.8　某办公楼长走道图纸缩图

图 1.9　典型民用建筑走道

火灾发生时，走道是人员疏散的重要途径，人们通过疏散走道进入楼梯间等安全空间。但与此同时，火灾烟气也可能从着火房间进入走道，再由走道蔓延至前室和楼梯间，进而蔓延至建筑的其他部位，所以走道也是烟气蔓延的主要路径，烟气在走道中的蔓延和扩散大大增加了人员疏散和消防救援的难度。因此，研究疏散走道中烟气输运规律，控制烟气在走道中的流动，可以有效防止烟气在建筑内蔓延扩散，减少火灾烟气造成的人员伤亡。

火灾发生时，房间温度迅速升高，诱使外窗玻璃两侧产生温差，普通玻璃在两侧表面温差达到110℃时就会发生破裂[82]，室外风涌入房间，因此火灾烟气极易受到室外风的影响。室外风速度随建筑高度的增加呈指数增长，在市区，离地面 10m 处的风速为 3m/s 时，100m 处风速可达到 6.46m/s，300m 处风速高达 9.321m/s[83]。因此，对于高层或超高层建筑而言，室外风对火灾发展和烟气输运的影响更加明显。

机械排烟是目前公认最有效的烟气控制措施之一，它是利用排烟风机将火灾区域所产生的高温烟气通过排烟口和排烟管道排出室外的排烟方式。一个设计合理、完好有效的机械排烟系统能排出 80% 火灾所产生的热量[83]，大大降低火场温度，为人员安全疏散和火灾扑救提供相对安全的环境。对于内走道而言，由于墙壁的阻挡，一般无法设置外开窗，这时就需要按照规范在走道中设置机械排烟以排除火灾时走道中的烟气。机械排烟会提升烟气层高度、降低烟气温度，但如果设置不合理，机械排烟量过大，则又有可能会造成吸穿和烟气层失稳等不良后果，因此，机械排烟也是走道中烟气输运的重要驱动力。

　　火灾烟气由于自身浮力，在竖向上分层是建筑火灾基本现象之一[22]。走道作为人员疏散的重要通道，维持烟气稳定分层至关重要。通常所说的分层现象是指烟气温度的分层。然而，烟气是由多种组分组成的混合物，其成分浓度在竖向上也存在分层现象，因此烟气分层的概念具有多重性。根据火灾烟气危害的种类，可将烟气分层分为：温度分层（热损害）、烟颗粒浓度（减光性）以及有毒气体组分层（烟气的毒害性）[84]。

　　在对火灾烟气热分层现象观察的基础上，人们提出了双区域模型，即将研究空间分为上部热烟气层和下部冷空气层两个区域，每个区域内温度、组分浓度等参数分布均匀，只在区域与区域之间、区域与火源之间以及区域与边界之间发生能量和质量的交换[85]。传统的双区域模型简单地将研究空间分为上部热烟气层和下部冷空气层两个均匀的控制体，这有利于研究普通房间内的烟气分层[22]，但走道是一种狭长受限空间，烟气在走道中传播时，由于与环境的热传递和质量交换，烟气温度、组分浓度等主要参数沿纵向发生变化，这又会造成烟气竖向分层特性的不断变化，因此，传统的双区域模型不能直接应用于走道的研究。目前，对走道烟气流动的研究主要集中在多房间或"房间－走道"结构的烟气填充实验、走道烟气流动区域模型的改进与验证、烟气成分的迁移特性、走道温度和速度的分布规律等，而对走道烟气分层特性研究的则较少。

　　室外风是火灾烟气输运的重要驱动力之一，室外风通过外窗进入着火房间，对房间内烟缕质量流量产生影响，增大烟气产生量[40,86]；如果室外风具有足够的动量，则还会进一步进入走道，对走道中的烟气分层产生影响，若室外风足够大，则会进一步扰动走道中的烟气层，造成烟气分层的紊乱，对人员疏散和灭火救援造成威胁。关于室外风作用下火灾及烟气发展规律，目前还主要集中在烟气产生量及自然排烟有效性的研究，缺乏室外风对走道中烟气分层稳定性影响的研究，究竟多大的室外风会对走道中烟气稳定性产生怎样的影响尚且不得而知。因此，有必要研究室外风作用下走道中烟气的分层特性，为科学评价室外风作用下的火灾风险提供理论基础。

　　机械排烟是火灾烟气输运的又一重要驱动力，机械排烟可以排除火灾产生的大量烟气，减低烟气层的温度，但与此同时也会对烟气的分层特性产生影响，如过大的机械排烟量会造成烟气层的吸穿，而吸穿的发生一方面会降低排烟系统的排烟效能，另一方面还有可能造成烟气层的拥堵和失稳，从而对人员疏散造成不利影响[87,88]。对于走道机械排烟的研究，目前主要还集中在排烟量和排烟口的设计，而对于烟气分层稳定性及吸穿现象的研究则很少，因此，有必要研究走道中机械排烟对烟气分层稳定性的影响，从而设计出既满足排烟量要求又能最大限度发挥排烟系统效能同时也能保证烟气分层稳定的机械排烟系统。

因此，本书分别开展室外风、机械排烟作用下走道烟气分层特性的研究。研究室外风速度、房间外窗大小、火源大小等因素对烟气分层稳定性的影响，提出走道烟气分层稳定失效的判据，为火灾性能化评估和防排烟系统的设计提供理论基础。研究机械排烟作用下，机械排烟量、排烟口位置、排烟口数量等因素对烟气分层特性的影响，建立走道中吸穿临界排烟量的计算方法，为工程设计提供依据和参考。

（一）走道烟气温度分布研究

温度是衡量烟气危害性的一个重要指标，关于温度对人员伤害的评价，目前在火灾危险评估中推荐数据为：短时间脸部暴露的安全温度极限范围为 65 ~ 100℃。许多火灾风险评估案例中取人眼高度处温度 60℃ 作为人员耐受极限[21]。研究火灾烟气温度分布规律，对于评价烟气层的稳定性，评价烟气对人员疏散的影响具有重要意义。走道作为一种狭长空间，烟气在其中蔓延时，不断与周围墙壁、下部冷空气发生热传递、热对流、热辐射等热量传递和卷吸、扩散等质量传递，烟气温度沿纵向不断衰减，这势必会造成烟气浮力减弱，烟气层高度、烟气分层稳定性的降低，对人员疏散造成不利影响，因此，烟气温度沿走道纵向分布规律对研究烟气分层稳定性具有重要意义。

有学者研究了两道相邻的梁所形成的长通道内烟气的流动。提出，当两道梁足够深而没有烟气泄漏出来，可认为与走道内烟气流动类似。烟气层沿通道一维流动阶段，温度分布符合如下规律[89]：

$$\frac{\Delta T}{\Delta T_0}\left(\frac{l}{H}\right)^{1/3} = 0.49\exp\left[-6.67St\frac{x}{H}\left(\frac{l}{H}\right)^{1/3}\right] \tag{1.22}$$

式中，ΔT 是在距离 x 处的烟气平均温升，ΔT_0 是火源上方顶棚附近的温升，l 是走道宽度的一半，H 是顶棚高度，$St = \frac{h_c}{\rho V C_p}$ 是斯坦顿数，其中 h_c 是对流换热系数，ρ 为烟气密度，V 为烟气流动速度，C_p 为烟气比定压热容。

有学者针对烟气从着火房间进入走道，提出温度分布的经验关系式[90]：

$$\frac{\Delta T}{\Delta T_0} = K_1\exp(-K_2 x) \tag{1.23}$$

式中，K_1 是一经验常数，参数 K_2 与对流换热系数 h、走道宽度 W、烟气质量流率 m 以及比定压热容 c_p 有关。

$$K_2 = \frac{K_1 h W}{m c_p} \tag{1.24}$$

实验也发现，走道中烟气射流温度随着与着火房间距离的增加而逐渐衰减，但并没有给出定量描述[91]。针对上述实验数据，拟合得到温度分布符合如下规律[92]：

$$\frac{\Delta T}{\Delta T_0} = 0.55\left(\frac{H}{l}\right)^{1/3}\exp\left[-0.43\,\frac{x}{H}\left(\frac{l}{H}\right)^{1/3}\right] \tag{1.25}$$

有学者运用场模型 LES3D 进行数值模拟，发现温度沿着走道呈指数衰减的规律[93]：

$$\Delta T = \Delta T_0\left(\frac{1}{2}\right)^{x/16.7} \tag{1.26}$$

由此可见，大部分学者都认为走道中烟气温度纵向呈指数衰减趋势，但指数衰减的起始位置、起始位置处的温升 ΔT_0 以及指数衰减的系数到底该怎样确定却鲜有提及，还有待进一步研究。

（二）烟气分层特性的研究

火灾时，普通房间的烟气发展包括三个阶段[84]：（1）火羽流阶段；（2）顶棚射流阶段；（3）烟气层竖向填充阶段。

对于隧道等狭长受限空间，火源直接位于狭长通道中，其火灾烟气运动过程大致可分为四个阶段[93,94]：（1）火羽流撞击顶棚阶段；（2）烟气撞击顶棚后径向蔓延阶段；（3）烟气与壁面相互作用，并向一维蔓延的过渡阶段；（4）在通道纵向上的一维蔓延阶段。

走道作为一种狭长受限空间，烟气在其中的运动与在隧道中有很大相似性。但对于走道，火灾烟气并非在走道中直接产生，而是在着火房间内积聚到一定程度再通过房间门洞进入走道。赫永恒[95]等通过 1/10 尺寸实验发现，在尽端封闭的长条形走道中，其烟气运动过程可分为以下几个阶段：（1）烟气在房间内填充过程，包括火羽流阶段、房间内烟气顶棚射流阶段、烟气层逐步下降的竖向填充阶段；（2）烟气从房间溢出房间门，进入走道；（3）烟气在走道内运动，向走道的尽端一维流动；（4）撞击尽端，发生反射。逐渐形成厚度均匀的热烟气层，烟气层厚度缓慢增加。

有学者通过在尺寸为 2.83m 宽、11.83m 长、2.3m 高的实际尺寸走道中进行烟气填充实验，火源设置在走道一端，走道两端均封闭，实验采用激光片光源观察烟气流动现象，采用高速摄像机记录烟气每个阶段每个时刻的流动状态[91]。实验发现，走道内烟气层的形成包含两个阶段：（1）顶棚射流的形成及传播阶段；（2）顶棚射流撞击走道尽端之后的阶段。在前一阶段，烟气层的降低是由于烟气的冷却、质量扩散和向冷空气及固体墙壁传递动量等小尺度的运动

（Small - scale Motions），走道尽端附近烟气层的降低在这一阶段是最慢的。而在后一阶段，烟气前端到达走道尽端后，由于烟气撞击尽端造成回流（Recirculating Motions），产生大尺度的对流运动（Large - scale Convection Motions），造成尽端烟气层在几秒钟内迅速降低，甚至到达地面附近。

由此可见，对于尽端封闭的走道，烟气运动的阶段划分也不同于普通房间。走道内烟气在纵向存在较强的流动，这种流动受到走道形式等因素的影响，如果走道尽端有对外开口，其流动模式与走道尽端封闭又会有所不同。

在流体力学分层流的研究领域，有学者针对表面射流（Surface Jet）和倾斜羽流（Inclined Plume）开展了小尺寸试验[96]，结果表明分层流动的卷吸系数取决于 Ri。Ri 表征分层流动中浮力与惯性力的相对大小，当 $Ri > 0.8$ 时，浮力远大于惯性力，维持稳定分层流，可以不考虑卷吸的影响；而当 $Ri < 0.8$ 时，惯性力相对较大，对分层流稳定性造成破坏，卷吸较为显著，卷吸系数随 Ri 的减小而增大。

有学者采用 CHAMPION 计算机代码，进行了缩尺寸"房间 - 走道"烟气流动的数值计算[97]，发现与缩尺寸实验[98]结果非常吻合。然后，又对一个长 75m、高 2.5m 的全尺寸走道进行了数值模拟计算，火灾烟气从走道左侧进入，右侧流出。通过改变走道的入流温度、辐射热损失及净质量流量等参数，特别关注了热烟气的分层特性，发现在所有的模拟场景中，烟气都出现了良好的分层。因此推论，实际火灾场景中，只要流动不受到外界因素的干扰，烟气在走道中的流动总会出现良好的分层。

根据 Ellison 的分层流理论，提出用 $Ri = 0.8$ 作为判断烟气分层稳定性的判据：当 $Ri > 0.8$ 时认为烟气是完全分层的；当 $Ri < 0.8$ 时认为烟气层是完全掺混的[99]。但发现，在所研究的五个场景中，都出现了 $Ri < 0.8$ 的走道区域，但烟气层并没有失稳，依旧分层良好；且当烟气层温度沿纵向降低时，Ri 数并没有降低反而升高[97]。因此，仅仅通过 $Ri = 0.8$ 作为烟气分层稳定的判据有一定的局限性，由于分层对火灾和烟气的蔓延有着重要的影响，简单而粗糙地用 $Ri = 0.8$ 作为烟气从完全分层状态向掺混状态的转变是不适宜的。

分析其原因，认为最早在盐水实验中提出采用 Ri 数来衡量分层流的稳定性，认为卷吸速率是 Ri 数和相对密度差 $\Delta\rho/\rho$ 的函数，由于盐水实验中后者很小，他们忽略了相对密度差 $\Delta\rho/\rho$。但是，在烟气的流动中，$\Delta\rho/\rho$ 是不容忽略的，因此在考虑卷吸速率时，必须要同时将 Ri 和 $\Delta\rho/\rho$ 考虑进来。

在 1/7 缩尺寸"房间 - 走道"模型装置中进行实验[100]，实验装置见图

1.10。实验使用气体扩散火研究稳定状态下走道里的流场和温度场，考虑两种建筑形式，一种房间在走道侧边，如图 1.10（a）；另一种房间在走道一端，如图 1.10（b），走道尽端设置有可调节宽度的对外出口。实验发现，对于走道尽端门洞完全敞开的走道，烟气流动呈现出明显的双层逆向流动，分层良好；然而，当走道尽端门洞存在上缘或走道中有任何阻挡或限制时，流动模式就会成为一种四层逆流层（Four Countercurrent Layers），且走道里的烟气层高度随宽度减小而降低。烟气在走道中的"四层流动"（Four‑layer Flow）模式见图 1.11。在走道尽端门洞处，烟气被以涡流的混合模式"扫"（swept）进下部的冷空气中，这种涡流的频率随着门洞的变窄而增加，空气的最大入流速度和卷吸进冷空气射流中的烟气质量分数也随着门洞变窄而增加。

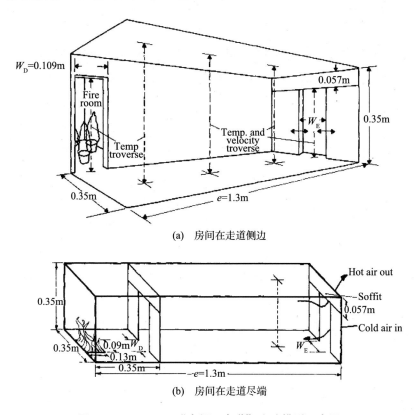

(a) 房间在走道侧边

(b) 房间在走道尽端

图 1.10 Quintiere"房间–走道"实验模型示意图

对于走道里的烟气流动，如果走道尽端没有障碍物，与外界敞开联通，那么将会存在良好的双层流动，但如果走道尽端有门或挡板，流动模式将会受到严重干扰，造成复杂的"四层流动"（Four‑layer Flow），烟气层厚度会明显增加。

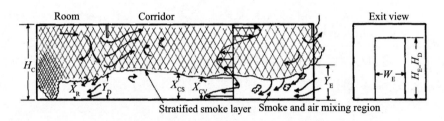

图 1.11   Quintiere 实验中烟气在走道内"四层流动"模式示意图

在全尺寸的走道实验中也发现，若走道尽端封闭，烟气前端运动到尽端后，会发生迅速沉降，烟气层随着与火源距离增加而逐渐增厚[91]。

此外，还有大量学者对隧道内的烟气分层流动进行了研究。尽端敞开的走道与隧道相似，因此走道烟气层化特性研究可借鉴和参考隧道烟气分层特性研究的相关方法。

有学者开展了大量实验，研究纵向风作用下矿井巷道中火灾烟气分层现象，采用尺寸为 $2.4\text{m} \times 2.4\text{m} \times 61\text{m}$ 的 T 型地下矿井巷道，不仅研究了温度的分层，还研究了烟气组分的分层[101]。提出了基于温度分层的 Fr 数，计算公式如式 (1.6)，该无量纲数不需要烟气层与下部空气层之间的速度差，而采用隧道整个横截面的平均速度 u_{avg}，同时作出假设，温度分层能够由 Fr 数描述，烟气组分的竖向分布规律则与温度竖向分布一致：

$$Fr = \frac{u_{\text{avg}}}{\sqrt{gH\Delta T_{\text{cf}}/T_{\text{avg}}}} \tag{1.27}$$

$$\frac{\Delta T_{\text{cf}}}{\Delta T_{\text{avg}}} = f(Fr) \tag{1.28}$$

$$\frac{X_{i,h}}{X_{i,\text{avg}}} = \frac{\Delta T_h}{\Delta T_{\text{avg}}} \tag{1.29}$$

式中，u_{avg} 为隧道整个横截面上的平均速度，m/s；H 为隧道净高，m；ΔT_{cf} 是顶棚附近（在 $0.88H$ 层高位置）和地板附近（在 $0.12H$ 层高位置）的温度差，K，ΔT_{avg} 是截面平均温度和环境温度之差，K；ΔT_h 是顶棚附近温度与环境温度之差，K；$X_{i,h}$ 是烟气中成分 i 在高度 h 的浓度；$X_{i,\text{avg}}$ 是成分 i 的平均浓度。通过对实验数据的分析，发现可采用 Fr 数将烟气的分层特性划分为三个阶段：

阶段 I，$Fr < 0.9$，分层清晰明确，如图 1.12 区域 I；

阶段 II，$0.9 < Fr < 10$，烟气分层不明显，如图 1.12 区域 II；

阶段 III，$Fr > 10$，没有明显分层，完全掺混，如图 1.12 区域 III。

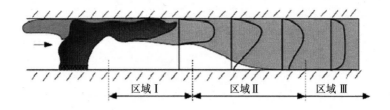

图 1. 12　Newman 提出的隧道中三种烟气分层流动模式

区域 I 中 Fr 数较低，为热分层良好阶段，意味着浮力主导烟气温度分层，燃烧产生的热烟气沿顶棚流动，而地面附近则接近环境温度；区域 II 由较大的 Fr 数决定，为过渡阶段，纵向风与火灾烟气之间存在明显的相互作用，尽管分层有所减弱，但竖向仍存在较大的温度梯度；区域 III 分层几乎消失，温度趋于均匀一致，竖向几乎不存在温度梯度。

发现，表征温度分层的 $\Delta T_{cf}/\Delta T_{avg}$ 与 Fr 数呈现出倒数函数的关系[101]：

$$\frac{\Delta T_{cf}}{\Delta T_{avg}} = 1.5 Fr^{-1} \tag{1.30}$$

对于区域 I：

$$\Delta T_h = \frac{2.25gH}{T_{avg}}\left[\frac{\Delta T_{avg}}{u_{avg}^2}\right]^2 \tag{1.31}$$

对于区域 II：

$$\Delta T_h = 1.8\left[\frac{gH}{T_{avg}u_{avg}^2}\right]^{0.23}\Delta T_{avg}^{1.23} \tag{1.32}$$

有学者通过实验研究证实了前人关于烟气组分竖向分层与温度竖向分层相一致的理论[102]。根据前人所开展的隧道全尺寸实验及自己所做的1/20缩尺寸实验数据，对前人的温度分层理论进行了进一步的分析和验证[94]。研究发现，对于无量纲温度 $\Delta T_{cf}/\Delta T_h$ 与 $\Delta T_{cf}/\Delta T_{avg}$ 之间的关系，所有的实验数据展现出良好的一致性，与前人的实验数据和所得结论充分吻合。但当引入 Fr 数研究 $\Delta T_{cf}/\Delta T_{avg}$ 与 Fr 数的关系时，两个全尺寸实验数据和模型尺寸实验数据变化趋势接近，却与前人的曲线 $\Delta T_{cf}/\Delta T_{avg} = 1.5Fr^{-1}$ 差异较大，利用以上三组实验数据拟合的曲线方程为 $\Delta T_{cf}/\Delta T_{avg} = 0.62Fr^{-1.58}$。如图 1.13 所示，通过研究 $\Delta T_{cf}/\Delta T_{avg}$ 与 Fr 数的关系曲线发现，划分区域 I 与区域 II 的临界值为 $Fr = 0.55$，不同于前人所提出的临界判据 $Fr = 0.9$。

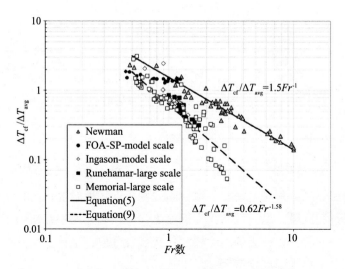

图 1.13　Ingason 对多组实验数据的对比分析

　　阳东[103]在一个 1/8 缩尺寸隧道模型中研究了烟气竖向分层特性，模型体积为 $7.5m \times 1.5m \times 0.6m$，如图 1.14 所示，隧道左侧封闭，设置机械排烟口产生与烟气流动方向相反的纵向通风气流，研究纵向通风对烟气分层特性的影响。

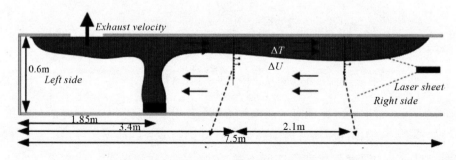

图 1.14　阳东研究所用的模型隧道示意图

　　阳东发现，烟气的分层特性取决于烟气自身浮力与惯性力的相对大小，强迫纵向通风气流对热分层的影响主要表现在两个方面：一方面，纵向通风通过与烟气的热交换和质量传递造成上部烟气层温度和速度的降低，减弱了热浮力作用；另一方面，纵向通风加强了上部热烟气层和下部冷空气层的速度剪切，增强了惯性力的作用，从而弱化了火灾产生的热分层。阳东通过片光流场显示技术显示了烟气的流动状态，根据对实验现象的观察和对数据的分析，将烟气在纵向风作用下的流动划分为三种模式，并采用无量纲数 Fr 及 Ri 进行划分，其对应关系如图 1.15 所示。

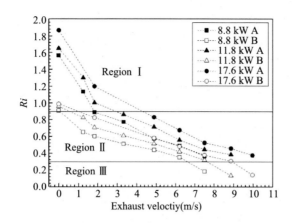

图 1.15 阳东实验结果中三种流动模式对应的 Ri 数区域

区域 I：当 $Ri > 0.9$ 或 $Fr < 1.2$ 时，热浮力的作用远大于惯性力的作用，烟气维持稳定分层，与下部空气的掺混很少，对应图 1.15 中的流动模式 I；

区域 II：当 $0.3 < Ri < 0.9$ 或 $1.2 < Fr < 2.4$ 时，惯性力作用有所增强，分层界面产生大量漩涡，烟气颗粒与下部空间掺混增强，对应流动模式 II；

区域 III：当 $Ri < 0.3$ 或 $Fr > 2.4$ 时，惯性力完全超过热浮力的作用，烟气层稳定性遭到破坏，对应流动模式 III。

蒋亚强[116]也利用图 1.13 所示的隧道模型，研究了在机械排烟作用下不同位置处的烟气层化特征，其研究结论与阳东一致，同时还发现距离通道开口近处烟气与空气的掺混程度强于远处。

胡隆华[105]开展了实体隧道模拟火灾实验，研究了纵向通风作用下隧道内火灾烟气温度分布及层化特征。结果表明，隧道内纵向通风速度较小时，可以维持较好的烟气分层；当纵向通风速度超过 2m/s 时，烟气只能在火源附近维持较好分层且能维持层化结构的范围也随风速的增大而减小。

隧道是狭长受限空间的一种代表结构，但由于几何结构和通风方式的差异，隧道火灾的研究结果不能完全反映疏散走道中烟气的分层特征及规律，因此有必要根据疏散走道结构特点，对室外风及机械排烟作用下烟气的输运规律开展进一步研究。

（三）室外风对火灾烟气流动影响的研究

室外风通过窗口进入着火房间，一方面会影响烟气的生成量[40,86]，另一方面会对自然排烟的效果产生影响，目前学者主要集中于对室外风作用下火灾烟气生成量及自然排烟有效性进行研究。

　　杨淑江、李勇等分别开展了室外风作用下火灾烟气生成量的研究。杨淑江[40]在理想羽流模型的基础上，加入室外风速对卷吸速率的影响，通过理论分析建立了水平风作用下羽流质量流率模型，并通过因次分析和数值模拟等方法得到了羽流质量流率的预测表达式。李勇[86]也在理想羽流模型的基础上，考虑水平室外风的影响，采用因次分析的方法建立了室外风作用下羽流质量流率模型，对于模型中的待定系数通过 FDS 模拟的方法确定。但以上两位学者的研究都没有考虑建筑结构这一重要因素，理论公式中的系数都由数值模拟结果确定，缺乏实验验证。

　　梁振涛[106]在以上两位学者研究的基础上，将室外风通过外窗进入房间近似为孔口射流，运用因次分析，得到了考虑室外风的烟气生成量理论模型，并通过全尺寸实验的方法确定了烟气生成量理论模型中的系数。烟气生成量模型是室外风作用下室内火灾烟气流动规律研究的基础，只有在此基础上，才能建立建筑火灾烟气输运模型。

　　室外风遇到建筑物时，将发生绕流。在建筑物迎风面，部分动压转变为静压，室外风由窗口进入着火房间，不利于自然排烟；在建筑物背风面或侧风面，由于局部漩涡的产生而造成负压，有利于火灾烟气的排出。在某一风向下，建筑物外围上任一点的风压为[107]：

$$P_f = \frac{1}{2} C_p \rho_a U_H^2 \tag{1.33}$$

　　式中，P_f 为室外风在建筑外围产生的风压，Pa；ρ_a 为室外大气的密度，kg/m³；U_H 为室外风速，m/s；C_p 为建筑物外围的风压系数，与建筑物的形状及室外风的方向有关[65]，一般由风洞内的模型实验确定，对于形状较规则的建筑，也可通过查阅相关试验数据或进行场模拟得到[108]。

　　大量学者开展了不考虑室外风影响的室内火灾研究，但很少有人研究在室外风作用下建筑内火灾烟气流动的规律[109,110]。目前，国内外对室外风作用下烟气流动规律的研究主要集中在室外风对自然排烟的有效性分析。

　　杨淑江[40]借鉴双区域模型的思想，分析了有风条件下着火房间自然补风与自然排烟的过程，提出"总风压系数"和自然排烟"临界失效风速"的概念，认为当排烟口处内外压差为 0 时自然排烟失效，推导出自然排烟失效的临界风速：

$$v_c = \sqrt{\frac{-2gH\Delta\rho}{\Delta C_w \rho_0}} \tag{1.34}$$

　　式中，g 为重力加速度，m/s²；ρ_0 为环境空气密度，kg/m³；H 为排烟口距地面的高度，m；$\Delta\rho$ 为环境空气密度与烟气密度之差，kg/m³；ΔC_w 为总风压系数，即补气口位置处的风压系数与排烟口位置处的风压系数之差。

由式（1.34）可见，只有总风压系数为负时才存在自然排烟失效的情况，自然排烟临界失效风速与建筑物周围所形成的风压分布有关，总风压系数、火源大小（决定空气与烟气密度之差 $\Delta\rho$）、排烟口高度等因素的大小决定了失效临界风速的大小，在布置排烟口时，应根据当地环境风向和风速合理设计排烟口与补风口的相对位置，以减小室外风对自然排烟效果的不利影响。

有学者在杨淑江的基础上，进一步分析了总风压系数、室外风速度、热量损失系数对烟气层高度、烟气层温度、排烟口两侧压差的影响，并通过小尺寸实验对杨淑江的双区域模型进行了验证，将实验所得烟气层高度与杨淑江模型所计算烟气层高度进行对比，结果发现，对于无室外风和室外风朝向补风口的工况，杨淑江模型的烟气层高度与观测值非常吻合，但对于室外风朝向排烟口的工况，杨淑江预测模型则不理想，这主要是因为室外风造成了排烟口处气流及着火房间内烟气层的扰动，而这则还需要进一步的研究[111]。

施薇等[76]采用"场－区"复合模型研究了高层建筑条形走道自然排烟效果，主要研究了室外风速度、室外风方向的影响，研究表明，室外风阻碍迎风面的自然排烟，但有利于背风面的自然排烟，当室外风速度超过一定值后，迎风面外窗自然排烟失效。该研究虽然针对实际尺寸的建筑模型，但仍是定性地描述室外风对自然排烟的影响，缺乏定量的分析。

有学者理论上研究了室外风对中庭顶部自然排烟的影响，提出了对流浮力通量 B 的概念，并以此为基础定义了无量纲速度 v^* 和无量纲有效加速度 g^*[112]：

$$B = Q_c \frac{g}{\rho c_p T} \tag{1.35}$$

$$g^* = \frac{g\Delta T/T}{B^{2/3}h^{-5/3}} \tag{1.36}$$

$$v^* = v/B^{1/3}h^{-1/3} \tag{1.37}$$

通过建立动量守恒方程，解出表征室外风速相对大小的临界风速 v_t：

$$v_t = \frac{(Bh/A)^{1/3}}{\sqrt{|C_p|}} \tag{1.38}$$

式中，Q_c 为对流热释放速率，W；g 为重力加速度，m/s²；c_p 为空气质量定压热容；T 为中庭内任一点的温度，K；ρ 为烟气密度，m³/h；v 为室外风速度，m/s；v_c 为临界室外风速度，m/s；B 为对流浮力通量，m⁴/s³；h 为烟气层厚度，m；A 为排烟口面积，m²；C_p 为底部开口与顶部开口处的风压系数之差。

理论分析认为，当室外风速小于 v_t 时，可不考虑室外风对烟气的影响；但当室外风大于 $2v_t$ 时，室外风压远远大于热浮力，火灾烟气的主要驱动力为室外风。该公式在理论推导时，没有考虑室外风使窗口处烟气反向流动的情况，且仅仅利用小尺寸的双区域理论来验证自己的结论，研究结论尚缺乏验证。

有学者在研究单室建筑内烟气流动多样性时，考虑了室外风对烟气流动的影响（如图 1.16）。指出，当室外风正对窗口，火源功率较小时为风力主导，当火源功率较大时为热浮力主导流动，随着火源功率增强，存在由室外风主导向浮力主导烟气流动的转折点，该转折点由临界浮力通量系数 $\dot{m}_Q / \dot{m}_W$ 来确定[113,114]。当关于 T^* 的方程［式（1.39）］仅有一个解时，对应的 $\dot{m}_Q / \dot{m}_W$ 就为临界浮力通量系数。

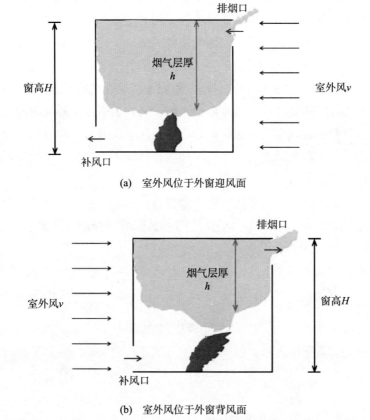

(a) 室外风位于外窗迎风面

(b) 室外风位于外窗背风面

图 1.16　学者研究的室外风作用于单室建筑模型

$$T^*(T^*+1)\left(\frac{\dot{m}_Q}{\dot{m}_W}\right)^2 + 2(T^*-1)^2\left(\frac{\dot{m}_Z}{\dot{m}_W}\right)^2 - 2T^*(T^*-1)^2 = 0 \quad (1.39)$$

式中，m_Q 为与火源功率有关的质量流率，在一定程度上表征烟气产生量，kg/s；T^* 为烟气平均温度与大气环境温度的比值；m_Z 为关于开口面积和建筑高度的质量流量，kg/s；m_W 为单纯室外风压作用下窗口处的质量流量，kg/s。

有学者研究了具有相对双开口房间内烟气的流动规律，认为室外风对着火房间内烟气的流动方向具有显著影响，通过理论分析提出了烟气从迎风面开口溢出的速度上限值[115]：

$$v_{cr} = \sqrt{2\left(1-\frac{T_a}{T_g}\right)gh/(C_{pw}-C_{pl})} \quad (1.40)$$

式中，T_a 为室外环境温度，K；T_g 为烟气温度，K；h 为着火房间两开口中心的高度差，m；C_{pw} 为迎风面的风压系数；C_{pl} 为背风面的风压系数。

此外，该学者还开展了对称开口小尺寸房间的风洞模拟实验，如图1.17，发现室外风会提升房间内温度并大大缩短房间轰燃的时间，随室外风的增大，房间内的温度分层会逐渐失效，通过理论分析提出了描述室外风与热浮力影响相对大小的参数 Ar，计算公式如下[116]：

$$Ar = \frac{(C_{pw}-C_{pl})v^2}{2(\Delta T_g/T_g)gH} \quad (1.41)$$

式中，C_{pw} 为迎风面的风压系数；C_{pl} 为背风面的风压系数；v 为室外风速，m/s；ΔT_g 为烟气与室外环境的温差，K；T_g 为烟气温度，K；H 为开口的竖向高度，m。

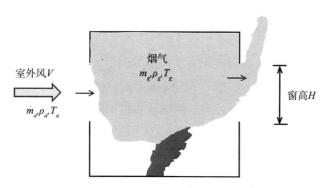

图 1.17　学者研究的对称开口单室建筑模型

当 Ar 远远小于 1 时，室外风的作用可以忽略不计；当 Ar 小于 1 但差别不是特别大时，迎风面窗口仍有烟气溢出，室外风从窗口底部流入，呈双向流动；当

Ar 大于 1 时，迎风面窗口无烟气溢出，室外风进入着火房间，呈单向流动。

实际上，各学者研究的模型基本相同，如图 1.16 和图 1.17 所示，所研究的思路也基本相同，式（1.37）（1.40）（1.41）所表达的本质意义也是同样，只是表达形式有所不同。三者均根据着火房间外窗两侧压力大小列出方程式，当外窗最高处室外风压力强于房间内压力时，就认为自然排烟失效，外窗处流动变为单向流动。但是，以上学者的研究均是针对室外风作用于单一房间，房间迎风面室外风产生正压，房间背风面室外风产生负压，而对于"房间 – 走道"这种复杂建筑却很少有人开展室外风的研究。

（四）机械排烟对烟气分层稳定性影响的研究

机械排烟可以大大提升烟气层高度，并将烟气层保持在一定的高度，为被困人员提供相对安全的疏散空间和足够的疏散时间。如果排烟量过大，则会在烟气层底部"撕开"一个口子，这就是吸穿现象。有学者认为，当排烟口排烟量足够大，排烟时将下部的冷空气吸入，就认为这时发生了吸穿[117]，如图 1.18 所示。吸穿会降低排烟效能，可能造成远离排烟口处的烟气沉降，也可能造成排烟口处烟气紊乱和拥堵，对疏散和救援造成不利影响[87]。

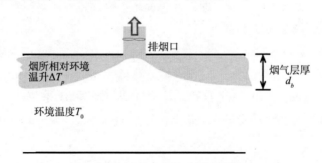

图 1.18　烟气层吸穿现象示意图

烟气层的吸穿现象是当前火灾烟气研究的一个热点。

钟委[118]在全尺寸房间中开展了机械排烟实验，证明了 Hinckley 模型能够描述机械排烟时的吸穿现象，并得到了地铁站内典型排烟风速发生吸穿所对应的临界烟气层厚度。

徐伯乐[119]运用 CFD 模拟的方法研究了排烟口高度对烟气层吸穿的影响，验证了钟委提出的排烟口高度和蓄烟池下沿保持在 0.8m 以上距离的实验结论。

姜学鹏[87,88]研究了公路隧道中多个排烟口横向排烟时的吸穿现象。研究表明，与火源的距离和排烟口间距是影响吸穿的重要因素；排烟口间距越大，发生吸穿的临界排烟速率越小；同一排烟速率下，与火源距离越远的排烟口越容易发生吸穿。

蒋亚强[104]通过模拟一端封闭的狭长通道中烟气的吸穿现象，研究了不同排烟速率对吸穿的影响，定量分析了烟气层厚度、温度随排烟速率的变化，同时根据实验结果，计算了排烟系统效率和排烟系统输出量，定量评价了吸穿对机械排烟性能的影响。

为避免烟气层的吸穿，就必须限制机械排烟量的大小，使每个排烟口的排烟量不得超过吸穿临界排烟量。上海市地方标准《建筑防排烟技术规程》借鉴美国NFPA 92B（2000版）[120]，给出了临界排烟量的计算公式：

$$V_{crit} = 0.00887\beta d_b^{5/2}(\Delta T_p T_0)^{1/2} \tag{1.42}$$

式中，V_{crit}为最大允许排烟量，即吸穿临界排烟量（m^3/s）；β为无量纲系数，当排烟口设于吊顶并且其最近的墙小于0.5m或排烟口设于侧墙并且其最近的边离吊顶小于0.5m时，取$\beta=2.0$；当排烟口设于吊顶并且其最近的边离墙大于0.5m时，取$\beta=2.8$；ΔT_p为烟气层相对环境温度的平均温升（K）；T_0为环境温度（K）；d_b为排烟口下烟气的厚度（m），D为排烟口的当量直径（m），d_b/D不宜小于2.0，当排烟口为矩形时，$D=2a_1b_1/(a_1+b_1)$，a_1、b_1分别为排烟口的长和宽（m）。

但目前合并版的NFPA 92（2012版）[121]更新了临界排烟量计算公式：

$$V_{crit} = 4.16\beta d_b^{5/2}\left(\frac{\Delta T_p}{T_0}\right)^{1/2} \tag{1.43}$$

式中，对β的范围进行了重新界定，当排烟口设于吊顶并且其中心离墙不小于2倍D时，β取1.0，当排烟口设于吊顶并且其中心离最近的墙小于2倍D时，或排烟口设在边墙上，β取0.5。假定火灾场景烟气层厚度$d_b=1m$，烟气层平均温升$\Delta T_p=200K$，环境温度$T_0=293K$，式（1.42）中β取2.0，式（1.43）中β取0.5，则式（1.42）和式（1.43）计算的临界排烟量分别为4.29m^3/s和1.72m^3/s。由此可见，规范对临界排烟量进行了更严格的规定，以保证机械排烟的效率。

四、综合驱动下烟气控制效果

疏散走道作为建筑内疏散通路的第一安全区，不能绝对防止火灾烟气的侵入，任何一个房间发生火灾时所产生的烟气都有可能进入到疏散走道中。目前高层建筑烟气控制方法一般对楼梯间、前室或消防电梯合用前室进行机械加压送风，对疏散走道进行排烟，防止火灾烟气由疏散走道进入垂直疏散通道，以确保人员安全疏散[122,123]。但室外风风速随着高层建筑的的增加呈指数增长，高层建筑特殊的高度使其受到室外风的影响更大，使得火灾烟气运动更加复杂难以控制。

高层建筑发生火灾后，火灾烟气除了热浮力驱动外，室外风压、机械加压送风和机械排烟等驱动力对火灾烟气的驱动作用也比较显著。国内外有学者对这些问题进行了关注，但研究主要基于单纯热浮力作用下，送风、排烟对火灾烟气控制效果的研究[124]。对室外风与热浮力综合驱动下，送风、排烟对火灾烟气控制效果的研究较少。目前的送风量和排烟量的选取，也仅考虑到热浮力驱动下的火灾烟气的控制，没有考虑室外风与热浮力综合驱动下对送风、排烟控烟效果的影响。因此，有必要研究室外风、排烟、送风综合驱动对高层建筑烟控效果的影响，进一步量化室外风与加压送风、机械排烟之间的关系，以最佳送风、排烟风量组合达到预期的控烟效果，并据此作为防排烟规范相关参数的数据支撑，从而保证规范设计的建筑防排烟系统能在有室外风等其他影响因素存在的条件下的整体有效性和可靠性。

在高层建筑中如何保证人员疏散安全一直是国内外广泛关注的研究课题，而烟气控制是保证人员安全的基础。对于烟气控制而言，火灾烟气输运规律和防排烟方式的有效性是国内外学者重点关注的两个研究方面。经过多年的研究和实践得出，对于热浮力驱动下的火灾烟气，通过给疏散走道机械排烟和对前室与楼梯间加压送风能够有效地控制烟气，所以现阶段的高层建筑大多采用此类防烟设计，以达到预期的控烟效果[125]。但此种设计方法只考虑对热浮力驱动下火灾烟气的控制，并没有考虑高层建筑发生火灾后面临室外风等多种驱动力对火灾烟气输运的影响，这些因素对传统的排烟、防烟措施的有效性提出了挑战。因此有必要开展室外风作用下送风、排烟对烟气控制效果的研究。本节将分别就目前加压送风、机械排烟的控烟效果和室外风对烟气控制的影响三个方面的研究进展进行综述。

（一）加压送风控烟效果研究

建筑发生火灾时，防烟楼梯间是人员疏散的主要通道，特别是高层建筑，普通电梯的安全性不高，防烟楼梯间的可靠性是人员安全疏散的决定因素。目前采用的主要楼梯间防烟方式是机械加压送风：通过利用送风机向防烟楼梯间、前室或合用前室等部位送入新鲜空气，并维持该区域一定正压，防止火灾烟气的侵入。

国内外学者对建筑中加压送风的防烟效果进行了大量的研究。早在上世纪

70 年代美国就有高层建筑使用加压送风防烟的案例。1973 年有学者在美国亚特兰大的 Henry Grady 旅馆进行全尺寸的加压送风实验[126,127]。1976 年有学者在德国汉堡办公楼内进行加压送风的实验[128]，实验验证了加压送风可以创造无烟区域。1994 年有学者进行了一系列有喷淋的建筑防烟效果的全尺寸实验研究[129]，研究表明在有喷淋的情况下，防烟系统能发挥更好的作用。有学者分别对实际建筑进行了实验，验证了无火时不同工况下加压送风的防烟有效性[130-132]。有学者在总结前人研究成果的基础上，结合自己的理论，较为系统地阐述了加压送风、活塞效应、临界速度等概念，为高层建筑内防排烟系统的设计提供了一些理论依据[133]。美国国家标准化与技术研究院（NIST）[134,135]做了全尺寸建筑火灾实验，用以评价机械加压送风系统的有效性。有学者开发了评价高层建筑加压送风系统有效性的软件 COSMO，综合考虑了室内外温度、建筑高度和楼梯间结构、加压形式和开门楼层对机械加压送风的影响[136]。NFPA 92[137]表明：建筑类使用机械加压送风系统，在有喷淋装置的建筑物前室与走道之间的压差不低于 12.5Pa；无喷淋装置的建筑物前室与走道之间的压差不低于 25Pa，烟气将不会渗透到楼梯间。

刘朝贤[138,139]对机械防烟系统的三种加压送风方式进行了探讨，并利用概率理论，建立了加压防烟系统的可靠度计算数学模型，对三种加压送风方式硬件（系统组成部分）和软件（系统的效果）的可靠度进行计算。李冬姝[140]通过模拟分析一座 32 层的建筑，证明了只对楼梯间加压送风，前室或合用前室不加压，完全可以满足防烟的要求。王军[141]通过 FDS 模拟发现，不同正压送风量对着火层前室内、气体浓度、烟气温度和能见度影响作用较为明显。陈军华[142]利用网络模型对高层建筑楼梯间及前室烟气控制方式进行了数值模拟研究。孙晓乾[143]通过模拟楼梯井加压送风系统的不同风机安装位置、风机风量大小等对楼梯井加压送风效果的影响进行了较为全面的探讨，提出了影响楼梯间加压送风的临界门缝宽度和优化风机布置位置的方案。以上研究结论均建立在数值软件模拟基础上得到，缺乏实际实验的验证。靖成银[144]等人对不同的防排烟模式进行比较，结果表明采用空气幕加前室或楼梯间加压的组合防烟时，能较好地控制烟气的扩散，但空气幕并不是主流防烟措施。陈颖[145]通过小尺寸实验和数值模拟分析，研究了高层建筑有、无喷淋两种典型火灾场景下，能有效控制疏散通道火灾烟气蔓延的机械加压送风所需的设计参数。冯瑞[146]在分析了影响正压送风系统的各种因素的作用规律的基础上，提出了有效送风距离的概念，指出加压送风与机械排烟系统的相互作用，但实验建立在无火冷烟实验基础上，与实际火灾不符。

以上研究结论均基于模拟或是无火冷烟实验得到，异于实际火灾中热浮力驱动下的烟气控制，且对于高层建筑，在室外风与热浮力综合驱动下，送风防烟的效果如何有待进一步研究。

（二）机械排烟控烟效果研究

排烟是控烟烟气的必要手段。建筑排烟方式主要有自然排烟和机械排烟两种。经实践检验发现，自然排烟效果不稳定，容易受到环境因素影响。相比之下，机械排烟在高层建筑中应用更为广泛。

有学者研究了中庭排烟口吸穿现象对机械排烟的影响[147]。有学者通过实验和模拟研究得出，通过适当增加排烟口数量和调整排烟口间距可以优化排烟效果[148]。蒋亚强[103]从纵向烟气层化形态、烟气水平流速以及最高升温等方面入手，针对机械排烟速率对长通道烟气水平输运特性开展实验研究，并引入排烟系统输出量（VSO）的概念，定量分析了烟气层吸穿对排烟系统性能的影响。但研究结论仅考虑了烟气在长通道的蔓延情况，忽略了复杂建筑构造、室外风等因素的影响。施微[149]采用 FDS 与 CFAST 模拟相结合的方法，针对几种不同形状的走道，根据走道内烟气蔓延规律，分别研究了起火房间位置、机械排烟量和排烟口数量等因素对机械排烟效果的影响，并指出排烟口的设置应尽量避开疏散出口。戴圣[150]运用 Fluent 软件，模拟研究了高层建筑不同形状走道的机械排烟，研究结果表明：条型走道机械排烟口数量对排烟效果的影响与火灾发展时间有关；环形走道机械排烟口位置对排烟效果影响更大。邱旭东[151]通过数值模拟方法，模拟了高层建筑不同工况下的排烟效果。周汝[152]通过对高层建筑不同楼层火灾情况的模拟分析了烟气在高层建筑横向通道内的扩散过程。朱杰[73]分析了超高层建筑火灾烟气蔓延的影响因素，提出了超高层建筑火灾防排烟的措施。何春霞[153]根据不同建筑特性，研制改善了高层建筑火灾烟气预测软件，并应用其定量地计算实际建筑所需的最佳排烟量。

以上研究结论建立在烟气层保持稳定的情况下，有研究表明，当室外风达到 3m/s 及其以上时会引发烟气层的紊乱，此时机械排烟的控烟效果值得进一步探讨[83]。

（三）室外风对烟气控制的影响研究

对高层建筑来说，室外风主要作用于建筑外立面[67]。高层建筑高度越高，所受室外风压越大。由于可开启外窗的存在，以及发生火灾后受到高温炙烤导致玻璃等脆性材料的破裂，室外风直接灌入建筑并对建筑内的气体流动轨迹产生非常大的影响，且室外风的风速和风向无时无刻不在变化，这些变化有可能导致火灾情况更加复杂。因此，有必要对室外风作用下建筑内的烟气控制状况进行研究。

目前，国内外对室外风的研究内容主要是室外风对建筑的中性面及自然排烟效果的影响。有学者通过理论分析和模拟实验得到了热浮力和室外风共同作用时烟气从迎风面开口流出着火房间的临界风速值[115,116]。有学者通过理论计算和CFD软件模拟，提出浮力通量比来判断单室火灾中烟气流动的主导驱动力[113]。Poreh通过理论分析热浮力和室外风共同作用下采用自然排烟的中庭内烟气的流动，得到自然排烟中庭的临界风速值，但未考虑烟气在卷吸周围空气时的热量损失，因此公式中的热浮力较实际情况偏大，低估了室外风的作用。

刘何清[154]和高甫生[71]等研究了热压和室外风压共同作用对建筑中性面的影响，得出热压和室外风压可以完全分解，二者对中性面的耦合作用可认为是二者单独作用结果的代数叠加。符永正[72]提出了S值的定义，来判断热压和室外风压对中性面位置影响的相对强弱。杨淑江[40]通过建立排烟口处热压与风压之和为0的等式推导出临界失效风速的计算公式，发现临界失效风速的大小与室外风作用于建筑外立面形成的风压分布有关。施微[149]采用场－区模型模拟火灾发生时高层建筑条形走道内的自然排烟过程，对有室外风作用时走道自然排烟的效果进行了研究，但该模拟工况中设置的室外风速最大仅有2.5m/s（相当于2级风），而实际风速通常会远大于该值，因此模拟结果不具有代表性。李昌厚[155]利用网络模拟软件CONTAM3.1模拟检验了规范中规定的机械加压送风量在有室外风作用于建筑的情况下，防烟楼梯间及合用前室防烟系统的防烟效果。

综上所述，国内外学者对建筑火灾烟气控制的研究侧重于无室外风等因素干扰下加压送风与机械排烟对烟气输运特性的研究。室外风对建筑特别是高层建筑烟气运动的影响，侧重于室外风在建筑外立面形成的压力分布对建筑内中性面等的影响，没有考虑到室外风灌入建筑后，对建筑控烟系统有效性的影响。因此，有必要开展不同条件下建筑火灾烟气输运规律的研究，量化不同室外风速下，能达到预期控烟效果的最小加压送风与机械排烟风量组合，并得到不同情况的最优控烟方案。

第四节　本书主要内容

本书主要介绍高层建筑火灾烟气流动规律。主要内容包括室外风作用下着火房间火灾烟气生成量、室外风作用下疏散走道火灾烟气流动速度、疏散走道火灾烟气分层特性和综合驱动对火灾烟气控制效果的影响等方面的内容。

第一章简要介绍高层建筑的发展及其分类、高层建筑的火灾实例及其火灾特点，最后介绍高层建筑火灾烟气流动研究现状。

第二章重点介绍室外风作用下火灾烟气生成量。首先分析室外风对火羽流的影响，之后建立了室外风作用下烟气生成量理论模型，最后通过实验，确定了理论模型系数。

第三章重点介绍室外风作用下疏散走道火灾烟气运动速度。首先建立了室外风作用下疏散走道烟气运动速度模型，之后通过 1/3 小尺寸实验，确定了运动速度模型未知参量，并将模型计算结果与实验结果进行了对比分析。最后利用数值模拟方法，分析了室外风作用下楼梯间的防烟效果。

第四章重点研究了室外风和机械排烟对疏散走道烟气分层特性的影响。利用 1/3 小尺寸实验，研究了室外风作用下走道烟气分层特性及"房间－走道"烟气流动模式及判定方法。通过分析室外风速度、火源功率、外窗大小等因素对走道烟气分层特性的影响，提出了判断走道烟气分层特性的 Fr 数判定方法；通过量纲分析，深入挖掘实验数据，研究室外风作用下自然排烟临界失效风速及走道烟气分层临界失效风速理论，得到两临界失效风速的定量表达式；以此为基础，提出"房间－走道"三种烟气流动模式及流动模式的判定方法。随后，采用实验和数值模拟方法，分别研究了排烟量、排烟口的位置和数量对分层特性的影响。

第五章主要讨论室外风、排烟、送风综合驱动对高层建筑烟控效果的影响。利用小尺寸实验，对室外风、排烟、送风三种驱动力对火灾烟气控制的影响进行研究，从而确定不同驱动力组合作用下走道烟气输运规律和烟气控制效果。

参考文献

[1] 中华人民共和国住房和城乡建设部，中华人民共和国国家质量监督检验免总局. 建筑设计防火规范（GB 50016—2014）[S]. 北京：中国计划出版社，2014.

[2] Evers E, Waterhouse A. A complete model for analyzing smoke movement in buildings [R]. Building Research Establishment, BRE CP69/78.

[3] 冯文兴，杨立中，方廷勇，等. 狭长通道内火灾烟气毒性成分空间分布的实验 [J]. 中国科学技术大学学报，2006，36（1）：61-64.

[4] Delichatsios M A. The flow of fire gases under a beamed ceiling [J]. Combustion and Flame, 1981，43：1-10.

[5] Mowrer F W, Milke J A, Torero J L. A Comparison of Driving Forces for Smoke Movement in Buildings [J]. Journal of Fire Protection Engineering, 2004，4：237-264.

［6］卫文彬，刘松涛，刘文利．高层建筑典型房间及共享空间火灾温度场分布规律［J］．河南科技大学学报（自然科学版），2015（05）：68－72.

［7］杨雪英．高层建筑火灾烟气蔓延规律的研究［D］．太原：中北大学，2015.

［8］He Y. Smoke temperature and velocity decays along corridors［J］. Fire Safety Journal，1999，33（1）：71－74.

［9］闫玉娟．高层建筑防排烟设计中常见问题分析及对策［J］．江西建材，2015（4）：12.

［10］William A. Super Tall Buildings—special Smoke Control Requirements？［J］. A Share Transactions，2011，117（1）：466－487.

［11］Madrzykowski D N，Kerber S，Kumar S，et al. Wind，Fire and High－rises［J］. Mechanical Engineering，2010，7：22－27.

［12］Madrzykowski D N，Kerber S. Wind Driven Fire Research：Hazard and Tactics［J］. Fire engineering，2010，163（2）：79－94.

［13］Mowrer F W，Milke J A，Torero J L. A Comparison of Driving Forces for smoke Movement in Buildings［J］. Journal of Fire Protection Engineering，2004，14（11）：237－264.

［14］罗晖．超高层建筑消防安全问题及对策［J］．武警学院学报，2011，6：52－54.

［15］许晋阳．超高层建筑火灾特点及预防［J］．山西建筑，2011，37（26）：250－251.

［16］朱伟，侯建德，廖光煊，等．多层建筑火灾烟气运动的模拟实验研究［J］．中国安全科学学报，2004，14（12）：18－21.

［17］公安部消防局．中国消防年鉴：2011［M］．北京：中国人事出版社，2011.

［18］公安部消防局．中国消防年鉴：2012［M］．北京：中国人事出版社，2012.

［19］公安部消防局．中国消防年鉴：2013［M］．北京：中国人事出版社，2013.

［20］徐志胜，姜学鹏．防排烟工程［M］．北京：机械工业出版社，2011.

［21］霍然．建筑火灾安全工程导论［M］．合肥：中国科学技术大学出版社，1999.

［22］王剑文，曹刚．当前我国高层建筑消防安全管理现状及对策研究［J］．中国应急救援，2012，3：18－20.

［23］鲁磊，洪克宽，杨庆军，等．高层建筑火灾特性与防控对策研究［J］．中国公共安全（学术版），2010，2：92－95.

［24］程庆萍．浅谈高层建筑防排烟系统常见问题及其对策［J］．科技资讯，2015，13（7）：123－123.

［25］魏捍东，张智．从央视大火探讨超高层建筑灭火对策［J］．消防科学与技术，2010，29（7）：606－612.

［26］百度百科．11·15上海静安区高层住宅大火［Z］．2010.

［27］罗永辉．分析高层建筑防排烟设计中存在的问题及对策［J］．科技创新与应用，2015，26：254－254.

［28］孙旭辉．高层建筑火灾扑救面临的问题及对策研究［J］．中国住宅设施，2015，3：

121 – 123.

[29] Chen H, Liu N, Zhang L, Deng Z, Huang H. Experimental study on cross – ventilation compartment fire in the wind environment [A]. Fire Safety Science – Proceedings of the Ninth International Symposium. 2008, 907 – 918.

[30] Huang H, Ooka R, Liu N, et al. Experimental study of fire growth in a reduced – scale compartment under different approaching external wind conditions [J]. Fire Safety Journal, 2009, 44 (3): 311 – 321.

[31] Chen H, Liu N, Chow W. Wind effects on smoke motion and temperature of ventilation – controlled fire in a two – vent compartment [J]. Building & Environment, 2009, 44 (12): 2521 – 2526.

[32] 范维澄. 火灾风险评估方法学 [M]. 北京：科学出版社, 2004.

[33] 中华人民共和国住房和城乡建设部, 中华人民共和国国家质量监督检验检疫总局. 建筑防烟排烟系统技术标准（GB 51251—2017）[S]. 北京：中国计划出版社, 2018.

[34] NFPA 92B, Guide for smoke management systems in malls, Atria and Large Areas [S]. National Fire Protection Association, 1995.

[35] 上海市建设和交通委员会. 建筑防排烟技术规程（DGJ 08 – 88 – 2006）[S].

[36] Heskestad G. Engineering relations for fire plumes [J]. Fire Safety Journal, 1984, 7 (1): 25 – 32.

[37] 张学魁, 胡冬冬, 李思成, 等. 火灾烟气生成量的实验测量及其工程计算方法 [J]. 消防技术与产品信息, 2006, 10: 22 – 27.

[38] 邱雁, 周心权. 水平巷道火灾浮羽流及顶板射流积分模型 [J]. 辽宁工程技术大学学报, 2003, 22 (5): 585 – 588.

[39] 王海燕, 周心权. 平巷烟流滚退火烟羽流模型及其特征参数研究 [J]. 煤炭学报, 2004, 2: 190 – 194.

[40] 杨淑江. 有风条件下室内火灾烟气流动与控制研究 [D]. 长沙：中南大学, 2008.

[41] 李勇. 水平环境风作用下羽流质量流率的研究 [D]. 长沙：中南大学, 2009.

[42] 易亮, 杨洋, 李勇, 徐志胜. 水平风作用下火羽流的质量流率 [J]. 燃烧科学与技术, 2011, 6: 505 – 511.

[43] Thomas P H, Pickart R W, Wright H G. On the size and orientation of buoyant diffusion flames and the effect of wind [J]. Fire Research Station, 1963, 5: 216.

[44] Thomas P H, Webster C T, Raftery M M. Some experiments on buoyant diffusion flames [J]. Combustion & Flame, 1961, 5: 359 – 367.

[45] Thomas P H. The Effect of Wind on Plumes from a Line Heat Source [J]. Fire Safety Science, 1964, 1: 572.

[46] Pipkin O A, Sliepcevich C M. Effect of Wind on Buoyant Diffusion Flames. Initial Correlation

[J]. Industrial & Engineering Chemistry Research, 1964, 3 (2): 147－154.

[47] Welker J R, Pipkin O A, Sliepcevich C M. The effect of wind on flames [J]. Fire Technology, 1965.

[48] 陈颖, 李思成, 张靖岩, 等. 补风速度对中庭类建筑机械排烟效果的影响 [J]. 暖通空调, 2011, 5: 72－74.

[49] Chow W K, Yi L, Shi C L, Li Y Z, Huo R. Experimental studies on mechanical smoke exhaust system in an atrium [J]. Journal of Fire Sciences, 2005, 23 (5): 429－444.

[50] Hoult D P, Fay J A, Forney L J. A theory of plume rise compared with field observations [J]. T. Air Pullout Control Assoc, 1969, 19: 391.

[51] Brzustowski T A, The Hydrocarbon turbulent diffusion flame in sub source cross flow [J]. Progress in Astronautics and Aeronautics, 1978, 58: 407－430.

[52] Quintiere J G, Rnkinen W J, Jones W W. The effect of room openings on fire Plume entrainment [J]. Combustion Science and Technology, 1981, 26: 193－201.

[53] Delichatsios M A. The flow of fire gases under a beamed ceiling [J]. Combustion and Flame, 1981, 43: 1－10.

[54] American Society of Heating, Refrigerating and Air－Conditioning Engineers, ASHRAE Handbook－Fundamentals [M]. Atlanta: ASHRAE, 2009.

[55] 赫永恒, 刘震, 李艳娜. 小尺寸房间及走廊内烟气流动规律模拟研究 [J]. 消防科学与技术, 2012, 31 (3): 247－250. .

[56] Chow W K, Gao Y. Buoyancy and inertial force on oscillations of thermal－induced convective flow across a vent [J]. Building and Environment, 2011, 46 (2): 315－323.

[57] Hinkley P L. The flow of hot gases along an enclosed shopping mall a tentative theory [J]. Fire Safety Science, 1970, 807: 1－35.

[85] Kim M, Han Y, Yoon M. Laser－assisted visualization and measurement of corridor smoke spread [J]. Fire Safety Journal, 1998, 31 (3): 239－251.

[59] He Y. Smoke temperature and velocity decays along corridors [J]. Fire Safety Journal, 1999, 33 (1): 71－74.

[60] Jones W W, Matsushita T, Baum H R. Smoke Movement in Corridors－Adding the Horizontal Momentum Equation to a Zone Model [J]. Chemical and Physical Processes in Combustion, 1994: 3: 196.

[61] Bailey J L, Forney G P, Tatem P A. Development and Validation of Corridor Flow Submodel for CFAST [J]. Journal of Fire Protection Engineering, 2002, 12: 139－161.

[62] Yang D, Huo R, Zhang X L, et al. On the front velocity of buoyancy－driven transient ceiling jet in a horizontal corridor: Comparison of correlations with measurements [J]. Applied Thermal Engineering, 2011, 31 (14－15): 2992－2999.

[63] Hu L H, Huo R, Li Y Z, et al. Full – scale burning tests on studying smoke temperature and velocity along a corridor [J]. Tunnelling and Underground Space Technology, 2005, 20 (3): 223 – 229.

[64] KunschJ P. Critical velocity and range of a fire – gas plume in a ventilated tunnel [J]. Atmospheric Environment, 1998, 33 (1): 13 – 24.

[65] 梁向丽. 高层建筑周围风场研究 [D]. 武汉: 武汉科技大学, 2004.

[66] Boggs D, Lepage A. Wind Tunnel Methods [J]. ACI Special Publication, 2006, 240.

[67] Klote J H, Nelson E H. Smoke movement in buildings [J]. Fire Protection Handbook, 18th Edition, Section, 1997, 7: 93 – 104.

[68] Quintiere J. Guidelines for Designing Fire Safety in Very Tall Buildings [M]. Society of Fire Protection Engineers, 2012.

[69] Barowy A, Madrzykowski D. Simulation of the Dynamics of a Wind – Driven Fire in a Ranch – Style House – Texas [J]. NIST TN, 2012, 1: 1729.

[70] 刘何清, 徐志胜. 室外风压、火风压对建筑物热压中和面位置的影响 [J]. 中国安全科学学报, 2002, 12 (2): 72.

[71] 高甫生, 丁立行. 风压和热压共同作用下高层建筑外窗空气渗透计算. [J]. 哈尔滨建筑工程学院学报, 1992, 3: 48 – 53.

[72] 符永正, 文远高. 风压与热压联合作用下高层建筑的渗风中和界 [J]. 武汉冶金科技大学学报, 1997, 3: 313 – 317.

[73] 朱杰, 黄冬梅, 张立龙等. 室外风作用下竖井结构内火灾烟气运动规律研究 [J]. 火灾科学, 2011, 20 (4): 227 – 234.

[74] 杨淑江, 徐志胜等. 有风条件下火灾自然排烟的临界失效风速分析 [J]. 中国安全科学学报, 2008, 4: 82 – 86.

[75] Poreh M, Trebukov S. Wind effects on smoke motion in buildings [J]. Fire Safety Journal, 2000, 35 (3): 257 – 273.

[76] 施微, 高甫生. 高层建筑条形走廊自然排烟效果的数值模拟与评价 [J]. 暖通空调, 2007, 37 (7): 44 – 49.

[77] Chen H, Liu N, Chow W. Wind effects on smoke motion and temperature of ventilation – controlled fire in a two – vent compartment [J]. Building & Environment, 2009, 44 (12): 2521 – 2526.

[78] Chen H X, Liu N A, Chow W K. Wind tunnel tests on compartment fires with crossflow ventilation [J]. Journal of Wind Engineering & Industrial Aerodynamics, 2011, 99 (10): 1025 – 1035.

[79] Gong J, Li Y. CFD modelling of the effect of fire source geometry and location on smoke flow multiplicity [J]. Building Simulation, 2010, 3 (3): 205 – 214.

［80］ 黄白蓉. 长内走道排烟优化控制方式的适用条件研究 ［J］. 消防科学与技术，2009，28（8）：577 - 579.

［81］ 黄白蓉. 长内走道排烟优化方式可行性研究 ［J］. 消防科学与技术，2009，28（1）：40 - 42.

［82］ Gao Y，Chow W K，Wu M. Thermal performance of window glass panes in an enclosure fire ［J］. Construction and Building Materials，2013，47（Complete）：530 - 546.

［83］ 杜红. 防排烟工程 ［M］. 北京：中国人民公安大学出版社，2003：33，41 - 43，111 - 112，224.

［84］ 阳东. 狭长受限空间火灾烟气分层与卷吸特性研究 ［D］. 合肥：中国科学技术大学，2010.

［85］ Drysdale D. An Introduction to Fire Dynamics ［M］. West Sussex，England：John Wiley & Sons Ltd，1999.

［86］ 李勇. 水平环境风作用下羽流质量流率的研究 ［D］. 长沙：中南大学，2009.

［87］ 蔡崇庆，姜学鹏，袁月明. 排烟口间距对隧道集中排烟烟气层吸穿影响的模拟 ［J］. 安全与环境学报，2014，14（6）：95 - 101.

［88］ 姜学鹏，袁月明，李旭. 隧道集中排烟速率对排烟口下方烟气层吸穿现象的影响 ［J］. 安全与环境学报，2014，14（2）：36 - 40.

［89］ Delichatsios M A. The flow of fire gases under a beamed ceiling ［J］. 1981，43：1 - 10.

［90］ Evers E，Waterhouse A. A complete model for analyzing smoke movement in building ［J］. Building Research Establishment，1981，69：78.

［91］ Kim M，Han Y，Yoon M. Laser - assisted visualization and measurement of corridor smoke spread ［J］. Fire Safety Journal，1998，31（3）：239 - 251.

［92］ He Y. Smoke temperature and velocity decays along corridors ［J］. Fire Safety Journal，1999，33（1）：71 - 74.

［93］ Bailey J L，Forney G P，Tatem P A，et al. Development and validation of corridor flow submodel for CFAST ［J］. Journal of Fire Protection Engineering，2002，12（3）：139 - 161.

［94］ Kunsch J P. Critical velocity and range of a fire - gas plume in a ventilated tunnel ［J］. Atmospheric Environment，1998，33（1）：13 - 24.

［95］ 赫永恒，刘震，李艳娜. 小尺寸房间及走廊内烟气流动规律模拟研究 ［J］. 消防科学与技术，2012，31（3）：247 - 250.

［96］ EllisonT H，TurnerJ S. Turbulent entrainment in stratified flows ［J］. Journal of Fluid Mechanics，1959，6：423 - 448.

［97］ Leur P H E V D，Kleijn C R，Hoogendoorn C J. Numerical study of the Stratified smoke flow in a corridor：Full - scale calculations ［J］. Fire Safety Journal，1989，14（4）：287 - 302.

［98］ Bos W G，Elsen T Vander，Hoogendoorn C J. Numerical study of a smoke layer in a corridor

[J]. Combustion Science Technology. 1984, 38: 227 – 243.

[99] Hinkley P L. The flow of hot gases along an enclosed shopping mall a tentative theory [J]. Fire Safety Science, 1970, 807.

[100] Quintiere J G, Mccaffrey B J, Rinkinen W. Visualization of room fire induced smoke movement and flow in a corridor [J]. Fire and Materials, 1978, 2 (1): 18 – 24.

[101] Newman J S. Experimental evaluation of fire – induced stratification [J]. Combustion and Flame, 1984, 57 (1): 33 – 39.

[102] Nyman H, Ingason H. Temperature stratification in tunnels [J]. Fire Safety Journal, 2012, 48 (2): 30 – 37.

[103] Yang D, Hu L H, Huo R, et al. Experimental study on buoyant flow stratification induced by a fire in a horizontal channel [J]. Applied Thermal Engineering, 2010, 30 (8 – 9): 872 – 878.

[104] 蒋亚强. 不同排烟条件下通道内火灾烟气的输运特性研究 [D]. 合肥: 中国科学技术大学, 2009.

[105] 胡隆华, 霍然, 王浩波等. 公路隧道内火灾烟气温度及层化高度分布特征试验 [J]. 中国公路学报, 2006, 6: 83 – 86.

[106] 梁振涛. 室外风作用下高层建筑机械排烟量的理论和实验研究 [D]. 廊坊: 中国人民武装警察部队学院, 2014.

[107] American Society of Heating, Refrigerating and Air – Conditioning Engineers. ASHRAE Handbook – Fundamentals [M]. Atlanta: ASHRAE, 2009: 24.

[108] Boggs D, Lepage A. Wind Tunnel Methods [J]. ACI Special Publication, 2006, 240.

[109] Kumar R, Naveen M. An experimental fire in compartment with dual vent on opposite walls [J]. Combustion Science and Technology, 2007, 179 (8): 1527 – 1547.

[110] Lee Y P, Delichatsios M A, Silcock G W H. Heat fluxes and flame heights in facades from fires in enclosures of varying geometry [J]. Proceedings of the Combustion Institute, 2007, 31 (2): 2521 – 2528.

[111] Yi L, Gao Y, Niu J L, et al. Study on effect of wind on natural smoke exhaust of enclosure fire with a two – layer zone model [J]. Journal of Wind Engineering and Industrial Aerodynamics, 2013, 119 (8): 28 – 38.

[112] Poreh M, Trebukov S. Wind effects on smoke motion in buildings [J]. Fire Safety Journal, 2000, 35 (3): 257 – 273.

[113] Gong J, Li Y. CFD modelling of the effect of fire source geometry and location on smoke flow multiplicity [J]. Building Simulation, 2010, 3 (3): 205 – 214.

[114] Gong J, Li Y. Solution multiplicity of smoke flows in a simple building [C]. Fire safety science – proceedings of the ninth international symposium. Karlsruhe, Germany: International

Association for Fire Safety Science, 2008: 895 – 906.

[115] Chen H, Liu N, Chow W. Wind effects on smoke motion and temperature of ventilation – controlled fire in a two – vent compartment [J]. Building & Environment, 2009, 44 (12): 2521 – 2526.

[116] Chen H X, Liu N A, Chow W K. Wind tunnel tests on compartment fires with crossflowventilation [J]. Journal of Wind Engineering & Industrial Aerodynamics, 2011, 99 (10): 1025 – 1035.

[117] Philip J D, Dougal D, Craig L B, et al. SFPE Handbook of Fire Protection Engineering [M]. 3th ed. Massachusetts, Quincy: National Fire Protection Association, 2002: 228 – 229.

[118] 钟委. 地铁站火灾烟气流动特性及控制方法研究 [D]. 合肥: 中国科学技术大学, 2007.

[119] 徐伯乐, 李元洲, 孙晓乾等. 排烟口设计对排烟效果影响的模拟研究 [J]. 安全与环境学报, 2009, 9 (5): 150 – 153.

[120] NFPA 92B, Guide for smoke management systems in malls, Atria and Large Areas [S]. National Fire Protection Association, 2000.

[121] NFPA 92B, Guide for smoke management systems in malls, Atria and Large Areas [S]. National Fire Protection Association, 2012.

[122] Klote J H, Milke J A. Design of smoke Management systems [M]. Atlanta: American society of Heating, Refrigerating and Air – Conditioning Engineers, Inc. , 1992.

[123] 赵国凌. 防排烟工程 [M]. 天津: 天津科技翻译出版公司, 1991.

[124] Philip J D, Dougal D, Craig L B, et al. SFPE Handbook of Fire Protection Engineering [M]. 3th ed. Massachusetts, Quincy: National Fire Protection Association, 2002: 356 – 380.

[125] 朱杰, 霍然, 付永胜等. 超高层建筑火灾防排烟研究 [J]. 消防科学与技术, 2007, 26 (1): 54 – 57.

[126] Koplon, N A. Report of the Henry Grady fire tests [R]. Atlanta: City of Atlanta Building De Partment, 1973.

[127] Koplon N A. A Partial Report of the Henry Grady Fire Tests (Atlanta GA – July 1972) [C]. ASHRAE symposium Bulletin 1973.

[128] Butcher E G. Smoke control by pressurization [J]. Fire Engineers Journal, 1976, 36 (103): 16 – 19.

[129] Mawhinney J R, Tamura G T. Effect of Automatic sprinkler Protection on smoke Control systems [J]. ASHRAE Transactions, 1994, 100 (1): 10 – 15.

[130] Tamura G T, Manley P J. Smoke movement studies in a 15 – story hotel [M]. Atlanta: American society of Heating, Refrigerating and Air – Conditioning Engineers, Inc. , 1985.

[131] Wang Y, Gao F. Test of stairwell pressurization systems for smoke control in a high – rise building [M]. Atlanta：American society of Heating, Refrigerating and Air – Conditioning Engineers, Inc. , 2004.

[132] Chow W K, Lam L W. Evaluation of a staircase pressurization system [M]. Atlanta：American society of Heating, Refrigerating and Air – Conditioning Engineers, Inc. , 1993.

[133] Klote J H. Stairwell pressurization [M]. Atlanta：American society of Heating, Refrigerating and Air – Conditioning Engineers, Inc. , 1980.

[134] Kerber S, Madrzykowski D. Evaluating positive pressure ventilation in large structures：High – rise fire experiments [R]. NIST Interagency/Internal Report (NISTIR) – 7468, 2007.

[135] Kerber S, Madrzykowski D, Stroup D. Evaluating Positive Pressure Ventilation In Large Structures：High – Rise Pressure Experiments [R]. NIST Interagency/Internal Report (NISTIR) – 7412, 2007.

[136] Black W Z. Computer Modeling of Stairwell Pressurization to Control Smoke Movement During a High – Rise Fire [J]. ASHRAE Transactions, 2011, 117 (3)：786 – 799.

[137] National Fire Protection Association. Standard for smoke Control systems Utilizing Barriers and Pressure Differences [S]. 2006 Edition.

[138] 刘朝贤. 防烟楼梯间及其前室（包括合用前室）两种加压防烟方案的可靠性探讨 [J]. 四川制冷, 1998 (1)：1 – 6.

[139] 刘朝贤. 高层建筑加压送风防烟系统软、硬件部分可靠性分析 [J]. 暖通空调, 2007, 37 (11)：74 – 80.

[140] 李冬姝. 高层民用建筑楼梯间加压送风方式分析 [D]. 哈尔滨：哈尔滨工业大学, 1999.

[141] 王军. 高层建筑前室正压送风对火灾烟气控制效果研究 [D]. 淮南：安徽理工大学, 2013.

[142] 陈军华. 高层建筑楼梯间及前室加压送风的网络模拟分析 [J]. 应用能源技术, 2006, 9：11 – 16.

[143] 孙晓乾. 火灾烟气在高层建筑竖向通道内的流动及控制研究 [D]. 合肥：中国科学技术大学, 2009.

[144] 靖成银, 何嘉鹏, 周汝, 等. 高层建筑火灾烟气控制模式的数值分析 [J]. 建筑科学, 2009, 25 (7)：16 – 20.

[145] 陈颖. 高层建筑楼梯机械防烟设计参数优化研究 [D]. 廊坊：中国人民武装警察部队学院, 2010.

[146] 冯瑞. 高层建筑加压送风系统的有效性研究 [D]. 合肥：中国科学技术大学, 2009.

[147] Lougheed G D, Hadjisophocleous G V. The smoke hazard from a fire in high s Paced [J]. ASHRAE Transactions, 2001, 107：720 – 729.

[148] Klote J H. Hazards Due to Smoke Migration Through Elevator Shafts – Volume：Analysis and Discussion［R］. NIsT GCR 04 – 864, 2004.

[149] 施微. 高层建筑走廊排烟方式的数值模拟研究［D］. 哈尔滨：哈尔滨工业大学, 2006.

[150] 戴圣. 高层建筑防排烟方式数值模拟研究［D］. 合肥：安徽工业大学, 2011.

[151] 邱旭东, 高甫生, 王砚玲. 高层建筑走廊机械排烟的数值模拟研究［J］. 暖通空调, 2004（6）：9 – 13.

[152] 周汝, 何嘉鹏, 蒋军成, 等. 高层建筑火灾时烟气在横向疏散通道内的扩散［J］. 南京航空航天大学学报, 2007, 3：412 – 416.

[153] 何春霞. 公共通道网络模型方法及最佳机械排烟量分析［D］. 重庆：重庆大学, 2003.

[154] 刘何清, 徐志胜. 室外风压、火风压对建筑物热压中和面位置的影响［J］. 中国安全科学学报, 2002, 12（2）：72.

[155] 李昌厚. 室外风作用下高层建筑疏散走廊火灾烟气运动速度研究［D］. 廊坊：中国人民警察部队学院, 2015.

第二章 室外风作用下火灾烟气生成量

第一节 室外风作用下火灾烟气生成量理论模型的建立

　　室外风是影响火灾烟气生成量以及烟气输运的重要因素之一，而现有的机械排烟量计算方法都没有考虑这一因素。为了提高机械排烟系统的安全性和有效性，使机械排烟量更为合理，并为室外风对火羽流的影响研究奠定基础，本章考虑热烟浮力和室外风两种驱动力，引入横流中的羽流和孔口射流的思想，运用量纲分析的方法推导得到烟气生成量模型，进而提出考虑室外风、建筑结构等因素的火灾烟气生成量理论模型。

一、室外风对火羽流的影响分析

　　火灾时，如果玻璃因高温作用而破碎或窗户原本就打开，或者因为自然排烟的需要而打开，室外风将通过开口进入室内，并在建筑内产生具有一定横向速度的风，风速随着深入建筑内部距离的增加而减小[1]。从作用力的角度分析，室外风的进入主要是向火羽流提供了一个水平的力，而这个室外风力可以认为是不随高度变化的，但火羽流的浮力是随着高度的增加而减小的，因此，在这两个作用力的共同作用下，火羽流发生倾斜，且随着高度的增加，火羽流倾斜的越来越厉害，越来越趋于水平，倾角 θ 也越来越小，如图 2.1 所示。

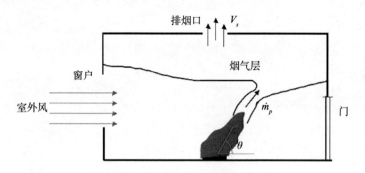

图 2.1　室外风作用下的火羽流

在火源很近的范围内存在一个区域，火羽流的温度很高，浮力要大于室外风力，火羽流基本上是沿着羽流初始方向运动，速度也基本等于羽流的初始速度；接着是第二个区域，在这个区域内，由于浮力减小，火羽流在室外风力的作用下发生弯曲，并在水平方向上加速；最后一个区域内，浮力已经很小，火羽流主要受到室外风力的作用，火羽流的运动方向由最初的竖直向上转变为水平方向。基于火羽流的以上属性，可以将其分为三段，依次为起始段（Ⅰ）、弯曲段（Ⅱ）和顺流贯穿段（Ⅲ）[1,2]。在这三个区域内，火羽流横断面的形状也发生变化：在起始段基本与轴对称羽流一致，为圆形；在弯曲段，火羽流受到热烟浮力和室外风力的共同作用，横断面逐渐发展为椭圆形；在顺流贯穿段，浮力的作用相对于室外风力的作用已经很弱，横断面的形状在室外风力的作用下发展为肾形。如图 2.2 所示。

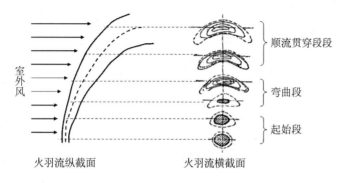

图 2.2　室外风作用下火羽流断面形状演变[1,2]

从理论上讲，对室外风作用下的火羽流可以采用积分方程的思想，建立相应的连续性方程、水平和竖直方向的动量守恒方程、含有物质的守恒方程以及射流轨迹的几何关系式，结合初始条件可以获得相应的数值解。但是由于室外风作用下的火羽流极其复杂，速度分布、密度差分布等假设与实际相差较大，相关系数也较难确定，因此，此种方法并不常用。另一种方法就是利用量纲分析的方法，结合实验数据建立火羽流主要参数的关系式。利用极限的思想，将火羽流分为近似于竖直方向的近区和弯曲后近似于水平方向的远区考虑，在每个区域内，火羽流都有可能出现动量主导的射流形式和浮力主导的浮羽流形式两种情形，本书将采用此种方法推导建立室外风作用下机械排烟量的理论模型。

在火灾时室外风进入建筑内部，将影响到烟气生成量和烟气输运路线，使机械排烟系统的排烟效率及有效性降低，威胁疏散人员的安全。因此，对于火灾危险性大或消防安全需求比较高的建筑，在设置机械排烟系统时应该考虑室外风的影响，如商场、餐厅、歌舞娱乐放映游艺场所、大空间办公室，高层建筑的办公室、人员集中或可燃物较多的房间，火灾危险性为甲、乙、丙类的厂房和仓库等。实际建筑火灾中，室外风进入建筑内部后，风速会随着进入距离的增加而减小，而一般设置机械排烟系统的位置距离窗户等进风口都比较远，因此，可以认为室外风与机械排烟系统相互作用的区域，一般都是浮力占主导地位。

对于浮力主导的火羽流，定义一个特征长度 z_B，见式（2.1）。

$$z_B = \frac{B_0}{u_a^3} = \frac{gQ}{\rho_\infty T_\infty C_p u_a^3} \tag{2.1}$$

式中，B_0 为初始浮力通量；u_a 为与火羽流相互作用的室外风速；g 为重力加速度；Q 为火源热释放速率；ρ_∞、C_P、T_∞ 分别为环境空气密度、比热和温度。

z_B 的物理意义为：火羽流的垂直方向速度衰减到与水平流速同一数量级时，火羽流所达到的高度。

罗迪[1]、余常昭[2]采用动量守恒原理和通量守恒原理，推导得到了浮力主导情况下的轴线速度无量纲关系式，如式（2.2）所示。

$$\frac{U}{u_a} \sim \begin{cases} \left(\dfrac{z_B}{z}\right)^{1/3}, z < z_B \text{ 近区} \\ \left(\dfrac{z_B}{z}\right)^{1/2}, z > z_B \text{ 远区} \end{cases} \tag{2.2}$$

李勇在罗迪、余常昭的基础上推导得到了火羽流倾角的计算公式[3]，如式（2.3）所示。

$$\sin\theta = \begin{cases} \dfrac{1}{\sqrt{1 + 4C_1^{-4}z_m^{-2}z^2}}, 0 < z < \dfrac{m_0^{3/4}}{B_0^{1/2}} \\ \dfrac{1}{\sqrt{1 + \left(\dfrac{3}{4}\right)^{-2}C_3^{9/16}z_B^{-2/3}z^{2/3}}}, \dfrac{m_0^{3/4}}{B_0^{1/2}} < z < z_B \\ \dfrac{1}{\sqrt{1 + \left(\dfrac{2}{3}\right)^{-2}C_4^{-3}z_B^{-1}z}}, z > z_B \end{cases} \tag{2.3}$$

在浮力起主导作用的情况下，浮力作用大于动量作用，火羽流在近区已转化为浮羽流形式，起始段、弯曲段和顺流贯穿段的分界点为 $z = l_m$ 和 $z = z_B$ 处[1,2]，l_m 的计算公式为式（2.4）。

$$l_m = \frac{m_0^{3/4}}{B_0^{1/2}} = \frac{\dot{Q}^2}{\rho_\infty C_p^2 \Delta T^2 S} \tag{2.4}$$

由前文的分析可知，火羽流起始段的长度很短，为从火焰表面至 l_m 处，在本书的实验中约为 0.005m，且在理论和工程上的研究意义较小，因此，本书不考虑羽流的起始段，将火羽流分为弯曲段和顺流贯穿段，两段的分界点在 z_B 处。

因此，根据罗迪[1]、余常昭[2]推导的轴线速度无量纲关系式可以得到轴线速度与室外风速的关系式，如式（2.5）所示。

$$U = \begin{cases} k_3 u_a \left(\dfrac{z_B}{z} \right)^{1/3}, z < z_B \ 近区 \\ k_4 u_a \left(\dfrac{z_B}{z} \right)^{1/2}, z > z_B \ 远区 \end{cases} \tag{2.5}$$

火羽流倾角的计算公式可以简化为式（2.6）。

$$\sin\theta = \begin{cases} \dfrac{1}{\sqrt{1 + \left(\dfrac{3}{4} \right)^{-2} C_3^{9/16} z_B^{-2/3} z^{2/3}}}, 0 < z < z_B \\ \dfrac{1}{\sqrt{1 + \left(\dfrac{2}{3} \right)^{-2} C_4^{-3} z_B^{-1} z}}, z > z_B \end{cases} \tag{2.6}$$

根据火羽流倾角公式（2.6）和特征长度 z_B 的计算公式（2.1），可以认为火羽流倾角的正弦值与火源热释放速率、室外风速和烟气层高度之间为幂函数关系，这样就简化了火羽流倾角的表达式，在下一节烟气生成量理论模型的推导中将直接应用这一假设。

二、室外风作用下烟气生成量理论模型的建立

（一）基本羽流方程的推导

对于室外风作用下的火羽流，作如下假设：

（1）假设火源为点火源，通过对流进入羽流的热量 Q 占火源释放的总能量的 70%。

（2）羽流采用 Boussinesq 近似，即假设羽流区烟气密度等于环境空气密度，仅在动量方程的浮力项中考虑烟气与环境空气的密度差。

（3）羽流水平截面形状为椭圆形，椭圆的长、短轴分别为 a 和 b。

（4）室外风从通风窗进入室内及其在室内的流动过程近似为孔口射流。

（5）火羽流竖直方向的分速度、温度分布符合"礼帽"形，如图 2.3 所示，即距离羽流轴心不同距离处的温度处处相等，竖直方向的分速度也处处相等。

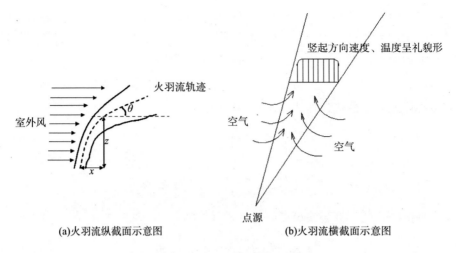

(a)火羽流纵截面示意图　　　　　　(b)火羽流横截面示意图

图 2.3　火羽流截面示意图

在高度为 × 处，火羽流的质量流量为

$$\dot{m}_p = \pi ab\rho u_v \tag{2.7}$$

进入烟羽流的能量只考虑对流部分，有

$$\dot{Q}_c = \dot{m}_p C_p (T - T_\infty) \tag{2.8}$$

将式（2.7）带入式（2.8）得

$$\dot{Q}_c = \pi abu_v \rho C_p (T - T_\infty) = \pi abu_v \rho C_p \Delta T \tag{2.9}$$

由理想气体状态方程可得

$$\Delta T = \frac{\Delta \rho \cdot T_\infty}{\rho} \tag{2.10}$$

将式（2.10）带入式（2.9）得

$$\dot{Q}_c = \pi abu_v C_p T \infty \Delta \rho \tag{2.11}$$

$$\Delta \rho ab = \frac{\dot{Q}_c}{\pi C_p T_\infty u_v} \tag{2.12}$$

由式（2.11）可得

在高度为 z 处，由高度 z 到高度 $z + \mathrm{d}z$ 产生的浮力差为

$$dF = g(\rho - \rho_\infty)\pi abdz = g\Delta \rho \pi abdz \tag{2.13}$$

在羽流竖直分方向上由动量定理可得

$$\frac{\mathrm{d}F}{\mathrm{d}z} = \frac{\mathrm{d}(\dot{m}_p u_v)}{\mathrm{d}z} \tag{2.14}$$

将式 (2.7)、式 (2.13) 带入式 (2.14) 可得

$$\frac{\mathrm{d}(\pi ab\rho u_v^2)}{\mathrm{d}z} = \pi g\Delta\rho ab \qquad (2.15)$$

将式 (2.12) 带入式 (2.15)，可得

$$\frac{\mathrm{d}(\pi ab\rho u_v^2)}{\mathrm{d}z} = \frac{g\dot{Q}_c}{C_p T_\infty u_v} \qquad (2.16)$$

火羽流垂直向上的速度 u_v 为

$$u_v = U\sin\theta \qquad (2.17)$$

根据前一节的分析，可以认为 $\sin\theta$ 与火源热释放速率、室外风速和烟气层高度之间为幂函数关系，为了计算方便，可以将式 (2.6) 简化为式 (2.18) 所示形式。

$$\sin\theta = \begin{cases} f_3(\dot{Q}_c, u_a) \cdot z^{\sigma_3}, 0 < z \leqslant z_B \\ f_4(\dot{Q}_c, u_a) \cdot z^{\sigma_4}, z > z_B \end{cases} \qquad (2.18)$$

将式 (2.5)、式 (2.18) 带入式 (2.17)，可得

$$u_v = \begin{cases} k_3 f_3(\dot{Q}_c, u_a) \cdot u_a z_B^{\frac{1}{3}} z^{\sigma_3 - \frac{1}{3}}, 0 < z \leqslant z_B \\ k_4 f_4(\dot{Q}_c, u_a) \cdot u_a z_B^{\frac{1}{2}} z^{\sigma_4 - \frac{1}{2}}, z > z_B \end{cases} \qquad (2.19)$$

李勇在引入横流中的羽流思想时，将火羽流的横截面假设为圆形，且在火羽流不同区域的函数系数不同，这会使计算的烟气生成量数值在三个区域的分界点出现不连续的结果。本书根据室外风对火羽流的影响分析结果，假设火羽流的横截面为椭圆形，椭圆的长轴 a 和短轴 b 都与烟气层高度 z 呈幂函数关系，即

$$a = \alpha_1 z^{\beta_1} \qquad (2.20)$$

$$b = \alpha_2 z^{\beta_2} \qquad (2.21)$$

分析火羽流的弯曲段内的烟气生成量，将式 (2.19)、式 (2.20)、式 (2.21) 带入式 (2.16)，得

$$\frac{\mathrm{d}[\pi\alpha_1 z^{\beta_1}\alpha_2 z^{\beta_2}\rho k_3^2 f_3^2(\dot{Q}_c u_a) \cdot u_a^2 z_B^{2/3} z^{2\sigma_3 - 2/3}]}{\mathrm{d}z} = \frac{g\dot{Q}_c}{C_p T_\infty} \cdot \frac{z^{1/3 - \sigma_3}}{k_3 f_3(\dot{Q}_c u_a) \cdot u_a z_B^{1/3}}$$

$$(2.22)$$

对式 (2.22) 左边求导得到

$$\pi\alpha_1\alpha_2\rho k_3^2 f_3^2(\dot{Q}_c, u_a) \cdot u_a^2 z_B^2\left(\beta_1 + \beta_2 + 2\delta_3 - \frac{2}{3}\right)z^{\beta_1 + \beta_2 + 2\delta_3 - 5/3}$$

$$= \frac{g\dot{Q}_c}{C_p T_\infty} \cdot \frac{z^{1/3-\delta_3}}{k_3 f_3(\dot{Q}_c, u_a) \cdot u_a z_B^{1/3}} \tag{2.23}$$

由量纲分析得

$$\begin{cases} \beta_1 + \beta_2 = 2 - 3\delta_3 \\ \\ \alpha_1 \alpha_2 = \dfrac{g\dot{Q}_c}{\pi C_p T_\infty \rho k_3^3 f_3^3(\dot{Q}_c, u_a) \cdot u_a^3 z_B \left(\dfrac{4}{3} - \delta_3\right)} \end{cases} \tag{2.24}$$

将式（2.19）、式（2.20）、式（2.21）带入式（2.7）得

$$\dot{m}_p = \pi \rho \alpha_1 \alpha_2 k_3 z_B^{\frac{1}{3}} u_a f_3(\dot{Q}_c, u_a) \cdot z^{\beta_1 + \beta_2 + \sigma_3 - \frac{1}{3}} \tag{2.25}$$

将式（2.24）带入式（2.25）得

$$\dot{m}_p = \frac{g\dot{Q}_c z^{5/3 - 2\sigma_3}}{C_p T_\infty k_3^2 f_3^2(\dot{Q}_c, u_a) \cdot u_a^2 z_B^{\frac{2}{3}} \left(\dfrac{4}{3} - \sigma_3\right)} \tag{2.26}$$

由式（2.6）可以假设 $f(\dot{Q}_c, u_a)$ 与 $\dot{Q}_c$、u_a 呈幂函数关系，即

$$f(\dot{Q}_c, u_a) = \varepsilon_3 \dot{Q}_c^{\lambda_3} u_a^{\eta_3}, z < z_B \tag{2.27}$$

将式（2.1）、式（2.27）带入式（2.26），且可知 $Q = 0.7\dot{Q}_c$，可得到弯曲段的烟气羽流质量流量。

$$\dot{m}_p = \frac{0.7^{2/3} g^{1/3} \rho_\infty^{2/3} \dot{Q}_c^{1/3 - 2\lambda_3} u_a^{-2\eta_3} z^{5/3 - 2\sigma_3}}{C_p^{1/3} T_\infty^{1/3} k_3^2 \varepsilon_3^2 \left(\dfrac{4}{3} - \sigma_3\right)} \tag{2.28}$$

同理，可得顺流贯穿段的烟气羽流质量流量。

$$\dot{m}_p = \frac{0.7 \rho_\infty \dot{Q}_c^{-2\lambda_4} u_a^{1 - 2\eta_4} z^{1 - 2\sigma_4}}{k_4^2 \varepsilon_4^2 \left(\dfrac{1}{2} - \sigma_4\right)} \tag{2.29}$$

因此，室外风作用下的火灾烟气生成量如式（2.30）所示。

$$\dot{m}_p = \begin{cases} \dfrac{0.7^{2/3} g^{1/3} \rho_\infty^{2/3} \dot{Q}_c^{1/3 - 2\lambda_3} u_a^{-2\eta_3} z^{5/3 - 2\sigma_3}}{C_p^{1/3} T_\infty^{1/3} k_3^2 \varepsilon_3^2 \left(\dfrac{4}{3} - \sigma_3\right)}, 0 < z \leqslant z_B \\ \\ \dfrac{0.7 \rho_\infty \dot{Q}_c^{-2\lambda_4} u_a^{1 - 2\eta_4} z^{1 - 2\sigma_4}}{k_4^2 \varepsilon_4^2 \left(\dfrac{1}{2} - \sigma_4\right)}, z > z_B \end{cases} \tag{2.30}$$

（二）孔口射流在羽流方程中的应用

室外风经窗户进入建筑内部后，风速会随着进入距离的增加而减小，窗户的面积也会影响到室外风的动量大小。窗户的大小等建筑结构因素会影响室外风，进而对室外风与火羽流的相互作用产生影响。本模型考虑建筑结构的因素，将室外风经通风窗进入建筑内部的现象近似认为是孔口射流[2]，则室外风进入建筑内部后的速度变化如式（2.31）所示。

$$u_a = u_0 \cdot \frac{\varphi A^{1/2}}{l + \mu_2/\mu_1} \tag{2.31}$$

式中，φ、μ_1 和 μ_2 均为常数，为了方便应用，在本书中将室外风速的衰减公式（2.31）简化为下式所示。

$$u_a = \frac{\tau \cdot A^{1/2} \cdot u_0}{l} \tag{2.32}$$

大量的实验和理论分析对式（2.32）中常数 τ 的取值进行了确定研究[3]，具体取值情况如式（2.33）所示。

$$u_a = \begin{cases} \dfrac{A^{1/2} \cdot u_0}{l}, \dfrac{l}{A^{1/2}} \le 8 \\[3mm] \dfrac{7A^{1/2} \cdot u_0}{l}, \dfrac{l}{A^{1/2}} > 8 \end{cases} \tag{2.33}$$

因此，将式（2.33）带入式（2.1），得到特征长度 z_B 的计算公式。

$$z_B = \begin{cases} \dfrac{0.0277 \cdot l^3 Q}{A^{3/2} u_0^3}, \dfrac{l}{A^{1/2}} \le 8 \\[3mm] \dfrac{8.09 \times 10^{-5} \cdot l^3 Q}{A^{3/2} u_0^3}, \dfrac{l}{A^{1/2}} > 8 \end{cases} \tag{2.34}$$

将式（2.32）带入式（2.30），得到室外风作用下烟气生成量理论模型的表达式。

$$\dot{m}_p = \begin{cases} \dfrac{0.7^{2/3} g^{1/3} \rho_\infty^{2/3} \dot{Q}_c^{1/3-2\lambda_3} z^{5/3-2\sigma_3}}{C_p^{1/3} T_\infty^{1/3} k_3^2 \varepsilon_3^2 \left(\dfrac{4}{3}-\sigma_3\right)} \cdot \left(\dfrac{\tau A^{0.5} u_0}{l}\right)^{-2\eta_3}, 0 < z \le z_B \\[5mm] \dfrac{0.7 \rho_\infty \dot{Q}_c^{-2\lambda_4} z^{1-2\sigma_4}}{k_4^2 \varepsilon_4^2 \left(\dfrac{1}{2}-\sigma_4\right)} \cdot \left(\dfrac{\tau A^{0.5} u_0}{l}\right)^{1-2\eta_4}, z > z_B \end{cases} \tag{2.35}$$

式中 τ 的取值为：当 $l/A^{1/2} \le 8$ 时，$\tau = 1$；当 $l/A^{1/2} > 8$ 时，$\tau = 7$。

三、机械排烟量的计算

对于室内火灾，上部热烟气层的烟气总量和烟气层高度的变化主要由排烟量和烟气生成量共同决定。NFPA 92B 对排烟时的烟气沉降过程进行了分析：当排烟量小于烟气生成量时，烟气层会不断下降，反之，烟气层会不断上升；当烟气层高度达到某一值时，烟气生成量等于排烟量，烟气层高度就会维持在这一高度而不再变化。火灾时要保证烟气不会威胁疏散人员的安全，就要将烟气层高度控制在最小清晰高度以上，因此，排烟量至少要等于烟气下降到最小清晰高度时的烟气生成量。

对于最小清晰高度，不同的学者、规范有着不同确定方法。NFPA 92B[4] 规定烟气层最小清晰高度采用 $0.2H$ 进行计算。Chow 教授[5] 在研究中庭机械排烟效果的相关问题时也将 $0.2H$ 作为最小清晰高度。我国上海的《建筑防排烟技术规程》（DG J08—88—2006）[6] 和《建筑防烟排烟系统技术标准》（GB 51251—2017）[7] 指出最小清晰高度应按 $1.6 + 0.1H$ 计算。为了保证层高较低的普通高层建筑的烟气层高度，本书的最小清晰高度采用 $1.6 + 0.1H$ 计算。

在烟气生成量的理论模型推导过程中，假设羽流区烟气密度等于环境空气密度，在实际应用中，一般也是认为烟气的物理性质与空气相近。

$$\rho T = \rho_\infty T_\infty \tag{2.36}$$

上海市《建筑防排烟技术规程》规定烟气的温度 T 按式（2.37）计算。

$$T = T_\infty + \dot{Q}_c / (\dot{m}_p \cdot c_p) \tag{2.37}$$

通常，T_∞ 取 20℃，c_p 取 1.02。

烟气层高度维持在一定高度时需要的排烟量等于烟气生成量，可以求得所需的机械排烟速率为式（2.38）：

$$V_s = \frac{\dot{m}_p (T_\infty + \dot{Q}_c / \dot{m}_p c_p)}{\rho_\infty T_\infty} \tag{2.38}$$

本章基于理想羽流模型，引入横流中的羽流和孔口射流的思想，并根据火灾实际情况对火羽流进行了简化和改进，利用量纲分析的方法推导得到了室外风作用下烟气生成量理论模型，如式（2.35）所示，在此基础上可以利用式（2.38）计算得到室外风作用下的机械排烟量。由于本书模型考虑了室外风速、建筑结构等因素，因此，基于本书模型设计的机械排烟系统更加安全可靠。

由式（2.38）可知，计算一定火源功率下的机械排烟量时，唯一需要确定的参数就是烟气生成量。本书建立的室外风作用下烟气生成量理论模型中含有待定系数，分别为式（2.35）中的 λ_3、σ_3、η_3、λ_4、σ_4 和 η_4，这些待定系数将在第四章利用综合优化软件 1stOpt 对实验数据拟合确定。

第二节　多功能火灾烟气流动与控制实验台的搭建

本书第一节通过理论分析的方法研究了室外风对火羽流的影响，并建立了室外风作用下火灾烟气生成量的理论模型，但是实际工作中仍缺乏室外风作用下火羽流参数的变化规律和定量性的结论。而且，上一节建立的理论模型含有的未知系数需要实验数据来确定。为了解决以上问题，本书设计并搭建了多功能火灾烟气流动与控制实验台，并确定了相关实验参数的测量方法，为后续研究进行实验准备。

一、实验台设计思路

目前，关于室外风对烟气生成量的实验研究还相对较少，也没有专门用于研究室外风作用下室内火灾烟气流动与控制的实验平台。本书实验台的设计思路如下：

实验台使用负压风机模拟产生室外风，经可改变大小的通风窗进入室内，进而影响到火羽流。室外风速随高度增加而增加，因此，当模拟较高楼层处的室外风时，可以由变频器对负压风机进行调节得到相应的风速。烟气通过位于房间顶棚中央位置的排烟口直接排至室外，激光片光源位于房间东端或西端，用于显示烟气运动规律、测量烟气层高度。实验台示意图和实物图如图2.4、图2.5所示。实验台由基础结构和实验参数测量系统组成。基础结构由框架和维护物、排烟系统、通风窗、室外风模拟系统四部分组成，实验参数测量系统包括火源热释放速率、排烟口及通风窗处风速、烟气生成量、烟气层高度、烟气平均温度五部分。

本书设计并搭建的多功能火灾烟气流动与控制实验台，不仅可以用于研究热烟浮力、室外风力等多种驱动力作用下的火灾烟气输运规律，进行机械排烟系统或自然排烟系统的排烟效果研究，还可以用于进行多种因素影响下排烟系统设置参数的优化设计。另外，该实验台还可以作为全尺寸的房间载体，进行其他灭火系统或灭火剂扑救房间火灾的相关研究。

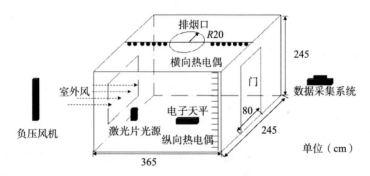

图 2.4　实验台示意图

图 2.5　实验台实物图

二、基础结构的设计

（一）框架和维护物的确定

由于《ISO 9705 全尺寸热释放速率实验台》可以用来测量全尺寸房间火灾条件下的火灾动力学参数[8,9]，其着火房间设计具有典型的代表性，本课题也是针对火灾在房间内燃烧以及烟气的输运问题进行研究，因此，实验台尺寸按照《ISO 9705 全尺寸热释放速率实验台》的尺寸进行设计，长、宽、高分别为 3.65m、2.45m 和 2.45m。实验台采用 80mm × 80mm × 3mm 的方管作为主体骨架，40mm × 40mm × 2mm 的方管作为龙骨，四周和顶棚采用 1.2cm 厚耐火石膏板作为墙体。为了观察火灾过程中燃烧状况和记录烟气层高度，在北侧的墙体上安装四块 170cm×110cm 大小的防火玻璃作为观察窗，并分别在防火玻璃的中央位置和东部边缘标记两个刻度标尺。在东侧墙体的中央位置安装有一扇 0.8m×1.9m 的普通防盗门。为了保证实验台的密闭性，在门缝、石膏板衔接处等缝隙采用防火发泡剂进行封堵，在防火玻璃的四周采用玻璃胶进行密封。

（二）排烟系统的构成

在着火房间的顶部中央开设一个直径为 40cm 的排烟口，通过排烟管道与排烟风机相连接。排烟风机放置在高为 2.16m 的三角铁架上，出烟口在实验室的窗户处，实验过程中产生的烟气经排烟管道直接排出室外，如图 2.6 所示。

（a）排烟口

（c）变频器

（b）排烟风机及其支架

图 2.6　排烟系统

结合实际情况，实验中的排烟风机采用轴流风机，型号为 SF4 - 4，相关参数见表 2.1。

表 2.1　排烟轴流风机相关参数

功率（kW）	频率（Hz）	直径（cm）	全压（Pa）	电压（V）	风量（m³/h）	转速（r/min）
0.55	50	40	149	380	5870	1450

排烟风机通过变频器调节风速，以实现实验中需要的排烟量。变频器的型号为VCD1000，如图2.6（c）所示，变频器电压为380V，最大功率为0.75kW。将变频器当前运行状态参数设定为频率（Hz），通过旋转模拟电位器来调节输出频率的大小，进而改变风机的风速和风量。当模拟电位器指向100%，控制面板LED显示器显示为50Hz时，风机是以额定功率运行的，此时产生的风速和风量最大。

（三）通风窗的设计

在西面的侧墙上开设通风窗，通风窗的最大开口为1.2m×1.2m，窗的底部距离地面0.8m。为了改变通风窗的大小，安装了三块可移动的挡板。通风窗的两条水平边上安装有可供滑轮移动的滑槽，两块大小为0.6m×1.2m带有滑轮的挡板安装在滑槽上，挡板可以左右移动，用以从水平方向改变通风窗开启的大小，可以实现通风窗的关闭和部分开启功能。通风窗的两条垂直边上也安装有可供滑轮移动的滑槽，一块大小为1.2m×1.0m带有滑轮的挡板安装在滑槽上，挡板可以上下移动，用以从竖直方向改变通风窗开启的大小。设计图与实物图如图2.7所示。

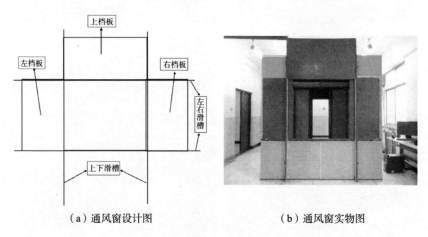

（a）通风窗设计图　　　　　　　　　（b）通风窗实物图

图2.7　通风窗

（四）室外风模拟系统的选择

为了模拟产生室外风，在距离通风窗1m处放置负压风机，型号为HY－1060，相关参数见表2.2，风机风速的大小通过变频器调节。

表2.2　室外风模拟负压风机相关参数

功率（kW）	频率（Hz）	直径（cm）	电压（V）	风量（m³/h）	转速（r/min）
0.55	50	106	380	32000	450

负压风机固定在一张0.8m高的长桌上，使得负压风机正对着通风窗，如图

2.8 所示。为了使负压风机产生的风为水平风，在负压风机的出风口处安装水平百叶，百叶的尺寸为 106cm×13cm。

（a）室外风模拟系统实物图　　　　（b）负压风机上的水平百叶

图 2.8　室外风模拟系统

三、实验参数测量系统的设计

（一）火源热释放速率的计算

火源热释放速率是火灾实验的最基本参数之一，可以反映火灾的发展与蔓延情况，与燃料本身、燃烧环境条件等有关。目前，火源热释放速率的确定方法主要有两种，分别是耗氧法和失重法。耗氧法需要昂贵的实验仪器（锥形量热仪），且在测量过程中无法使室外风对火源热释放速率产生影响，也就无法达到本书实验的条件，因此该方法在本实验中不具有可行性。本书采用失重法确定火源热释放速率。失重法即在火灾过程中，将燃料的质量随时间的变化近似成直线变化，则该直线的斜率可以认为在该段时间内燃料的燃烧速率 $\dot{m}_f$。火源热释放速率则为燃料的燃烧速率 $\dot{m}_f$ 与燃料热值 h_f 的乘积，即 $\dot{Q} = \dot{m}_f \cdot h_f$。通过查阅文献可知[10]，甲醇的热值约为 19.9kJ/g。

由于火灾实验中常用的木垛、汽油和柴油等燃料在燃烧过程中会迅速产生大量的黑烟，不但对实验室内部装修和设备造成损坏，而且由于实验房间尺寸相对较小，黑色烟气会迅速充满整个实验房间，无法观察到烟气运动规律，尤其是无法获取本实验中的关键参数——烟气层高度。我国的推荐性公共安全行业标准《防排烟系统性能现场验证方法——热烟试验法（GA 999—2012）》[11]，以及澳大利亚标准《烟气管理系统——热烟试验（AS 4391—1999）》[12]推荐的热烟试验的燃料为乙醇，且两个标准的引言部分明确说明：在此类实验中乙醇池火燃烧产生无色无毒的热羽流，用可视的示踪烟气注入热羽流，可在不对现场造成破坏的前提条件下，演示出热羽流的流动特性，示踪烟气的流动规律和火灾烟气的流动规律是一致的。但由于乙醇价格较贵，而甲醇则便宜得多，且甲醇与乙醇的物理化学性质相近，燃烧情况也较为一致，因此，本书中的燃料采用甲醇。实验中的油盘使用圆形油盘，直径分别为20cm、25cm、30cm、35cm和40cm，每次实验时在油盘中添加1cm厚的甲醇。

为了计算火源功率的大小，采用APT418W型电子天平实时测量燃料的质量变化。APT418W型电子天平的最大量程为30kg，精度为0.1g。油盘放置在天平称重传感器上，为了隔绝油盘燃烧产生的热量，在天平的托盘上放置一层防火棉和一块1.2cm厚的耐火石膏板，天平通过USB串口线连接在电脑上，利用采集软件sscom32.7z获得燃料的质量损失，设定每0.5s采集一次数据。APT418W型电子天平如图2.9所示，sscom32.7z数据采集软件界面如图2.10所示。

图2.11给出了油盘直径为25cm时的烟气自然填充实验中的甲醇质量随时间的变化情况。从图中可以看出，甲醇点燃后有一个燃烧增长阶段，这个时间大概在50s左右，随即进入稳定燃烧阶段，稳定燃烧的时间较长，占整个燃烧持续时间的80%以上，最后是衰退阶段。同时也可以从图中看出，各个阶段中甲醇的质量损失速率相差很小，可以认为甲醇在整个燃烧过程中的热释放速率是基本不变的。利用Origin Pro 8.5数据分析软件对质量损失曲线进行线性拟合，得到拟合直线斜率为−0.8045，即本次实验甲醇的燃烧速率为0.8045g/s，所以此次实验中的热释放速率计算为 $Q = \dot{m}_f \cdot h_f = 0.8045 \times 19.9 = 16.01\,(\mathrm{kW})$。

图2.9　APT418W型电子天平

图 2.10 sscom32.7z 数据采集软件界面

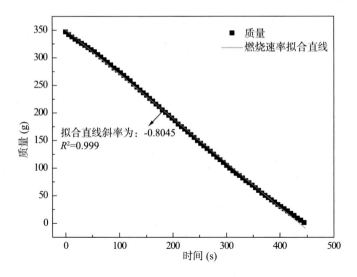

图 2.11 甲醇燃烧时质量随时间的变化

（二）排烟口及通风窗处风速的确定

实验采用风速仪对风速进行测量，风速仪的型号为 TASI 642 ANEMOME-TER，设定输出模式为"2s average"，即每 2s 输出一个该时间段的平均风速。图 2.12 为 TASI 642 ANEMOMETER 风速仪。对于通风窗处的风速，采用多点测量取平均值的方法进行测量，由专门人员手持风速仪在每次实验进行过程中实时测量风速。图 2.13 为测量时所取的五个测量点，测得此五个点后取平均值作为本次实验的室外风速。

图 2.12　TASI 642 ANEMOMETER 风速仪

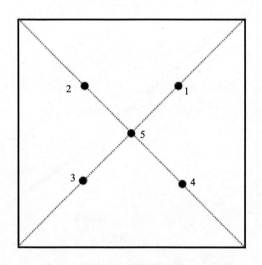

图 2.13　通风窗处风速测点分布图

　　对于机械排烟口处风速，由于在实验进行时无法进行实时的测量，因此，对变频器进行冷态的标定，即采用多点测量取平均值的方法获取某一频率下的排烟口风速，五个测量点位置如图 2.14 所示，之后对所获取的各频率对应的风速进行线性拟合，得到变频器输出频率与排烟口风速的变化关系式，如式（2.39）。利用该公式可以计算得到任意变频器输出频率对应的排烟口风速。

$$u_1 = 0.133 + 0.0966f \qquad (2.39)$$

式中，u_1 为排烟口处的排烟风速，m/s；f 为排烟风机的频率，Hz。

排烟口风速与变频器输出频率的拟合情况如图 2.15 所示。

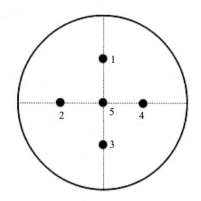

图 2.14　机械排烟口处风速测点分布图

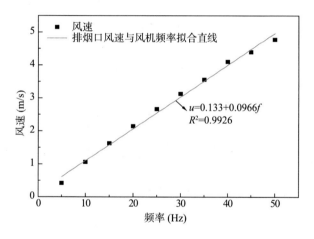

图 2.15　排烟口风速与变频器输出频率的拟合

（三）烟气层高度的测量

烟气层高度是研究烟气运动规律的重要参数，也是本书需要获取的重要数据之一。根据火灾双区域模型的分析，热烟气层和冷空气层之间应该有一个确定的烟气层分界面，即有一个确定的烟气层高度。但在实际火灾场景中，热烟气层与冷空气层之间的分界面并不是清晰、稳定的，而是存在一个连续变化的过渡区域，称为"烟气前锋"，该区域可以认为是由部分热烟气和部分冷空气混合而成的，因此"烟气前锋"的位置即可认为是烟气层高度。目前，对烟气层高度的测量方法主要有理论计算法和目测法。常见的理论计算法包括：温度梯度法、整比率法、最小二乘法和 N 百分比法等。其中温度梯度法和 N 百分比法应用的最多。

温度梯度法是根据在竖直方向上布置的热电偶的温度变化来判断烟气层高度的，即某一高度处的热电偶与相邻热电偶的温度梯度最大，则该高度即认为是烟气层高度，如图 2.16 所示。

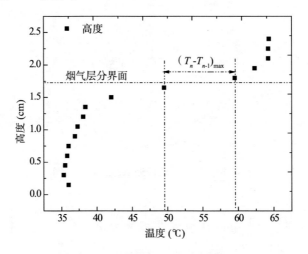

图 2.16　温度梯度法确定烟气层高度

N 百分比法认为竖直方向上相对于初始温度的最大温升的 N% 是烟气前锋的温度，计算公式为式（2.40）。当某一高度处的热电偶温度约等于烟气前锋温度时，则该高度即可认为是烟气层高度，如图 2.17 所示，并可查找到烟气层高度到达该高度处对应的时间。

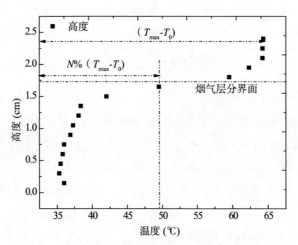

图 2.17　N 百分比法确定烟气层高度

$$T_n = \frac{N(T_{max} - T_0)}{100} + T_0 \qquad (2.40)$$

式中，T_n 为烟气前锋温度，℃；T_{max} 为热烟气层温度的最大值，℃；T_0 为初始温度，℃。

N 取值的准确性对确定烟气层高度影响较大，N 取值越大，烟气层高度越高，N 取值越小，烟气层高度越低，同时烟气层高度还受烟气温度变化梯度的影响。对于 N 的大小，没有一个具体的标准，不同的研究取值相差很大[4,13-14]，计算的结果也缺乏可靠性，因此，本书不采用此种方法。

目测法是观察者直接用眼睛观察烟气前锋到达的高度，该高度通过对应指示标尺直接读取。该方法具有简便、快捷、易操作等优点，但也存在具有一定主观性的缺点。

从以上的分析中可以看出，理论计算法都是在实验进行完毕后，对烟气温度进行处理，得到本次实验中的烟气层高度，在实验过程中并不能获取烟气层高度这一参数，而目测法却可以达到这一目的。由于本书计算烟气生成量的前提条件是使烟气层高度稳定在一个固定的数值，烟气层高度在实验中本身是一个变量，且需要在实验中进行实时地控制、调节，因此，本书在目测法的基础上，自行设计了激光片光源法，用以确定烟气层高度，并使用温度梯度法来验证。具体方法为：使用示踪剂演示烟气运动，在激光片光源作用下显示出热烟气层和冷空气层的分界面，该分界面是清晰、稳定的，不像双区域模型中描述的过渡区，因此，观察者可以直接对照标尺读出烟气层高度，并使用秒表记下该时刻。

由于甲醇燃烧产生的是无色的热羽流，因此，实验根据《防排烟系统性能现场验证方法——热烟试验法（GA 999—2012）》[11]，以及澳大利亚标准《烟气管理系统——热烟试验（AS 4391—1999）》[12]设计了产生示踪剂的发烟装置，如图2.18 所示。示踪剂使用用于舞台演出的烟饼燃烧产生，每块烟饼在正常状况下可以燃烧 2min，每次实验燃烧 4 块烟饼，将每块烟饼切割成两半，按图 2.19 所示将烟饼放置在发烟装置中。发烟筒的出烟口靠近火羽流，这样示踪剂就可以被卷吸进火羽流，经过激光片光源的增强作用，进而演示出火羽流的流动特性和烟气层分界面，并可由专门的实验人员读取实时的烟气层高度。激光片光源如图2.20 所示，示踪剂显示的热烟气层与冷空气层的分界面效果如图 2.21 所示，示踪剂被火羽流卷吸的效果如图 2.22 所示。

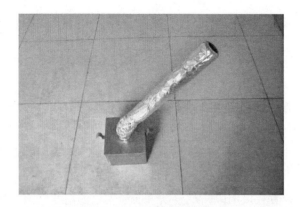

图 2.18　产生示踪剂的发烟装置

图 2.19　烟饼在发烟装置中的放置图

图 2.20　激光片光源

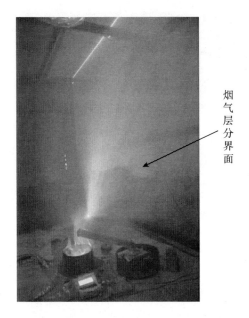

图 2.21　激光片光源作用下示踪剂显示的烟气层

烟气层分界面

 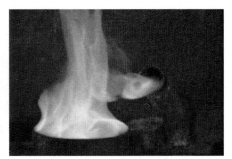

（a）无火源时示踪剂溢出的效果图　　　　（b）有火源时示踪剂卷吸的效果图

图 2.22　示踪剂从出烟筒出来的效果图

　　为了研究烟饼产生的示踪剂对甲醇燃烧产生的烟羽流的影响，本书设计了对照实验，即实验中单独燃烧烟饼，不燃烧甲醇，观察示踪剂的运动规律。实验发现，在没有甲醇作为燃料时，烟饼产生的示踪剂从发烟筒出来后直接往下沉降，然后从下往上开始填充，如图 2.23 所示，与存在火源时烟气从上往下填充的过程正好相反。当存在甲醇火源时，烟饼产生的示踪剂被卷吸进入甲醇燃烧产生的火羽流，随着甲醇的烟羽流输运，并且逐渐混合在一起，进而在激光片光源的显示作用下演示出甲醇燃烧产物的运动轨迹。由此可得出结论，可以使用烟饼产生的示踪剂显示烟气运动规律和烟气层分界面。

（a）5s时的填充效果　（b）15s时的填充效果　（c）20s时的填充效果　（d）30s时的填充效果

图 2.23　无火源时示踪剂填充过程

（四）烟气生成量的确定

烟气生成量作为本书中的结果性参数，测量的准确性直接关系到实验的精度乃至成败。目前有关烟气生成量的测量方法大多数都是针对轴对称羽流的，其中较为成熟的主要有以下四种，燃烧产物取样分析法、速度温度点式测量法、速度矢量的 LDV/PIV 全场测量法和直接测量法。前三种方法需要昂贵的实验仪器和复杂的后续计算。

直接测量法是根据质量守恒原理直接测量得到烟气生成量，在实体火灾实验中应用的较多。1961 年，Ricou 和 Spalding[15] 使用直接测量法测量了理想自由紊动射流的空气卷吸量，即烟气生成量。其测量装置如图 2.24 所示。实验中，使用多孔圆柱面将射流羽流围护起来，通过多孔圆柱面的空气流量是可以调节的，当通过多孔圆柱面的空气流量调节至压力梯度为零时，根据质量守恒定律，空气卷吸量即烟气生成量等于通过多孔圆柱面的空气流量。Centegen 和 Zukoski[16] 也基于直接测量法设计了烟气生成量测量装置，如图 2.25 所示。测量装置是利用排烟风机将烟气收集在位于火羽流正上方的集烟罩内，调节排烟风机风量的大小使集烟罩内的烟气层稳定在一个固定高度时，根据质量守恒，进入烟气层的烟气量就等于排烟风机排出的烟气量，即在烟气层高度稳定时，烟气生成量等于机械排烟量。

直接测量法具有实验设备简单、不需要后续复杂的计算等特点，因此，在本书的实验中，参照 Centegen 和 Zukoski[16] 的测量方法对室外风作用下烟气生成量进行测量，通过调节排烟风机的风量大小，使烟气层高度稳定在一个固定的数值，此时进入热烟气层的烟气量等于排烟风机排出的烟气量，即烟气生成量等于排烟量。

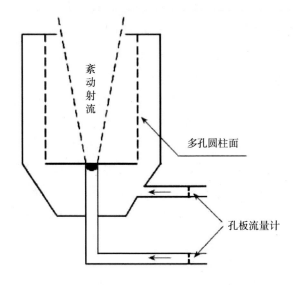

图 2.24　Ricou 和 Spalding 实验测量装置[15]

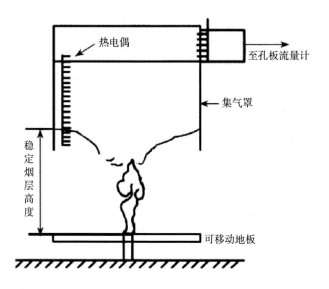

图 2.25　Centegen 和 Zukoski 实验测量装置[16]

（五）烟气平均温度的测量

实验过程中的烟气温度变化采用铠装 $\phi 0.5mm$ 热电偶记录，共设置了两束热电偶树。一束为竖向热电偶树，位于东南墙角，距离两面墙的距离均为 30cm，16 根热电偶沿竖直方向分布，相邻两个热电偶之间的间距为 15cm，编号从上至下为"热电偶1-1"~"热电偶1-16",热电偶利用两个 I-7018 数据采集模块串联起来。在距离顶棚 10cm 处的水平面上,沿房间的长度方向(东西方向)设置一束横向热电偶树,共有 13 个热电偶,在排烟口的西侧有 7 个热电偶,从距离西墙 10cm 处开始布置,相邻两个热电偶之间的间距为 25cm,编号从西至东为"热电偶2-1"~"热电偶2-7";在排烟口的东侧有 6 个热电偶,从距离东墙 25cm 处开始布置,相邻两个热电偶之间的间距为 25cm,编号从西至东为"热电偶2-8"~"热电偶2-13",同样利用两个 I-7018 数据采集模块将热电偶串联起来。通过 I-7018 数据采集软件对热电势进行采样并转换为实时温度值,数据采集的时间间隔为 2s。实验采用的热电偶布置如图 2.26 所示,I-7018 数据采集模块如图 2.27 所示,I-7018 数据采集软件界面如图 2.28 所示。

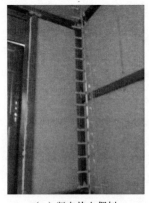

(a)竖向热电偶树　　　　　　　　(b)横向热电偶树

图 2.26　热电偶布置图

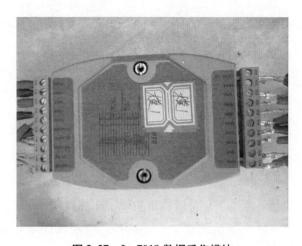

图 2.27　I-7018 数据采集模块

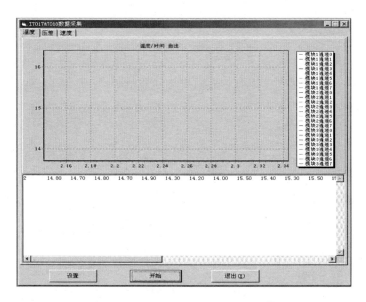

图 2.28　I－7018 数据采集软件界面

不同高度处烟气的平均温度通过计算该高度热电偶在某时间段内温度的算术平均值来确定，计算公式为式（2.41）。

$$T_s = \frac{1}{m - n + 1} \sum_{i=n}^{m} T_i \qquad (2.41)$$

式中，T_s 为烟气平均温度，m、n 为计算使用的竖直热电偶数，T_i 为空间内某一热电偶在某一时刻的温度值。

第三节　室外风作用下房间火羽流参数的实验研究

在设计机械排烟系统时，机械排烟量至少要等于烟气下降到最小清晰高度时的烟气生成量，换言之，机械排烟量的确定归根到底就是烟气生成量的确定。现有的轴对称模型是基于理想羽流计算烟气生成量的，但是实际火灾中，火灾往往是在有风条件下发生、发展的，包括烟气生成量在内的火羽流参数在室外风的作用下与理想状况下有很大的不同，因而基于理想羽流设计的机械排烟系统的安全性和有效性缺乏保障。本章通过全尺寸实验，确定前面提出的烟气生成量理论模型的未知系数，使之可以用于计算烟气生成量，获得室外风作用下不同因素对火羽流参数的影响规律，以指导消防部队扑救高层建筑火灾，并为机械排烟系统的优化设计提供一定的参考。

一、实验目的

利用搭建的多功能火灾烟气流动与控制实验台，研究室外风速、火源功率、烟气层高度、通风窗面积、火源与通风窗之间的距离对火源、羽流特性以及烟气生成量的影响规律，获取不同实验条件下的烟气生成量数据，为确定理论模型中的未知系数提供基础数据。

二、实验设计

（一）实验工况的设置

实验共有五个变量，分别是：室外风速（u_0）、火源功率（Q）、烟气层高度（z）、通风窗面积（A）、火源与通风窗之间的距离（l）。实验首先进行不同火源功率的自然填充实验，然后研究五个变量中的某一变量对烟气温度、烟气生成量、火源功率等室内火羽流参数的影响，共41组实验，具体工况设计如表2.3~表2.8所示。

实验中的测量参数主要有以下几个，燃料质量损失速率、通风窗处的室外风速、排烟口处风速、竖向烟气层温度和横向烟气层温度和烟气层高度。

表2.3　自然填充实验工况设计

实验工况序号	油盘直径（cm）	室外风模拟风机频率（Hz）	通风窗面积（m×m）	火源与通风窗之间的距离（m）	排烟风机频率（Hz）
工况1	20	关闭	关闭	1.6	关闭
工况2	25	关闭	关闭	1.6	关闭
工况3	30	关闭	关闭	1.6	关闭
工况4	35	关闭	关闭	1.6	关闭
工况5	40	关闭	关闭	1.6	关闭

表2.4　不同室外风速的实验工况设计

实验工况序号	油盘直径（cm）	室外风模拟风机频率（Hz）	通风窗面积（m×m）	火源与通风窗之间的距离（m）
工况6	30	5	0.8×0.8	1.6
工况7	30	10	0.8×0.8	1.6
工况8	30	15	0.8×0.8	1.6
工况9	30	20	0.8×0.8	1.6
工况10	30	25	0.8×0.8	1.6

续表

实验工况序号	油盘直径（cm）	室外风模拟 风机频率（Hz）	通风窗面积（m×m）	火源与通风窗 之间的距离（m）
工况 11	30	30	0.8×0.8	1.6
工况 12	30	35	0.8×0.8	1.6
工况 13	30	40	0.8×0.8	1.6
工况 14	30	45	0.8×0.8	1.6
工况 15	30	50	0.8×0.8	1.6

表 2.5　不同火源功率的实验工况设计

实验工况序号	油盘直径（cm）	室外风模拟 风机频率（Hz）	通风窗面积（m×m）	火源与通风窗 之间的距离（m）
工况 16	20	20	0.8×0.8	1.6
工况 17	25	20	0.8×0.8	1.6
工况 18	30	20	0.8×0.8	1.6
工况 19	35	20	0.8×0.8	1.6
工况 20	40	20	0.8×0.8	1.6

表 2.6　不同通风窗面积的实验工况设计

实验工况序号	油盘直径（cm）	室外风模拟 风机频率（Hz）	通风窗面积 （m×m）	火源与通风窗 之间的距离（m）
工况 21	35	20	0.2×0.2	1.6
工况 22	35	20	0.4×0.4	1.6
工况 23	35	20	0.6×0.6	1.6
工况 24	35	20	0.8×0.8	1.6
工况 25	35	20	1.0×1.0	1.6
工况 26	35	20	1.2×1.2	1.6

表 2.7　不同烟气层高度的实验工况设计

实验工况序号	油盘直径（cm）	排烟风机 频率（Hz）	室外风模拟 风机频率（Hz）	通风窗面积 （m×m）	火源与通风窗 之间的距离（m）
工况 27	30	5	20	0.8×0.8	1.6
工况 28	30	10	20	0.8×0.8	1.6
工况 29	30	15	20	0.8×0.8	1.6

实验工况序号	油盘直径（cm）	排烟风机频率（Hz）	室外风模拟风机频率（Hz）	通风窗面积（m×m）	火源与通风窗之间的距离（m）
工况 30	30	20	20	0.8×0.8	1.6
工况 31	30	25	20	0.8×0.8	1.6
工况 32	30	30	20	0.8×0.8	1.6
工况 33	30	35	20	0.8×0.8	1.6
工况 34	30	40	20	0.8×0.8	1.6
工况 35	30	45	20	0.8×0.8	1.6
工况 36	30	50	20	0.8×0.8	1.6

表 2.8　火源与通风窗之间不同距离的实验工况设计

实验工况序号	油盘直径（cm）	火源与通风窗之间的距离（m）	室外风模拟风机频率（Hz）	通风窗面积（m×m）
工况 37	30	0.3	20	0.8×0.8
工况 38	30	1.0	20	0.8×0.8
工况 39	30	1.6	20	0.8×0.8
工况 40	30	2.35	20	0.8×0.8
工况 41	30	3.05	20	0.8×0.8

（二）实验仪器的准备

根据实验设计，采用的仪器设备见表2.9。

表 2.9　实验仪器设备

序号	实验仪器名称	规格/型号	单位	数量
1	铠装热电偶	直径0.5mm	个	29
2	数据采集模块	I-7018	个	4
3	电子天平	APT418W（量程：30kg；精度0.1g）	台	1
4	油盘	直径：20cm、25cm、30cm、35cm、40cm	个	5
5	烧杯	容积：400ml、1500ml	个	2
6	计算机	Lenovo	台	1
7	轴流风机	SF4-4	台	1
8	负压风机	YSF802-4 型	台	1
9	排烟管道	耐高温伸缩软管	m	
10	三角铁支架	自行设计	个	1

序号	实验仪器名称	规格/型号	单位	数量
11	桌子	120cm×45cm×80cm	张	1
12	变频器	VCD1000	台	2
13	风速仪	TASI 642 ANEMOMETER	个	1
14	摄像机	SONY	个	1
15	卷尺	量程：5m；精度：1mm	把	1
16	秒表	TF307	个	1
17	发烟装置	自行设计	个	1
18	耐火石膏板	1.2cm 厚耐火石膏板	张	1
19	防火棉	陶瓷纤维隔热棉	张	1

（三）实验步骤

本书的实验按如下步骤进行：

（1）将计算机、变频器（分别连接好轴流风机和负压风机）接通电源，变频器预热5min，打开计算机。调节连接负压风机的变频器的模拟电位器，使负压风机的输出频率调整至预定频率。

（2）将激光片光源放置在预定位置，并接通电源。

（3）关闭通风窗，将摄像机固定并打开。

（4）将电子天平放在预定位置，并将其与计算机连接，打开质量采集软件sscom32.7z，同时将 I－7018 温度采集软件打开。

（5）在电子天平托盘上放置防火棉和耐火石膏板，并将油盘放置在耐火石膏板之上，将电子天平去皮。

（6）检查所有仪器、测量系统，保证都处于良好工作状态。

（7）在发烟装置中放置好烟饼，并将发烟装置出烟口放置在火羽流旁边。

（8）用量杯量取预定量的甲醇，倒入油盘中，用点火器点燃，紧接着点燃烟饼，秒表开始计时，称重系统和温度测量系统同时开始采集数据。

（9）实验人员 1 开始记录烟气层高度，并用秒表记录下对应的时刻，直至火源熄灭。

（10）50s 后打开排烟风机变频器，80s 后打开负压风机变频器，并将通风窗开启到预定大小。

（11）实验人员 2 使用风速仪测量通风窗处的风速。

（12）实验人员 3 在实验过程中，调节排烟风机变频器的大小，使烟气层高度维持在预定高度（"不同烟气层高度"的相关实验工况无此步骤）。

（13）火源保持在稳定状态直至熄灭，关闭摄像机，待实验房间温度降至室温时，质量测量系统和温度测量系统停止数据采集，记下停止时间，对质量测量和温度测量文件进行命名保存。

（14）关闭排烟风机变频器、室外风模拟风机变频器，准备下一组实验。

三、实验结果与讨论

（一）室外风速对火羽流参数的影响

本组实验采用直径为30cm的油盘，通风窗面积为0.8m×0.8m，火源与通风窗之间的距离为1.6m，通过排烟风机将烟气层高度调整在1.55m左右，室外风模拟风机频率设定10个不同的值，分别为5～50Hz，每隔5Hz一个，产生的实际室外风速在实验过程中利用风速仪测量。工况设置见表2.4。

在实验过程中调节排烟风机频率，使各次实验中的烟气层高度维持在一个固定值，由于烟气层分界面本身就是一个过渡区域，不是清晰、稳定的，再加上实验本身的不确定因素的影响，使得将烟气层高度固定在一个十分精确的值是不现实的，本组实验结合实际情况，将烟气层高度大约固定在1.55m左右，实验过程中实际测量到的烟气层高度、通风窗处的风速、排烟风机风速以及烟气生成量见表2.10。

表2.10　不同室外风速的实验结果

实验工况序号	室外风模拟风机频率（Hz）	排烟风机风速（m/s）	通风窗处风速（m/s）	烟气层高度（m）	烟气生成量（kg/s）
工况6	5	1.11	0.39	1.25	0.67
工况7	10	1.45	0.49	1.35	0.87
工况8	15	2.06	0.77	1.5	1.24
工况9	20	2.54	0.97	1.55	1.53
工况10	25	2.90	1.30	1.60	1.75
工况11	30	3.20	1.55	1.60	1.93
工况12	35	3.32	2.07	1.55	2.00
工况13	40	3.51	2.12	1.55	2.12
工况14	45	3.82	2.32	1.55	2.30
工况15	50	3.83	2.86	烟气层紊乱	—

1. 室外风速对烟气层温度的影响

实验采用的燃料是甲醇，根据燃料的质量损失速率和现场观察燃烧情况发现，点火开始后，燃烧很快就能达到稳定状态，时间一般在 50s 以内，各个测点的热电偶温度也迅速上升，在火源燃烧达到稳定状态后，各测点的温度会存在一个最大值。因此，为了观察在火源稳定燃烧阶段室外风对烟气层温度的影响，取温度达到最大值时的 100s 内（最大值位于时间段的中点，前后各 50s）横向热电偶各个测点的温度值，计算该时间段的温度算术平均值，以此温度平均值为纵坐标，以不同风速为横坐标作图，如图 2.29 所示。

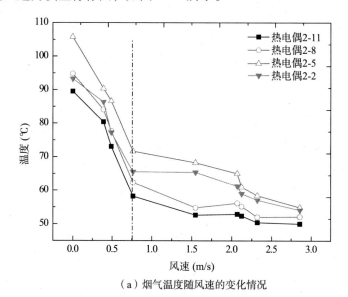

（a）烟气温度随风速的变化情况

（b）室外风作用下烟气温度随距离的变化情况

图 2.29　不同风速下的烟气温度分布情况

另外，为了反映火源与通风窗之间的距离相对于整个房间长度的大小，本书引入无量纲距离的概念，定义无量纲距离 $l' = \dfrac{l}{L}$，其中 l 为火源与通风窗之间的距离，L 为着火房间的长度，在本书中为 3.65m。

分析图 2.29 可知：

（1）烟气层温度随着室外风速的增加而减小，当风速小于 0.75m/s 时，烟气层温度随风速下降很快，曲线近乎垂直，体现了室外风对火灾的冷却抑制作用，但室外风速再增大，烟气层温度下降不明显。当风速较小（小于 0.75m/s）时，室外风为室内提供的冷空气相对较少，但是这些冷空气相对于没有室外风时是质的变化，其冷却效率较高，所以烟气层温度下降得较快。当室外风速较大（大于 0.75m/s）时，室外风速再增大，其冷却效果相对于火源燃烧释放的能量有限，因此烟气层温度下降不明显。

（2）顶棚烟气最高温度区域会向下风向偏移 0.1~0.17 个无量纲距离。当火源位于着火房间中央，即火源距离通风窗的无量纲距离为 0.5（实际距离为 1.6m）时，顶棚烟气温度在无量纲距离 0.6~0.67 内达到最大值（实际距离为 2.15m 至 2.4m），最高温度区域相比无风状况向下风向偏移 0.1~0.17 个无量纲距离，并且火源下风向的温度总体比上风向温度高，说明室外风会加速火灾向下风向蔓延。另外，从图 2.29（b）中可以发现，与通风窗之间 10cm 处的烟气层温度比火源上风向其他位置的温度要高，这是因为该处热电偶布置在距离顶棚和西墙 10cm 的位置，在实验房间顶棚的角落里，室外风对这个位置的影响相对于其他位置要小得多，因此，温度偏高。

2. 室外风对火源的影响

室外风从通风窗进入着火房间后，会在着火房间内产生一个具有水平作用力的气流，对火焰的发展产生影响。另外室外风也会为燃烧提供更多的氧气，对火源热释放速率产生影响。下面分别从火焰和热释放速率两个方面分析室外风对火源的影响。

（1）室外风对火焰的影响。

如图 2.30 所示，在无风时，火焰基本为轴对称形状，在存在室外风的情况下，火焰会发生倾斜。在此需要说明的一点是，室外风产生的水平作用力虽然会使火羽流向下风向倾斜，但火焰在燃烧过程中并不是一直倾斜的，有时会是轴对称状态，甚至会向上风向倾斜，如图 2.31 所示。实验观察发现，火焰倾斜的角度和时间存在一定的概率性，火焰来回摆动，在室外风速大的情况下，火焰倾斜的最大角度比室外风速小的情况下要大，而且倾斜持续的时间也要长。火焰的倾斜极易造成火灾向下风向迅速蔓延，因此，在发生火灾后应重点保护火灾的下风向区域，切断火灾的蔓延途径。

在实验过程中，还发现了火焰分叉现象，即火焰分裂成两部分，不再是一个连续的火焰，如图2.32所示。产生这种现象的原因可能是，火焰在室外风的作用下发生倾斜，但是在倾斜的状态持续一段时间后，火焰倾斜位置的氧气消耗得较多，浓度降低，火源由于缺氧而出现向上风向寻找氧的过程，但是之前室外风的作用效果还存在，这就使得火焰一部分还在向下风向倾斜，另一部分则向上风向倾斜寻找氧，最终产生了火焰分叉现象。

（a）无风时轴对称火焰　（b）室外风速1.30m/s时的火焰　（c）室外风速2.86m/s时的火焰

图2.30　不同风速下的火焰形状

图2.31　火焰向上风向倾斜

图 2.32　分叉现象

（2）室外风对火源热释放速率的影响。

如前所述，室外风会为火源燃烧提供大量氧气，使得燃料燃烧得更快也更加充分，最终结果使火源热释放速率增加。对工况 3 和工况 6～工况 15 稳定燃烧阶段的燃料质量损失数据进行处理，得到了各工况下的火源热释放速率，如图 2.33 所示。

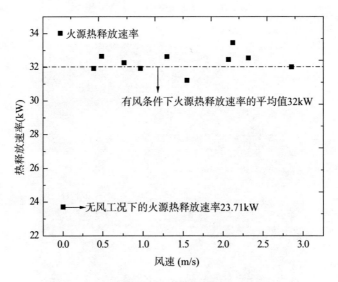

图 2.33　火源热释放速率随风速的变化情况

从图 2.33 中可以看出，有风条件下比无风条件下的火源热释放速率大很多，平均增加了 8.21kW，增长了约 34.65%，但是不同室外风速条件下的火源热释放速率变化不大，基本上维持在 32kW 左右。这是因为在无风条件下火源处于相对缺氧的状态，燃料燃烧得较慢，但是由于油盘直径仅仅为 30cm，相对较小，燃烧需要的氧气很容易就能被室外风提供。也就是说，最小的室外风速（0.39m/s）就能支持直径为 30cm 的甲醇进行充分燃烧，进入燃料控制状态，所以在本书研究的室外风速范围内（不包括无风工况），火源热释放速率并不随着室外风速的增加而增加。

3. 室外风对烟气生成量的影响

研究室外风对烟气生成量的影响是本书的重点内容，得到的基础数据不仅可以确定理论模型中的未知系数，而且可以为室外风作用下的机械排烟系统的优化设计提供实验支持。按照上一节中的方法计算烟气生成量，得到各工况稳定燃烧阶段的烟气生成量数据，如图 2.34 所示。在实验过程中观察到，在室外风速达到 2.86m/s（室外风模拟风机频率 50Hz）时，烟气层完全紊乱，整个着火房间都充满了烟气，已经看不出热烟气层与冷空气层的分界面，因此，对于室外风速为 2.86m/s 的工况不作分析。

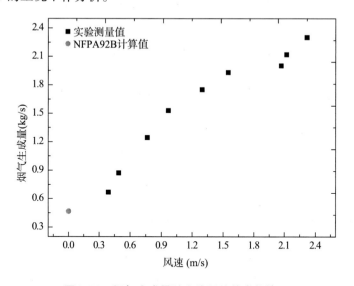

图 2.34　烟气生成量随室外风速的变化情况

NFPA 92B 提出的公式法是现在国际上通用的计算无风状况下烟气生成量的方法，包括我国《建筑防烟排烟系统技术标准》（GB 51251—2017）[7] 和上海市《建筑防排烟技术规程》[6] 都参照了此方法。因此为了对比分析烟气生成量在有风条件下与无风状况下的差异时，本书选用 NFPA 92B 中的公式计算无风状态下的烟气生成量，计算公式为式（2.42）。

$$\dot{m}_p = 0.071\dot{Q}_c^{1/3}z^{5/3} + 0.0018\dot{Q}_c \tag{2.42}$$

计算中的火源功率 $\dot{Q}_c$ 为32kW，烟气层高度 z 为1.55m，利用 NFPA 92B 中的公式计算得到的无风状态下的烟气生成量为0.47kg/s。

从图2.34中可以得出：

（1）室外风会使烟气生成量大大增加。例如，烟气层高度为1.55m，火源功率约为32kW，在室外风速为0.49m/s时，烟气生成量为0.87kg/s，而在无风状况下，利用 NFPA 92B 公式法的计算值为0.47kg/s，前者是后者的1.9倍，风速为2.3m/s时，两者之比达到了2.6。

（2）烟气生成量随着室外风速的增加而增加，增加速率越来越小。这是因为室外风产生的水平作用力使得火羽流倾斜，一方面卷吸路径增加使得烟气生成量增加；另一方面室外风力使得火羽流的卷吸能力更强，单位长度的火羽流在单位时间内卷吸的空气更多，进而使得室外风速越大、烟气生成量越大。

由此可以看出室外风作用下的烟气生成量比无风条件下大很多。如果在存在室外风的情况下仍然按照轴对称羽流模型计算，进而按此计算值设计机械排烟系统，则无法保证机械排烟系统的排烟能力能够满足实际需要。因此，在设计高层建筑或超高层建筑的机械排烟系统时，应该考虑室外风这一因素，加大机械排烟量。

4. 室外风对烟气沉降的影响

在实际火灾场景中，确定烟气层高度对于人员疏散和机械排烟系统的设计具有十分重要的作用，本书采用激光片光源法确定烟气层高度，此种方法具有一定的主观性，会产生一定的误差，因此本节首先采用温度梯度法对烟气层高度进行验证。图2.35为工况9第453s（竖向热电偶1-1探测到最大温度的时刻，室外风速为0.968m/s）时不同高度处的烟气温度。

从图2.35可以看出，烟气前锋位置在1.35m至1.8m之间，最大温度差为10℃，为热电偶1-5（高度为1.8m）与热电偶1-6（高度为1.65m）之间的温度差，其次是热电偶1-7（高度为1.5m）与热电偶1-6（高度为1.65m）之间的温度差，为7.5℃，由最大温度梯度法可以确定烟气层高度为1.65m。在激光片光源的显示作用下，观察到的烟气层高度为1.55m，此高度在烟气前锋的范围内，且与最大温度梯度法确定的烟气层高度十分接近，说明经激光片光源法确定的烟气层高度值是可靠的。

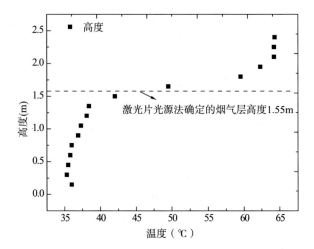

图 2.35　室外风速为 0.968m/s 时的烟气温度

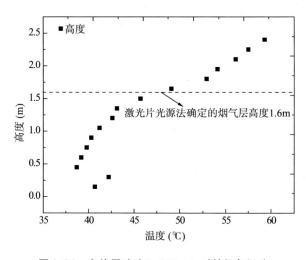

图 2.36　室外风速为 1.549m/s 时的烟气温度

图 2.36～图 2.38 为工况 11、13、15 竖向热电偶 1－1 探测到最大温度时刻（室外风速分别为 1.549m/s、2.123m/s 和 2.857m/s）的烟气层温度。分析图 2.35～图 2.38 以及结合实验观察情况得出：

（1）随着室外风速的增大，烟气层分界面的最大温度梯度逐渐减小，说明烟气层界面越来越不明显，但是在室外风速小于 2.857m/s（工况 15）时，通过温度梯度法可以确定出烟气层高度均在 1.549m 左右，证明本书实验过程中通过调节排烟风机风速的方法的确将各工况的烟气层高度控制在了 1.549m 左右，达到了本组实验的设计要求。

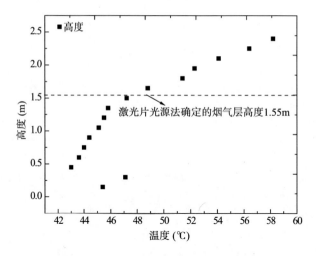

图 2.37　室外风速为 2.123m/s 时的烟气温度

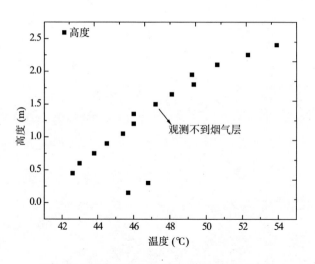

图 2.38　室外风速为 2.857m/s 时的烟气温度

（2）位于最下端的两个热电偶探测到的温度相对偏高，风速越大温度越高。这是因为较大的室外风速使火羽流向下风向倾斜，位于下风向角落里最下端的热电偶接受到的能量较多，尤其是火焰的倾斜，大大增加了火焰对最下端两个热电偶的热辐射，使得热电偶探测到的温度偏高。在实际灭火救援中，室外风使火羽流倾斜，进而改变烟气输运途径的现象是值得注意的。

（3）随着室外风速的增大，烟气层分界面越来越不清晰，烟气充满整个空间。当室外风速增加到 2.857m/s（工况 15）时，相邻热电偶之间的温度梯度相差不大，整个空间内的温度随着高度的增加基本上呈现直线增长的趋势。实验中观察发现，在室外风速达到 2.857m/s 时，烟气已经完全紊乱，不再是呈现双区域模型所描述的状态，而是整个空间内都充满了被吹散的烟气，此时的烟气状态也不符合本书第二章建立理论模型的假设。因此可得，在通风窗处风速为 2.857m/s 时，火源附近的风速达到了能够使火羽流失去稳定的最小风速——羽流失稳风速，由式（2.33）可推导得到本模型适用的最大风速，即羽流失稳风速

$$u'_0 = \frac{1.43 \cdot l}{A^{1/2}} \circ$$

（二）火源功率对火羽流参数的影响分析

本组实验主要是为了研究不同火源功率对烟气层温度和烟气生成量的影响规律，烟气层温度包括竖直方向烟气温度和横向烟气温度，获得的烟气生成量数据，用以确定第二章理论模型中的未知参数。实验中的变量为油盘直径，分别为 20cm、25cm、30cm、35cm 和 40cm，室外风模拟风机的频率统一为 20Hz，通风窗面积均为 0.8m×0.8m，火源与通风窗之间的距离均为 1.6m。在实验过程中调节排烟风机频率的大小，改变排烟风速，使烟气层高度维持在 1.55m 左右，具体工况设计如表 2.11 所示。

虽然室外风模拟风机的频率都调整为 20Hz，但其产生的风速并不是固定不变的，而是在一个范围内波动，本组实验中的排烟风机风速以及实测到的通风窗处风速、烟气层高度、火源功率、烟气生成量见表 2.11。

表 2.11　不同火源功率的实验结果

实验工况序号	油盘直径（m）	火源功率（kW）	室外风速（m/s）	排烟风机风速（m/s）	烟气层高度（m）	烟气生成量（kg/s）
工况 16	20	9.05	0.96	0.79	1.6	0.48
工况 17	25	17.15	0.93	1.15	1.55	0.69
工况 18	30	26.70	0.87	1.58	1.55	0.95
工况 19	35	41.17	0.92	2.06	1.55	1.24
工况 20	40	48.87	0.87	2.69	1.45	1.62

1. 火源功率对烟气层温度的影响

按照室外风对火源的影响中的方法对不同火源功率下的烟气层温度进行数据处理，分析火源功率对烟气层温度的影响。图 2.39、图 2.40 分别为有风条件下，不同火源功率条件下竖向烟气层温度和横向烟气层温度的分布情况。

从图 2.39、图 2.40 可以看出：不管是竖向的烟气温度分布还是横向的烟气温度分布，均是随着火源功率的增大而增大。但是在竖向分布上，位于 1.5m 以

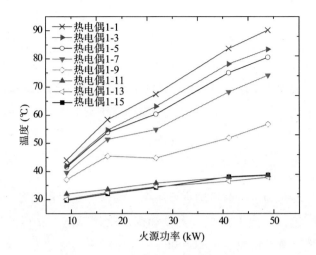

图2.39　不同火源功率下竖向温度分布

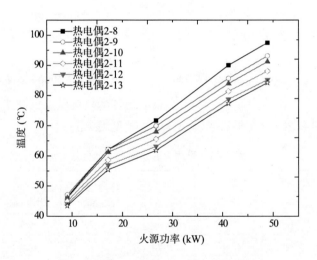

图2.40　不同火源功率下横向温度分布

上区域的温度较为接近，相对较高；位于0.9m以下区域的温度也较为接近，几乎重合，但温度相对偏低。这是因为着火房间内烟气出现了分层现象，烟气前锋位于135~180cm之间，所以在0.9~1.5m之间的烟气温度相差较大。另外，对比发现，不同火源功率下的烟气温度的横向分布也呈现对称状态。

　2. 火源功率对烟气生成量的影响

　　火源功率是影响烟气生成量的最重要因素之一，也是轴对称羽流模型考虑的因素。本书按照上节中的方法获取火源功率、烟气生成量数据，获得的数据与NFPA 92B进行对比分析。为了获取无风工况下NFPA 92B计算所需的火源功率值，本书设计了无风工况下的自然填充实验，实验工况设计见表2.3，实验结果和相应的烟气生成量计算值见表2.12。NFPA 92B公式中的烟气层高度按表2.11中的数值计算。

表2.12　无风工况下甲醇的火源功率以及烟气生成量的计算值

实验工况序号	1	2	3	4	5
油盘直径（cm）	20	25	30	35	40
无风条件下质量损失（g/s）	0.42	0.80	1.19	1.87	2.54
无风条件下火源功率（kW）	8.28	16	23.70	37.11	56.50
NFPA 92B 烟气生成量计算值（kg/s）	0.28	0.36	0.42	0.48	0.57

将在有风条件下，不同火源功率对应的烟气生成量与NFPA 92B的计算值作图，如图2.41所示。

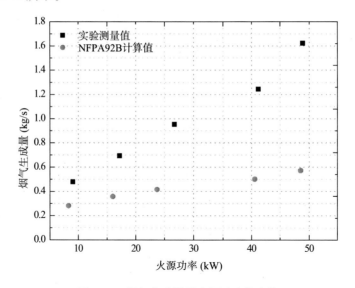

图2.41　烟气生成量随火源功率的变化

从图2.41可以看出，烟气生成量随着火源功率的增加而增加，但是有风条件下的烟气生成量增加得更快。由此可见，室外风对高层建筑火灾烟气生成量的影响很大，尤其是当火灾荷载较大时，运用轴对称羽流模型计算烟气生成量会与实际情况有很大的差异。

（三）通风窗面积对火羽流参数的影响分析

现有的轴对称羽流模型没有考虑风的影响，杨淑江[17]、李勇[3,18]虽然考虑了室外风的影响，但其模型系数都是通过FDS模拟确定的，且模拟的场景都为敞开空间，没有考虑通风窗对室外风产生的影响。在通风窗处风速一定的情况下，通风窗面积越大，通风量越大，室外风在进入室内时的动量也越大，对室内火灾烟气输运规律以及烟气生成量的影响也越大。本节将进行 6 种不同通风窗面积的实验研究，分析不同的通风窗面积对室内火灾的影响。实验采用直径为 35cm 的圆形油盘，室外风模拟风机的频率均为 20Hz，火源与通风窗的距离均为 1.6m，烟气层高度控制在 1.45m，通风窗面积分别为：0.2m×0.2m、0.4m×0.4m、0.6m×0.6m、0.8m×0.8m、1.0m×1.0m、1.2m×1.2m。具体工况设置见表 2.6。

本组实验测量到的火源功率、通风窗处室外风速、烟气层高度以及计算得到的排烟风机风速、烟气生成量如表 2.13 所示。

表 2.13   不同通风窗面积的实验结果

实验工况序号	通风窗面积（m×m）	火源功率（kW）	室外风速（m/s）	排烟风机风速（m/s）	烟气层高度（m）	烟气生成量（kg/s）
工况 22	0.2×0.2	38.96	1.25	0.78	1	0.47
工况 23	0.4×0.4	28.89	0.94	1.20	1.45	0.72
工况 24	0.6×0.6	41.00	0.85	1.63	1.45	0.99
工况 25	0.8×0.8	43.12	0.94	2.06	1.45	1.24
工况 26	1.0×1.0	41.87	0.93	2.66	1.45	1.61
工况 27	1.2×1.2	40.49	1.16	3.22	1.35	1.94

1. 通风窗面积对烟气层温度的影响

图 2.42、图 2.43 分别为不同通风窗面积下竖向和横向的烟气层温度变化情况。

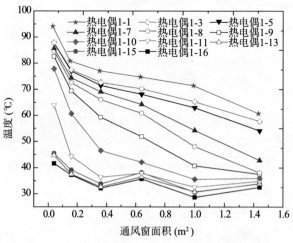

图 2.42   不同通风窗面积下竖向温度分布

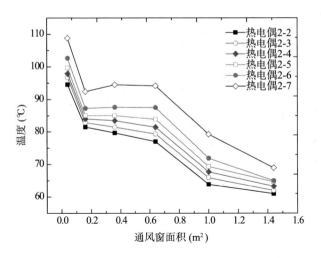

图 2.43　不同通风窗面积下横向温度分布

从图 2.42、图 2.43 中可以看出：

（1）不管是烟气层竖向温度分布还是横向温度分布，烟气层温度都随着通风窗面积的增大而减小。这是因为通风窗面积越大，进入室内的冷空气量越大，对室内烟气温度的冷却效果也就越明显。

（2）对于烟气竖向温度分布，在 0.9 ~ 1.5m 区域内的烟气温度变化最快，位于顶部和底部的烟气温度变化较为缓慢，小于 0.9m 的区域甚至出现了烟气温度不随通风窗面积变化的情况。分析原因可知，0.9 ~ 1.5m 之间的区域为烟气层前锋的位置，在这个区域逐渐由热烟气层过渡到冷空气层，温度也由烟气层的温度下降到环境空气的温度，因此，温度下降的趋势最快。

2. 通风窗面积对火源热释放速率的影响

图 2.44 为不同通风窗面积下的火源热释放速率变化图。从图中可以看出，随着通风窗面积的增加，火源热释放速率呈现先增加后减小的变化趋势，在通风窗面积为 0.64m² 时达到最大值（43.12kW）。分析原因可知，当通风窗关闭时，燃烧处于通风控制阶段，燃料由于氧气的不足而燃烧不够充分，热释放速率处于较低的水平，随着通风面积的逐渐增加，室外风进入着火房间，提供更多的氧气，使燃烧更加充分，火源热释放速率增加。但随着通风窗面积的进一步增加，室外风提供的氧气已经能够使燃料进行充分燃烧，进入燃料控制阶段，但较大的通风窗面积使得进入着火房间的室外风风量和动量较大，大量的冷空气降低了火场温度，更加倾斜的火焰也使得向燃料反馈的热量减少，这都对火源热释放速率起到了抑制作用，使得火源热释放速率随着通风窗面积的进一步增大而降低。

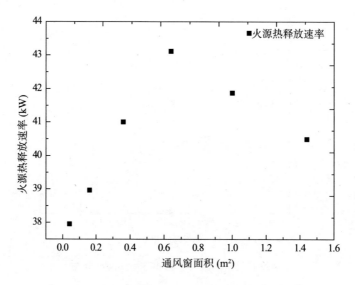

图 2.44　不同通风窗面积下火源热释放速率的变化

3. 通风窗面积对烟气生成量的影响

　　通风窗面积大小影响着进入室内空气的风量以及动量的大小，进而影响烟气生成量的大小。将表 2.12 中无风工况下的火源热释放速率以及本组工况中烟气层高度数据带入 NFPA 92B 计算公式，得到无风工况下的烟气生成量。本组实验测量的烟气生成量以及相关数据见表 2.13，将以上数据作图，如图 2.45 所示。

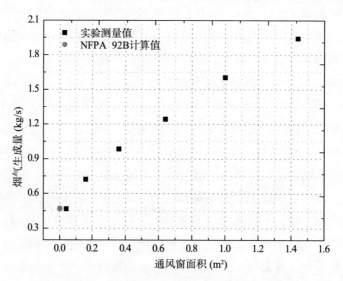

图 2.45　不同通风窗面积下的烟气生成量变化

从图 2.45 可以看出，烟气生成量随着通风窗面积的增大而增大，有两种原因造成了此种现象：一是在室外风作用下火羽流发生倾斜，卷吸路径的增大使烟气生成量增加；二是通风窗面积增大，进入室内的冷空气的动量也大，倾斜的火羽流卷吸能力更强，单位长度的羽流卷吸的空气更多，因此，烟气生成量增加。同时，图 2.45 也验证了有风条件下的烟气生成量比无风条件下大的结论，说明防排烟设计中应该考虑室外风这一因素。

（四）烟气层高度对火羽流参数的影响分析

烟气层高度的设定是机械排烟系统设计中的重要参数，所设定的烟气层高度必须满足安全疏散的要求，并且烟气层下降到该高度的时间要小于所需疏散时间，以保证建筑内的人员疏散安全。本节主要通过实验研究不同烟气层高度条件下的火源热释放速率、烟气层温度以及烟气生成量的变化规律，获得烟气生成量基础数据。本组实验采用直径为 30cm 的油盘，通风窗面积为 0.8m × 0.8m，火源与通风窗之间的距离为 1.6m，室外风模拟风机的频率为 20Hz，通过调节排烟风机的频率改变排烟量，进而使烟气层维持在不同的高度，排烟风机的频率设定 10 个不同的值，范围为 5 ~ 50Hz，每隔 5Hz 一个，实验中的烟气层高度按照前面叙述的方法进行测量。工况设置见表 2.7。

本组实验测量到的火源功率、通风窗处室外风速、烟气层高度以及计算得到的排烟风机风速、烟气生成量见表 2.14。

表 2.14　不同烟气层高度的实验结果

实验工况序号	排烟风机频率（Hz）	火源功率（kW）	室外风速（m/s）	排烟风机风速（m/s）	烟气层高度（m）	烟气生成量（kg/s）
工况 28	5	27.31	0.99	0.42	1.5	0.25
工况 29	10	28.54	0.96	1.06	1.55	0.64
工况 30	15	28.92	0.86	1.63	1.6	0.98
工况 31	20	28.82	0.84	2.14	1.65	1.29
工况 32	25	30.28	0.85	2.67	1.7	1.61
工况 33	30	29.75	0.89	3.13	1.75	1.89
工况 34	35	30.95	0.97	3.56	1.8	2.15
工况 35	40	31.72	0.83	4.10	1.9	2.47
工况 36	45	29.55	1.06	4.40	1.95	2.65
工况 37	50	27.21	0.96	4.78	2.05	2.88

1. 烟气层高度对温度的影响

图 2.46 和图 2.47 分别为不同烟气层高度下的烟气竖向温度分布情况和横向温度分布情况。

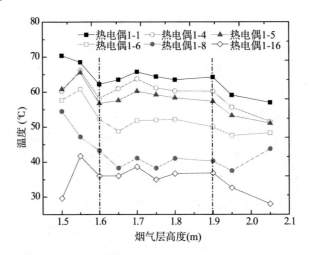

图 2.46　不同烟气层高度下的竖向温度分布

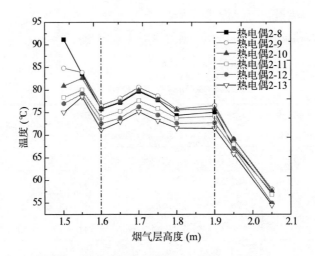

图 2.47　不同烟气层高度下的横向温度分布

从图 2.46 和图 2.47 中可以看出:

(1) 竖向烟气温度分布呈现明显的双区域分布, 即整个空间出现明显的上部热烟气层和下部冷空气层。但某一固定热电偶处的烟气温度随烟气层高度的变化不大, 尤其是在烟气层高度为 1.6m 至 1.9m 之间, 烟气的温度基本没有变化。这可能是由于实验房间的高度较小造成的。

（2）横向温度分布随着烟气层高度的增加总体呈现减小的趋势，在烟气层高度为 1.6 ～ 1.9m 时温度变化较小。分析原因可以得出，烟气层高度越高，上部积聚的热烟气厚度越薄，浓度也越低，因此热烟气层的热量也越少，最终造成了热电偶探测到的烟气温度较低。

2. 烟气层高度对烟气生成量的影响

烟气层高度直接决定着火羽流卷吸路径的长短，本节将研究室外风作用下不同烟气层高度对烟气生成量的影响。甲醇在直径为 30cm 的油盘中产生的火源功率为 23.70kW（见表 2.12），将此数值以及表 2.14 中实测到的烟气层高度带入 NFPA 92B 计算，得到无风工况下烟气生成量的计算值，本组实验测量的烟气生成量以及相关数据见表 2.14，将以上数据作图，如图 2.48 所示。

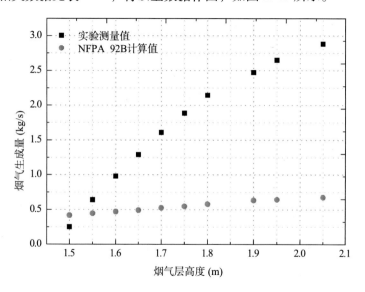

图 2.48　不同烟气层高度下的烟气生成量实验测量值与计算值的对比

从图中可以看出，在室外风作用下，烟气生成量随着烟气层高度的增加而增加，且当烟气层高度大于 1.5m 时，实验测量到的烟气生成量要大于 NFPA 92B 计算值，且烟气层高度越大差值越大。这主要是由于烟气层高度越高，室外风使火羽流增加的卷吸路径越长，卷吸的空气量越多，烟气生成量也越多。

（五）火源与通风窗之间距离对火羽流参数的影响分析

本节将研究火源与通风窗之间不同距离对烟气竖向温度分布、横向温度分布以及火源热释放速率的影响规律，并通过实验测量烟气生成量。本组实验中的油盘直径为 30cm，排烟风机频率为 20Hz，通风窗面积为 0.8m × 0.8m，火源与通风窗之间的距离分别为 0.3m、1.0m、1.6m、2.35m、3.05m，实验中排烟风机的频率调节至使烟气层高度维持在 1.55m 的频率。实验工况设计见表 2.8。

本组实验测量到的火源功率、通风窗处室外风速、烟气层高度以及计算得到的排烟风机风速、烟气生成量见表 2.15。

表 2.15 火源与通风窗之间不同距离的实验结果

实验工况 序号	火源与通风窗 之间的距离（m）	火源功率 （kW）	室外风速 （m/s）	排烟风机风速 （m/s）	烟气层高度 （m）	烟气生成量 （kg/s）
工况 38	0.3	28.22	0.59	2.34	1.15	1.41
工况 39	1.0	25.69	0.94	1.87	1.35	1.13
工况 40	1.6	26.70	0.96	1.06	1.55	0.95
工况 41	2.35	29.04	0.93	1.58	1.45	0.95
工况 42	3.05	30.92	0.64	0.87	1.55	0.52

1. 对烟气温度的影响

火源与通风窗之间不同的距离对竖向烟气温度分布和横向烟气温度分布规律的影响，如图 2.49、图 2.50 所示。

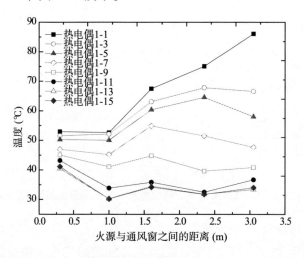

图 2.49 火源与通风窗之间不同距离处的烟气竖向温度分布

从图中可以看出：尽管火源更靠近竖向热电偶探点的位置，但是在冷空气层区域的烟气温度并没有随着火源的靠近而增加。横向烟气温度随着火源与通风窗距离的增大而增大，说明在下风向火源与通风窗之间的距离越远，室外风的冷却效果越差。

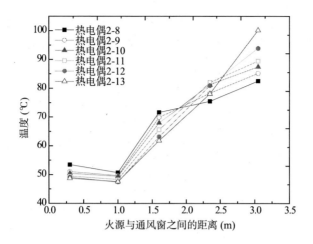

图 2.50 火源与通风窗之间不同距离处的烟气横向温度分布

2. 对火源热释放速率的影响

表 2.16 为不同无量纲距离下的火源热释放速率。从表中可以得出，火源与通风窗之间不同距离对火源热释放速率的影响不大。各组实验的平均值为 27.99kW，最大值为工况 42（距离为 3.05m）的 30.92kW，高出平均值的 2.93kW，最小值为工况 39（距离为 1m）的 25.69kW，比平均值小 2.3kW，各组实验的火源功率围绕平均值（27.99kW）上下波动。

表 2.16 不同无量纲距离下的火源功率

实验工况序号	38	39	40	41	42
火源与通风窗之间的距离（m）	0.3	1	1.6	2.35	3.05
质量损失速率（g/s）	1.42	1.29	1.34	1.46	1.55
火源功率（kW）	28.22	25.69	26.70	29.04	30.92

3. 对烟气生成量的影响

图 2.51 为不同无量纲距离下的烟气生成量变化情况。从图中可以看出，随着无量纲距离的增加烟气生成量呈现减小的趋势。室外风进入着火房间后，其速度和动量会减小，风速减小会造成火羽流倾斜的角度以及单位长度羽流的空气卷吸能力的降低。从本质上讲，火源与通风窗之间不同距离对烟气生成量的影响，归根结底是风速的影响，结合前面的分析，可以得出，火源与通风窗之间的距离越大，烟气生成量越小。

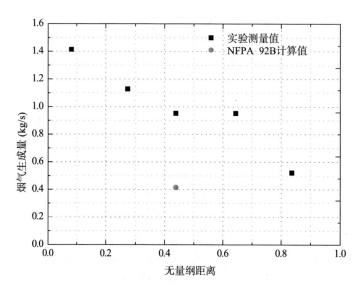

图 2.51　不同无量纲距离下的烟气生成量变化

四、理论模型系数的确定

本章通过实验测量获得了不同室外风速、火源功率、通风窗面积、烟气层高度以及火源与通风窗之间不同距离条件下的烟气生成量数据，本节将利用数学综合优化软件 1stOpt 对数据进行拟合，以确定第二章烟气生成量理论模型中的未知参数，将得到的室外风作用下烟气生成量模型与其他模型进行对比分析。

综合优化软件 1stOpt 是七维高科有限公司基于通用全局优化算法 UGO（Universal Global Optimization）开发的数学优化分析综合工具软件。常用的数学分析软件 OriginPro、Matlab、SAS、SPSS、DataFit、GraphPad 等采用的均是局部最优算法，而 1stOpt 由于采用通用全局优化算法，具有不需要用户给出初始值、简单易用、寻优能力强等特点，特别适合多变量曲线拟合。由于本书中的烟气生成量理论模型中含有多个变量，且变量的初始值很难确定，因此本书采用 1stOpt 软件进行曲线拟合。

在不同室外风速实验工况中，工况 15 中的室外风速达到了 2.86m/s（室外风模拟风机频率为 50Hz），烟气层已经发生紊乱，整个空间内都充满了紊乱的烟气，因此该实验数据不作为待拟合的数据。各工况下的变量以及烟气生成量见表 2.17。

表 2.17　各工况下的相关参数以及烟气生成量

不同工况条件	实验工况序号	火源与窗户距离（m）	火源功率（kW）	室外风速（m/s）	烟气层高度（m）	通风窗面积（m²）	烟气生成量（kg/s）	特征长度 z_B
不同室外风速	工况6	1.6	29.33	0.39	1.25	0.64	0.67	76.11
	工况7	1.6	30.05	0.49	1.35	0.64	0.87	39.62
	工况8	1.6	30.22	0.77	1.55	0.64	1.24	10.47
	工况9	1.6	29.33	0.97	1.65	0.64	1.53	5.02
	工况10	1.6	30.39	1.30	1.55	0.64	1.75	2.16
	工况11	1.6	29.71	1.55	1.55	0.64	1.93	1.24
	工况12	1.6	30.39	2.07	1.55	0.64	2.00	0.53
	工况13	1.6	31.75	2.12	1.55	0.64	2.12	0.52
	工况14	1.6	31.35	2.32	1.55	0.64	2.30	0.39
不同火源功率	工况16	1.6	9.05	0.96	1.55	0.64	0.48	1.58
	工况17	1.6	17.15	0.93	1.55	0.64	0.69	3.29
	工况18	1.6	26.70	0.87	1.55	0.64	0.95	6.20
	工况19	1.6	41.17	0.92	1.55	0.64	1.24	8.17
	工况20	1.6	48.87	0.87	1.45	0.64	1.62	11.55
不同通风窗面积	工况21	1.6	37.95	1.25	1	0.04	0.47	198.05
	工况22	1.6	38.96	0.94	1.45	0.16	0.72	56.54
	工况23	1.6	41.00	0.85	1.45	0.36	0.99	24.99
	工况24	1.6	43.12	0.94	1.45	0.64	1.24	8.03
	工况25	1.6	41.87	0.93	1.45	1	1.61	4.15
	工况26	1.6	40.49	1.16	1.35	1.44	1.94	1.20
不同烟气层高度	工况27	1.6	27.31	0.99	1.5	0.64	0.25	4.38
	工况28	1.6	28.54	0.96	1.55	0.64	0.64	4.99
	工况29	1.6	28.92	0.86	1.6	0.64	0.98	7.13
	工况30	1.6	28.82	0.84	1.65	0.64	1.29	7.52
	工况31	1.6	30.28	0.85	1.7	0.64	1.61	7.57
	工况32	1.6	29.75	0.89	1.75	0.64	1.89	6.61
	工况33	1.6	30.95	0.97	1.8	0.64	2.15	5.21
	工况34	1.6	31.72	0.83	1.9	0.64	2.47	8.61
	工况35	1.6	29.55	1.06	1.95	0.64	2.65	3.85
	工况36	1.6	27.21	0.96	2.05	0.64	2.88	4.74

续表

不同工况条件	实验工况序号	火源与窗户距离（m）	火源功率（kW）	室外风速（m/s）	烟气层高度（m）	通风窗面积（m²）	烟气生成量（kg/s）	特征长度 z_B
火源与通风窗之间不同距离	工况37	0.3	28.22	0.59	1.15	0.64	1.41	0.14
	工况38	1	25.69	0.94	1.35	0.64	1.13	1.16
	工况39	1.6	26.70	0.96	1.55	0.64	0.95	4.67
	工况40	2.35	29.4	0.93	1.45	0.64	0.95	18.03
	工况41	3.05	30.92	0.64	1.55	0.64	0.52	126.74

由第二章中的烟气生成量理论模型可知，$z = z_B$ 为理论模型两个计算公式的分界值，当烟气层高度 $z > z_B$ 时，采用式（2.35）第 2 个公式计算烟气生成量，当烟气层高度 $z \leqslant z_B$ 时，采用第 1 个公式计算烟气生成量。因此，本节的拟合数据中，烟气层高度大于特征长度 z_B 的数据，用于拟合确定第 2 个公式中的未知系数，烟气层高度小于等于特征长度 z_B 时，用于拟合确定第 1 个公式中的未知系数。

最后拟合得到的室外风作用下烟气生成量的计算公式为：

$$\dot{m}_p = \begin{cases} 0.00368\dot{Q}_c^{0.945} z^{1.782} \cdot \left(\dfrac{\tau A^{0.5} u_0}{l}\right)^{0.496}, & 0 < z \leqslant z_B \\ 0.00834\dot{Q}_c^{1.084} z^{3.064} \cdot \left(\dfrac{\tau A^{0.5} u_0}{l}\right)^{0.448}, & z > z_B \end{cases} \quad (2.43)$$

公式（2.43）第 1 个公式拟合的相关系数为 0.9962，第 2 个公式拟合的相关系数为 0.9323。式中 τ 为常数，当 $l/A^{1/2} \leqslant 8$ 时，$\tau = 1$；当 $l/A^{1/2} > 8$ 时，$\tau = 7$。

为了对比本书所建立的羽流模型与其他羽流模型的差别，下面将从不同火源功率以及不同烟气层高度两个方面进行对比分析。

（1）不同火源功率条件下的烟气生成量对比。

在分析火源功率对本书模型与其他模型产生的差异时，将烟气层高度设定为 1.8m，火源直径设为 1m。本书模型考虑了通风窗等建筑结构对室外风的影响，由于计算需要，设定通风窗面积为 1.44m²，火源与通风窗之间的距离为 5m，室外风速为 2m/s。将各模型计算得到的烟气生成量数据作图，如图 2.52 所示。

从图 2.52 可以看出，由于 Thomas – Hinkley 模型认为，在 $z < 10D$ 的近区，烟气生成量几乎与火源功率无关，因此，该模型的计算公式中不包含火源功率项，烟气生成量与火源功率的关系为一条水平直线，而其他模型的烟气生成量计算值均随着火源功率的增加而增加，其中本书模型的计算值增加得最快。当火源

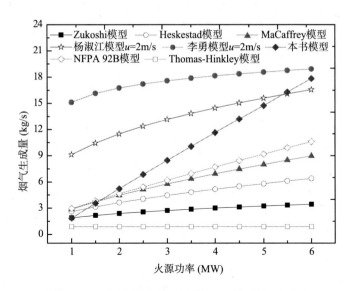

图2.52　不同火源功率下各模型计算的烟气生成量

功率较小（小于2MW）时，本书模型计算的烟气生成量与 NFPA 92B、MaCaffrey、Heskestad、Zukoshi 四种轴对称羽流模型的计算值较为接近；当火源功率较大（大于5MW）时，本书模型计算的烟气生成量与杨淑江、李勇两个考虑室外风因素的羽流模型计算值较为接近，火源功率再增加，本书模型的计算值将大于杨淑江模型和李勇模型的计算值。

（2）不同烟气层高度条件下的烟气生成量对比。

高层建筑不同的层高、使用性质等可能会要求保证不同的烟气层高度，为了对比分析本书模型与其他模型在确保最小清晰高度时的烟气生成量之间的差异，设定计算中的火源功率为2MW，火源直径为1m，室外风速为2m/s，通风窗面积为1.44m²，火源与通风窗之间的距离为5m。将各模型计算得到的烟气生成量数据作图，如图2.53所示。

从图2.53可以看出，所有模型烟气生成量的计算值都随着烟气层高度的增加而增加，NFPA 92B、MaCaffrey、Heskestad、Zukoshi 四种轴对称羽流模型的计算值较为接近，近乎重合，Thomas-Hinkley 模型的计算值最小，两种考虑室外风的杨淑江模型和李勇模型计算值最大。本书模型烟气生成量的计算值大于 NFPA 92B 等轴对称羽流模型的计算值，小于杨淑江模型和李勇模型的计算值。在当烟气层高度较小（小于2m）时，本书模型的计算值与轴对称羽流模型计算值的差别不大，但随着烟气层高度的增加，本书模型的计算值越来越大，且增长趋势较为接近杨淑江模型。

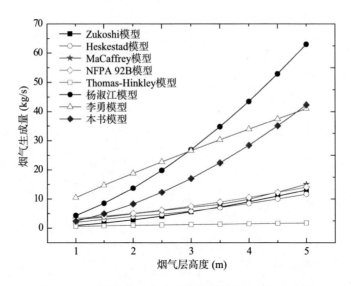

图 2.53　不同烟气层高度下各模型计算的烟气生成量

第四节　高层建筑机械排烟量计算软件的编制

为了将研究成果推广应用，方便建筑设计人员、消防部队审核人员的实际工作，编制成《高层建筑机械排烟量计算软件》，该软件可以分别按照轴对称羽流模型法和本书提出的模型法计算机械排烟量，用户仅需根据建筑的实际情况输入相关参数，软件便可计算输出烟气生成量和机械排烟量。为了对比处方式规范法、轴对称羽流模型和本书模型在实际应用时的差异，本章将三种机械排烟量计算方法应用到实际建筑中，进行了算例分析。

一、室外风作用下高层建筑机械排烟量的计算步骤

本书通过理论分析和实验研究推导建立了室外风作用下烟气生成量模型，在此模型的基础上可以计算得到室外风作用下高层建筑机械排烟量。首先根据窗户或开口等建筑结构的特点计算得到火羽流的失稳风速，判断模型的适用性，然后计算羽流特征长度，最后根据本书提出的模型计算得到烟气生成量和机械排烟量，具体计算步骤如下：

（1）根据公式 $u'_0 = \dfrac{1.43l}{A^{0.5}}$ 计算高层建筑的羽流失稳风速，如果高层建筑某

楼层的实际风速大于羽流失稳风速，即 $u_0 > u_0'$，则不适用该模型；

（2）根据公式 $z_B = \begin{cases} \dfrac{0.0277 l^3 Q}{A^{3/2} u_0^3}, \dfrac{1}{A^{1/2}} \leqslant 8 \\[4mm] \dfrac{8.09 \times 10^{-5} l^3 Q}{A^{3/2} u_0^3}, \dfrac{1}{A^{1/2}} > 8 \end{cases}$ 计算特征长度 z_B，根据特征长

度 z_B 的大小，选用合适的烟气生成量计算公式；

（3）根据公式 $\dot{m}_p = \begin{cases} 0.00368 \dot{Q}_c^{0.945} z^{1.782} \cdot \left(\dfrac{\tau A^{0.5} u_0}{l} \right)^{0.496}, 0 < z \leqslant z_B \\[4mm] 0.00834 \dot{Q}_c^{1.084} z^{3.064} \cdot \left(\dfrac{\tau A^{0.5} u_0}{l} \right)^{0.448}, z > z_B \end{cases}$ 计算烟气

生成量；

（4）根据公式 $V_s = \dfrac{\dot{m}_p (T_\infty + \dot{Q}_c / \dot{m}_p C_p)}{\rho_\infty T_\infty}$ 计算机械排烟量。

二、软件的设计

软件的主体设计有两个部分，分别为无风状况下高层建筑机械排烟量的计算和室外风作用下高层建筑机械排烟量的计算。无风状况包含五种情况，即轴对称型羽流、阳台溢流、窗口型羽流、角型羽流和墙型羽流，该部分的计算步骤、参数取值参照上海市《建筑防排烟技术规程》；室外风作用下高层建筑机械排烟量按照前一部分中的步骤进行计算。两个主体部分根据各自羽流模型的需要输入相应的参数，计算输出烟气生成量和机械排烟量。

软件考虑了无风状况和室外风作用两种条件，在使用软件时，从遵循现有规范的角度，可以按照无风状况下的烟气生成量进行机械排烟系统设计，但是从安全的角度出发，应该按照室外风作用下的烟气生成量进行设计和审核。由于消防设施的根本目的就是在发生火灾时保障人民的生命财产安全，机械排烟系统作为消防设施的重要组成部分，在发生火灾时具有确保被困人员安全疏散、控制烟气蔓延等作用，因此，在进行机械排烟系统设计时，应该从安全的角度将室外风等因素考虑进来，即按照室外风作用下的烟气生成量进行机械排烟系统的设计和审核。另外，室外风作为影响建筑火灾发生、发展的重要因素之一，建议国家标准和规范也将室外风考虑进来，进而使得机械排烟系统的安全性和有效性进一步提高。

应用该软件计算机械排烟量时，首先在主界面选定计算条件，对于无风条件下的排烟量计算需要根据实际情况在界面的左侧选定羽流模型。软件的主界面如

图 2.54 所示，无风条件下的计算界面如图 2.55 所示，室外风作用的计算界面如图 2.56 所示。

图 2.54　高层建筑机械排烟量计算软件的主界面

图 2.55　无风状况下机械排烟量的计算界面

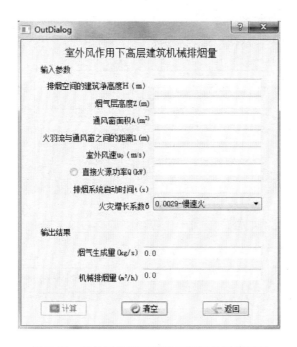

图 2.56 室外风作用下机械排烟量的计算界面

使用软件时应注意以下四点：

（1）当火羽流附近的风速达到羽流失稳风速时，火灾区域不会出现双区域模型中所描述的热烟气层和冷空气层，烟气会完全紊乱，整个空间内都将充满被吹散的烟气，与本书模型的假设条件有很大的出入。因此，当高层建筑的室外风速大于羽流失稳风速 u'_0 时，程序会出现提示语"室外风速大于羽流失稳风速，本书模型不适用"。

（2）内置参数"最小清晰高度"是按照 $1.6 + 0.1H$ 进行计算的，输入的参数"烟气层高度"必须大于"最小清晰高度"的计算值，当输入的"烟气层高度"小于"最小清晰高度"时，程序会出现提示语"烟气层高度必须大于最小清晰高度（$1.6 + 0.1H$ 的计算值）m"。

（3）当计算的烟气生成量大于 150kg/s 时，程序会出现提示语"烟气生成量大于 150kg/s，需重新设计机械排烟系统"。这是因为如果烟气生成量大于 150kg/s，会造成烟羽流的层化，机械排烟系统难以将烟气有效排除。

（4）软件中的参数"火源功率"是参照《建筑防排烟技术规程》[6]中 t^2 火进行计算的，或根据推荐值直接输入。t^2 火中的时间 t 为机械排烟系统启动时间，为火灾发生至手动启动或自动启动系统的时间，自动启动可以是火灾自动报警系统联动启动或者自动喷水灭火系统联动启动。火灾增长系数 α 分为慢速火、中速火、快速火和特快火，具体取值和对应的典型材料见表 2.18。

表 2.18 火灾增长系数[6]

火情	典型材料	火灾增长系数
慢速	—	0.0029
中速	棉花/聚酯海绵	0.012
快速	满装邮袋/泡沫塑料/叠起的木箱	0.047
特快速	含甲醇酒精的火/速燃的软包家具	0.188

《建筑防排烟技术规程》中关于火源功率的推荐值见表 2.19。

表 2.19 火源功率的推荐值[6]

场所	热释放量 Q（MW）
设有喷淋的商场	3.0
设有喷淋的办公室、客房	1.5
设有喷淋的公共场所	2.5
设有喷淋的汽车库	1.5
设有喷淋的超市、仓库	4.0
设有喷淋的中庭	1.0
无喷淋的办公室、客房	6.0
无喷淋的汽车库	3.0
无喷淋的中庭	4.0
无喷淋公共场所	8.0
无喷淋的超市、仓库	20.0
设有喷淋的厂房	1.5
无喷淋的厂房	8.0

三、算例分析

北京某高层建筑为核心筒式建筑，建筑高度为 150m，用途为办公用房，层高为 2.85m，建筑外立面采用玻璃幕墙，每层分为四个大型办公室，每个办公室为一个防烟分区，面积为 248.17m²，其标准层平面图如图 2.57 所示。

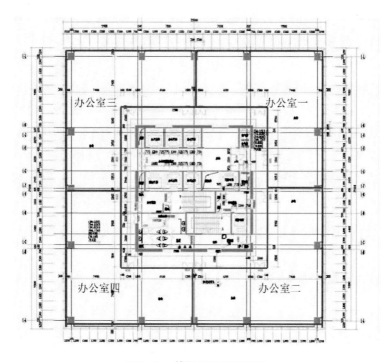

图 2.57　算例标准层平面图

根据《建规》第 8.5.3 条规定，大于 100m² 的房间且经常有人停留或可燃物较多的地上无窗房间或设固定窗的房间应设置机械排烟系统。因此，每个办公室应设机械排烟系统，以下为采用处方式规范法、轴对称羽流模型法和本书模型法计算得到的机械排烟量。

（1）处方式规范法计算。

根据《建筑防烟排烟系统技术标准》第 4.6.3 条规定，建筑空间净高小于或等于 6m 的场所，其排烟量应按每平方米面积不小于 60m³/h 计算，且取值不小于 15000m³/h。按照此方法计算机械排烟量，$V_s = 248.17 \times 60 = 14890.2$ m³/h，最后取 15000m³/h。

（2）轴对称羽流模型计算。

根据建筑的实际情况，在计算软件的"无风状况高层建筑机械排烟量的计算"中选择合适的羽流形式，并输入相应计算参数，包括：排烟空间的建筑净高度（m）；火源功率（kW）或排烟系统启动时间（s）；烟气层高度（m）。羽流形式选为轴对称羽流，建筑净高度为 2.85m，烟气层高度取为 1.9m（最小清晰高度为 1.885m）。由于火灾发生时（不是火灾被确认的时刻）至机械排烟系统启动时的时间较难确定，因此，火源功率按照《建筑防烟排烟系统技术标准》的推荐值直接输入，见表 2.19。算例中的建筑为设有喷淋系统的办公室，因此火源功率取为 1500kW。将以上参数输入计算软件，计算的得到的机械排烟量为 22424.7m³/h。

（3）本书模型计算。

在本书编制的计算软件"室外风作用下高层建筑机械排烟量的计算"中输入相应的参数。根据该建筑的实际情况，参数取值为：排烟空间的建筑净高度为 2.85m，通风窗面积为 1.44m²，火羽流与通风窗之间的距离为 5m。火源功率和烟气层高度的取值与轴对称羽流模型中一致，分别为 1500kW 和 1.9m。依据气象部门统计，北京地区 10m 高处冬季风速平均值约为 3m/s[19]，以此风速为标准风速，利用式（1.1）计算得到各层的室外风速。将以上数据输入计算软件，计算得到机械排烟量。机械排烟量随建筑高度的变化如图 2.58 所示。

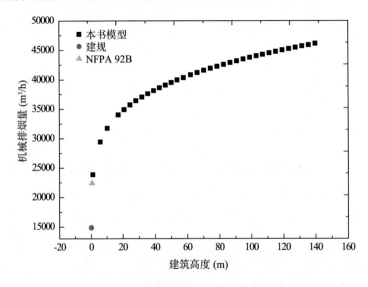

图 2.58　机械排烟量随建筑高度的变化

以上三种方法计算得到的机械排烟量相差较大。其中，处方式规范法是依据地面面积来计算的，是一个统筹的参数，也是十分粗糙的，计算的值最小。轴对称羽流模型法由于考虑了火灾荷载、烟气层高度的因素，其安全性得到了提高，计算的烟气生成量较大，机械排烟量也相应增大，约为处方式规范法计算值的 1.5 倍；本书模型计算的机械排烟量在第一层时与轴对称羽流模型较为接近，但随着建筑高度的增加，机械排烟量越来越大，但增加的速率越来越小。由于本书模型考虑的因素更为全面，不仅考虑了火灾荷载、烟气层高度的因素，还考虑了建筑本身的结构、室外风速等因素，其安全性最高。因此，为了保证高层建筑的消防安全，确保在发生火灾时被困人员能够安全疏散，在计算高层建筑机械排烟量时，应该考虑室外风这一因素，加大机械排烟量，具体机械排烟量的大小可以按照本书模型进行计算。

参考文献

［1］罗迪，刘芬兰，王能家. 湍浮力射流与羽流［M］. 北京：海洋技术出版社，1991.

［2］余常昭. 紊动射流［M］. 北京：高等教育出版社，1993.

［3］李勇. 水平环境风作用下羽流质量流率的研究［D］. 长沙：中南大学，2009.

［4］National Fire Protection Association. NFPA 92B：Guide for smoke management systems in malls, Atria and Large Areas［S］. 1995.

［5］Chow W K, Wong W K. On the simulation of atrium fire environment in Hong Kong using zone models［J］. Journal of Fire Sciences, 1993, 11（1）：3 – 51.

［6］上海市建设和交通委员会. 建筑防排烟技术规程（DGJ 08 – 88 – 2006）［S］. 2006.

［7］中华人民共和国住房和城乡建设部，中华人民共和国国家质量监督检验免疫总局. 建筑防烟排烟系统技术标准（GB51251 – 2017）［S］. 北京：中国计划出版社，2018.

［8］International Organization For Standardization. Fire tests – full – scale room test for surface production（ISO 9705）［S］. 1993.

［9］陈长坤，姚斌. 室内火灾区域模拟烟气羽流模型的适用性［J］. 燃烧科学与技术，2008, 14（4）：295 – 299.

［10］薛丽丽，刘琼琼，李冬会等. 甲醇汽油热值研究［J］. 内燃机，2011, 5：33 – 36.

［11］中华人民共和国公安部. 防排烟系统性能现场验证方法——热烟试验法：GA/T999 – 2012［S］. 北京：中国计划出版社，2012.

［12］The Council Of Standards Australia. Smoke management systems – hot smoke test（AS 4391—1999）［S］. 1999.

［13］刘方. 中庭火灾烟气流动与烟气控制研究［D］. 重庆：重庆大学，2002.

［14］Heskestad G. Fire plume air entrainment according to two competing assumptions［J］. Symposium（International）on Combustion, 1988, 21（1）：111 – 120.

［15］Ricou F P, Spalding D B. Measurements of entrainment by axisymmetrical turbulent jets［J］. Journal of Fluid Mechanics Digital Archive, 1961, 11（01）：21 – 32.

［16］Cetegen B M. Entrainment and flame geometry of fire plumes［D］. California Institute of Technology, 1982.

［17］杨淑江. 有风条件下室内火灾烟气流动与控制研究［D］. 长沙：中南大学，2008.

［18］易亮，杨洋，李勇，徐志胜. 水平风作用下火羽流的质量流率［J］. 燃烧科学与技术，2011, 17（6）：505 – 511.

［19］孙雷. 室外风作用下走廊烟气输运规律数值模拟研究［D］. 廊坊：中国人民武装警察部队学院，2011.

第三章 室外风作用下疏散走道火灾烟气流动速度

第一节 室外风作用下疏散走道烟气运动速度理论分析

一、室外风作用下疏散走道烟气运动情况

房间发生火灾后，高温烟气会上升到达顶棚，并在撞击顶棚后向周围水平扩散，水平扩散的烟气到达墙壁后会向下运动，并使烟气层高度下降，当烟气层高度低于房门上沿时，烟气就从着火房间进入疏散走道，然后经走道向建筑的其他部位蔓延扩散。多数学者在研究疏散走道火灾烟气运动规律时，均将火源布置在走道中，并将此时烟气的流动过程划分为多个区域进行研究。在单纯热浮力作用下，火灾烟气在疏散走道中的流动范围可分为 6 个区域[1]，即：

（1）轴对称羽流区域。见图 3.1 中火源到（t）的部分。

（2）羽流转向区域。见图 3.1 中（t）到（e）的部分。

（3）轴对称放射状顶棚射流区域。见图 3.1 中（e）到（i）的部分。

（4）放射状流动向一维流动转变区域。此过程中会出现水跃现象（烟气由 $Fr > 1.0$ 的状态向 $Fr < 1.0$ 的状态再向 $Fr = 1.0$ 的状态转变的过程），见图 3.1 中（i）到（o）的部分。

（5）一维射流区域。见图 3.1 中（o）到（c）的部分。

（6）一维稳流区域。见图 3.1 中（c）以后的部分。

由于疏散走道中可燃物一般较少，起火概率较低，火灾多数发生在房间，因此本书考虑火源位于着火房间内，烟气经由着火房间门进入走道。烟气由着火房间门溢出的过程可近似为一点源产生的边墙型羽流[2]，对应区域（1）轴对称羽流的一半，因此可认为烟气在疏散走道中的运动是一维稳流。

当室外风进入着火房间后，房间中的烟气受到热浮力和室外风的共同作用，当热浮力占主导地位时，烟气层能保持较好的分层状态并蔓延进入走道，但当室外风作用占主导地位时，会导致着火房间中的烟气层失稳，此时室外风会夹带大

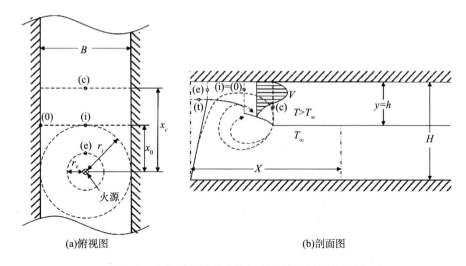

(a)俯视图　　　　　　　　　　(b)剖面图

图 3.1　火源位于疏散走道时烟气流动过程示意图

量烟气由着火房间进入走道。

热浮力与室外风作用的相对大小可用 Chen[3] 提出的判断热浮力和室外风对着火房间烟气作用大小的比值 Ar 衡量，其计算公式如下：

$$Ar = \frac{(C_{pw} - C_{pl})V^2}{2(\Delta T_g / T_g)gH} \tag{3.1}$$

式中，C_{pw} 为迎风面的风压系数；C_{pl} 为背风面的风压系数；V 为室外风速，m/s；T_g 为烟气温度，K；ΔT_g 为烟气与室外环境的温差，K；H 为开口的高度，m。

当 $Ar \ll 1$ 时，可近似认为此时的烟气只受热浮力作用；当 $Ar < 1$ 时，室外风速不足以使烟气失稳，流经着火房间门的烟气仍能保持较好的分层状态；当 $Ar > 1$ 时，着火房间内的烟气失稳，烟气与室外风掺混后进入走道。

二、室外风作用下疏散走道烟气运动速度模型的建立

由于在没有室外风进入建筑的情况下，走道下部的空气可近似认为是静止的，因此 Kunsch 和 Hu 等人建立的单纯热浮力作用下走道中烟气运动模型中并未考虑下部空气可能对烟气层产生的影响。但当室外风进入疏散走道后，下部空气的流速会增大，这必然会对上部的烟气层产生影响，且当进入建筑的室外风超过某一临界值时，会使烟气层失稳，因此有必要考虑室外风对走道中烟气运动的影响。

本书在前人提出的单纯热浮力驱动下疏散走道烟气运动速度理论模型的基础

上，考虑室外风经由着火房间进入疏散走道后对烟气的影响，依据火灾烟气在疏散走道蔓延过程中满足动量定理和伯努利原理，建立室外风作用下疏散走道烟气运动速度理论模型。

对室外风作用下疏散走道的烟气作如下假设：

（1）当疏散走道中的烟气保持良好的分层状态时，假设烟气层厚度 h 不变，忽略烟气层与下部空气之间的摩擦阻力；

（2）假设走道中烟气层以及下部空气中的速度分布都是均匀的；

（3）假设走道中烟气密度 ρ 为常数；

（4）走道中烟气流动一直处于稳定流动状态。

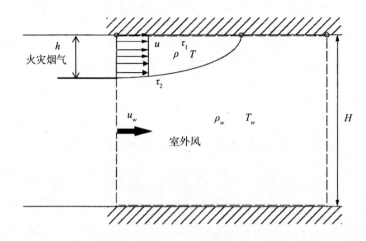

图 3.2　热浮力起主导作用时烟气前端示意图

（一）热浮力起主导作用时疏散走道烟气运动速度模型

由于走道中的烟气保持较好的分层状态，此时选取烟气层中的一段作微元体，根据动量定理可得：

$$\frac{\mathrm{d}}{\mathrm{d}x}(\rho h u^2) = \rho_w w_e u_w - \frac{\mathrm{d}}{\mathrm{d}x}\left[\frac{1}{2}g(\rho_w - \rho)h^2\right] - \tau \tag{3.2}$$

式中，u 为烟气水平流动速度，m/s；ρ 为烟气密度，kg/m³；u_w 为室外风进入走道后的水平流动速度，m/s；ρ_w 为下层空气密度，kg/m³；h 为烟气层厚度，m；w_e 为卷吸速率，m/s；τ 为烟气与壁面间的摩擦阻力，Pa。

根据流体力学的基本理论可知，烟气与顶棚间的摩擦阻力大小可表示为[4]：

$$\tau = \lambda \rho u^2 \tag{3.3}$$

式中，λ 为烟气与顶棚间的摩擦阻力系数。

由于假设走道中烟气层厚度 h 为常数，所以方程（3.2）中等号右边第二项为 0，将式（3.3）带入方程（3.2）整理可得：

$$\frac{d}{dx}(\rho h u^2) = \rho_w w_e u_w - \lambda \rho u^2 \tag{3.4}$$

（二）室外风起主导作用时疏散走道烟气运动速度模型

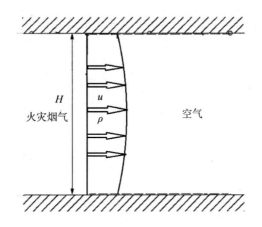

图 3.3　室外风起主导作用时烟气前端示意图

当室外风作用占主导地位时，着火房间内的烟气层会失稳，并与室外风混合后进入走道，此时走道中的烟气将不再保持分层状态。根据伯努利原理，对此时走道中的烟气流进行分析可得

$$\frac{1}{2}\rho u_0^2 = \frac{1}{2}\rho u^2 + h_{fr} \tag{3.5}$$

式中，h_{fr} 为沿程阻力损失，对于走道中的烟气流，其计算公式可表示为

$$h_{fr} = \int_0^x \frac{\lambda \rho}{2D} u^2 dx \tag{3.6}$$

式中，λ 为沿程阻力损失系数；ρ 为烟气的密度，kg/m^3；D 为走道的水力直径，m。

将式（3.6）带入（3.5）并对等式两边对 x 求导可得

$$\rho u \frac{du}{dx} = -\frac{\lambda \rho u^2}{2D} \tag{3.7}$$

解微分方程（3.7）可得烟气速度随距离的衰减公式：

$$\frac{u}{u_0} = e^{-k_2(x-x_0)} \tag{3.8}$$

式中，$k_2 = \lambda/2D$。

三、初始解及未知参量确定

对于方程（3.4），若要确定烟气水平速度沿疏散走道的变化规律，需要确定的未知参量有卷吸速率 w_e 和烟气层厚度 h，还要得到烟气进入走道的初始速度 u_0。

（一）疏散走道烟气层的卷吸

建筑内发生火灾后，由着火房间进入疏散走道中的火灾烟气与下层的冷空气可视为由浮力驱动的分层流动[5]，其中，上层烟气流可以近似看作是自由湍流，当自由湍流的流动范围受限且与流速基本恒定的非紊流发生相对流动时，在分界面处会发生卷吸现象，这使得湍流层沿流动方向不断卷吸下部气流，进而导致湍流层质量不断增加[6]。

基础流体力学认为卷吸速率的大小与自由湍流的流速是成比例的，其表达式如下：

$$E = \frac{w_e}{U} \tag{3.9}$$

式中，E 为卷吸系数；w_e 为卷吸速率，m/s；U 为自由湍流在水平方向的平均流速，m/s[7]。

Ellison 认为对于稳定的分层剪切流，卷吸系数 E 是无量纲数 Ri 的函数。他根据三组射流实验得到的数据，绘制了 E 与 Ri 的对应关系图，如图 3.4[6]。

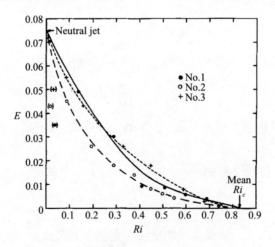

图 3.4　不同 Ri 对应的卷吸系数 E 的大小

Alpert[8] 根据上述三组实验数据拟合得到卷吸系数 E 关于 Ri 的函数表达式：

$$E = 0.13\exp(-3.9Ri) \tag{3.10}$$

其中，

$$Ri = \frac{\Delta b h}{U^2} \qquad (3.11)$$

式中，Δb 为上部湍流层与下部空气层的浮力差，$\Delta b = g\Delta\rho/\rho_0$；$h$ 为湍流层厚度，m；U 为自由湍流在水平方向的平均流速，此处则为上部烟气与下部空气的流速差，m/s。

（二）走道内烟气层厚度

疏散走道中的烟气层厚度可以用走道高度与烟气层高度的差值表示。目前用于确定烟气层高度的方法主要有四种，分别是温度持续上升法、临界温升法、N百分比法和均一度法，后三种方法应用更为广泛。

临界温升法认为如果某点温度相对于其初始温度的温升超过某一给定值 ΔT，便认为该点所在高度即为烟气层高度；N 百分比法认为如果某点相对于其初始温度的温升 ΔT 超过该点所在竖直方向上最大温升 ΔT_{max} 的 N%，便认为该点所在高度即为烟气层高度；均一度法则是根据烟气温度纵向分布的不均匀程度确定烟气层界面的位置，一般认为烟气层界面处温度分布的分散程度最小，通常采用积分比法和最小二乘法来确定分散程度最小的高度[9]。

由于本书在建立走道内烟气流动速度模型时将烟气层厚度假设为定值，因此本书选取走道中部的烟气层厚度作为整个走道的烟气层厚度，同时用 N 百分比法确定此厚度。Cooper[10]认为对于走道内的火灾，N 取 10 可以较好地表征烟气层的高度，但易亮认为如果实验中采用的火源功率较小，烟气温度不高，N 的取值过小会增大实验结果的误差，与实际情况不符[9]。由于本书采用的是 1/3 小尺寸实验台，火源功率按相应比例缩小，且实验台主体是由钢板和防火玻璃构成，对流换热系数较混凝土大，因此走道内的温度会偏低，综合考虑 N 取 40 较为合适。

（三）走道内初始烟气速度

当热浮力起主导作用时，烟气经由着火房间门进入走道时，烟气在房间门处的流动状态可近似认为是边墙型羽流[2]，在这一过程中，门洞上缘至顶棚间的烟气会卷吸下部空气，当室外风由着火房间进入走道后，下部空气的流速会增大，从而使得卷吸空气后的烟气速度也增大。本书对门洞处的烟气进行分析，列出门洞处烟气的动量守恒方程，从而得到烟气进入走道的初始速度。

$$m_e u_{w0} + m_s v_0 = m u_0 \qquad (3.12)$$

整理得

$$u_0 = \frac{1}{m}(m_e u_{w0} + m_s v_0) \qquad (3.13)$$

其中，

$$m_s = 0.09Q_c^{1/3}W^{2/3}H \tag{3.14}$$

$$m = 1.6m_s \tag{3.15}$$

式中，m_e 为卷吸空气的质量流量，kg/s；m_s 为由着火房间进入疏散走道的烟气质量流量，根据式（3.14）计算得到[11]，kg/s；m 为疏散走道中烟气的初始质量流量，增加的卷吸烟气量大约是着火房间进入疏散走道流量的 0.6 倍，根据式（3.15）计算得到，kg/s；v_0 为单纯热浮力作用下烟气经过门洞处的流速，m/s；u_0 为烟气进入走道的初始速度，m/s；u_{w0} 为室外风进入走道的初始速度，m/s；Q_c 为火源热释放速率中的对流换热部分，kW，一般可取 $0.7Q$，Q 为火源热释放速率；W 为门洞宽度，m；H 为门洞高度，m。

假设着火房间满足质量守恒，即进入房间的风量等于流出房间的风量，则室外风经着火房间进入走道的初始速度可表示为

$$u_{w0} = \frac{aA_wv_w}{A_d} \tag{3.16}$$

式中，a 为背压系数，取值范围为 $0.6 \sim 1.0$[12]，本书中，当风速较小时，取 1.0，当风速较大时，取 0.8；A_w 为外窗面积，m^2；v_w 为室外风速，m/s；A_d 为房间门的面积，m^2。

假设室外风流经着火房间时不会对着火房间内的烟气运动造成影响，则烟气经由着火房间门进入走道仍可认为是在单纯热浮力驱动下的流动，则烟气由着火房间进入疏散走道的初始速度为[13]

$$v_0 = C_0 \sqrt{2gH}\left[\frac{1-d}{d(1+d^{1/3})}\right]^{1/2} \tag{3.17}$$

其中，d 为着火房间温度与疏散走道中温度的比值，计算公式为 $d = \dfrac{T_1}{T_2}$。

式中，T_1 为疏散走道中的初始温度，K；T_2 为着火房间内的温度，K；H 为门洞高度，m；C_0 为流通系数，一般取 0.7。

将公式（3.14）（3.15）（3.16）和（3.17）带入式（3.13），化简得热浮力起主导作用时疏散走道中烟气的初始速度为

$$u_0 = \frac{1}{1.6}\left\{\frac{0.54A_wv_w}{A_d} + 0.7\sqrt{2gH}\left[\frac{1-d}{d(1+d^{1/3})}\right]^{1/2}\right\} \tag{3.18}$$

当室外风起主导作用时，烟气层失稳，此时不再考虑烟气在房间门处的卷吸，而认为烟气与室外风混合后进入走道，分析此时门洞处烟气的动量变化，可得到如下的动量守恒方程：

$$\rho A_d u_{w0}^2 + m_s v_0 = m u_0 \qquad (3.19)$$

整理得

$$u_0 = \frac{1}{m}(\rho A_d u_{w0}^2 + m_s v_0) \qquad (3.20)$$

其中，$m = m_s + \rho A_d u_{w0}$。

将式（3.14）（3.16）和（3.17）带入式（3.20），化简得室外风起主导作用时疏散走道中烟气的初始速度为

$$u_0 = \frac{0.49\rho\,(A_w v_w)^2 + 0.063 Q_c^{1/3} W^{2/3} HA_d\,\sqrt{2gH}\left[\dfrac{1-d}{d(1+d^{1/3})}\right]^{1/2}}{0.09 Q_c^{1/3} W^{2/3} HA_d + \rho A_w A_d v_w} \qquad (3.21)$$

第二节　室外风作用下疏散走道烟气运动实验设计

由于对很多火灾规律进行的理论分析和推导是建立在一些假设和简化基础上的，因此这些理论是否符合实际火灾的发生发展规律还需要验证，常用的验证方法就是开展火灾实验研究。一般而言，火灾实验可分为缩尺寸模拟实验和全尺寸实验两大类。虽然全尺寸实验得到的数据可信度非常高，但通常耗资巨大，可重复性比较差，且实验中的一些无关变量也不容易得到精确控制，而根据相似原理的缩尺寸模拟实验则可以较好地解决上述问题，因此缩尺寸模拟实验逐渐被广泛接受，成为目前火灾科学研究中一种重要的方法。

本书在上一节中对室外风作用下疏散走道烟气运动速度规律进行了理论分析，并提出相应的速度衰减模型，本节主要介绍对建立的理论模型进行验证的缩尺寸模拟实验和相关实验参数的测量方法。

一、相似原理的筛选

相似原理是保证缩尺寸模型与原型有相同流动规律的理论基础，为了保证模型流动与原型流动具有相同的流动规律，并能通过缩尺寸模拟实验结果预测实际的流动情况，模型与原型必须满足流动相似，即模型与原型之间必须满足几何相似、运动相似和动力相似[13]。

几何相似是指模型和原型流动流场的几何形状相似，即模型和原型对应边长成同一比例、对应角相等：

$$\frac{l_m}{l_p} = k_l \qquad (3.22)$$

$$\frac{\theta_m}{\theta_p} = 1 \tag{3.23}$$

式中，下标 m 表示模型流动，下标 p 表示原型流动，k_l 为长度比尺。

由长度比尺 k_l 可相应得到面积比尺 k_A 和体积比尺 k_V，即

$$k_A = \frac{A_m}{A_p} = \frac{l_m^2}{l_p^2} = k_l^2 \tag{3.24}$$

$$k_V = \frac{V_m}{V_p} = \frac{l_m^3}{l_p^3} = k_l^3 \tag{3.25}$$

运动相似是指模型和原型流动的速度场相似，即两个流动在对应时刻对应点上的速度方向相同，大小成同一比例：

$$\frac{u_m}{u_p} = k_u \tag{3.26}$$

式中，k_u 为速度比尺。

将 $u = l/t$ 代入上式，得

$$k_u = \frac{u_m}{u_p} = \frac{l_m/t_m}{l_p/t_p} = \frac{l_m t_p}{l_p t_m} = \frac{k_l}{k_t} \tag{3.27}$$

式中，$k_t = t_m/t_p$ 称为时间比尺。

动力相似是指模型和原型流动对应点处质点所受同名力的方向相同，大小成同一比例：

$$k_F = \frac{F_m}{F_p} = \frac{m_m a_m}{m_p a_p} = \frac{\rho_m V_m a_m}{\rho_p V_p a_p} = k_\rho k_V k_a = k_\rho k_l^3 k_a \tag{3.28}$$

式中，k_F 为力的比尺，k_a 为加速度比尺，k 为密度比尺。

又因 $k_a = k_l k_t^{-2}$，$k_u = k_l k_t^{-1}$，所以

$$k_F = k_\rho k_l^2 k_u^2 \tag{3.29}$$

根据几何相似、运动相似和动力相似的定义，得到长度比尺、速度比尺、力的比尺等，由力学基本定律，这些比尺之间具有一定的约束关系，这些约束关系称为相似准则。常用的相似准则主要有雷诺相似准则、弗劳德相似准则、欧拉相似准则和马赫相似准则。

模型实验要做到与原型实验完全相似是比较困难的，一般只能达到近似相似，也就是说只能保证对流动起主要作用的力相似，而模型律的选择就是依据这一起主要作用的力的相似来选择一个合适的相似准则进行模型设计。火灾研究中，常用的模型实验有三种：弗劳德模型、类比模型和压力模型，其中，弗劳德模型依据的是弗劳德相似准则。对于两种相似流动，当重力起主要作用时，弗劳

德数相等，这就是弗劳德相似准则。

弗劳德数 Fr 表征惯性力与重力之比，其值可表示为

$$Fr = \frac{I}{G} = \frac{\rho l^2 u^2}{\rho g l^3} = \frac{u^2}{gl} \qquad (3.30)$$

对于走道内的烟气流动，其主要的影响因素是热浮力和惯性力，因而可以用弗劳德模型来模拟实际火灾引起的烟气在走道中的流动[14]。由模型与原型的弗劳德数相等可得到各比尺间的关系如下：$Fr_m = Fr_p \Rightarrow \dfrac{u_m^2}{gl_m} = \dfrac{u_p^2}{gl_p}$。

速度比尺：
$$k_u = \frac{u_m}{u_p} = \sqrt{\frac{l_m}{l_p}} = k_l^{1/2} \qquad (3.31)$$

流量比尺：
$$k_Q = \frac{u_m l_m^2}{u_p l_p^2} = k_l^{5/2} \qquad (3.32)$$

时间比尺：
$$k_t = \frac{l_m}{u_m}\frac{u_p}{l_p} = k_l^{1/2} \qquad (3.33)$$

由上述比尺还可得到模型与原型间质量和热释放速率的比例关系：

$$m_m = \rho V_m = \rho V_p \left(\frac{l_m}{l_p}\right)^3 = m_p k_l^3 \qquad (3.34)$$

$$Q_m = \chi \dot{m}_m H_c = \chi H_c \dot{m}_p \left(\frac{l_m}{l_p}\right)^{5/2} = Q_p k_l^{5/2} \qquad (3.35)$$

式中，χ 为燃料的燃烧效率；$\dot{m}$ 为燃料的燃烧速率，kg/s；H_c 为燃料的热值，kJ/kg[15]。

二、小尺寸实验台设计

本实验台是国家自然科学基金项目"多驱动力作用下超高层建筑疏散走道火灾烟气输运规律研究"支持搭建的 1/3 小尺寸实验台。实验台主体部分包括与实际建筑布局相一致的缩小尺寸的楼梯间、电梯井、送风竖井、合用前室、回型疏散走道及着火房间等建筑构造。其中，合用前室、疏散走道及着火房间位于实验台的三至五层，其余楼层仅保留合用前室、楼梯间和电梯井。本书中的所有实验均在第三层进行，且将回形疏散走道改造为条形走道，以满足实验要求。

（一）实验台主体设计

实验台建筑高度为 10.0m，共 10 层，层高 1.0m，第三至五层的回形疏散走道部分长边和短边长度分别为 5.5m 和 2.0m，宽度均为 0.7m，着火房间的尺寸为 2.0m（长）×1.7m（宽）×1.0m（高），房间门的尺寸为 0.7m（高）×

0.3m（宽），在门的相对面开一尺寸为 0.8m（高）×0.75m（宽）的外门，以方便由外部进入着火房间，在外门上设置外窗，尺寸为 0.5m×0.5m。实验台主体采用厚度为 2.0mm 的普通钢板搭建，第三至五层的疏散走道和着火房间地板采用 2.5mm 的花纹钢板，横梁采用 100×48×5.3 的 Q235 槽钢，承重骨架为 200×100×5.5×8 的 Q235 HN 型钢，各接缝处均作密封处理。着火房间及与走道连接部分均喷涂防火涂料，以保证火灾高温不会对其造成破坏。此外，在第三至第五层的着火房间外墙还安装厚度为 10mm 的防火玻璃作为观察窗。图 3.5 和图 3.6 分别为本书实验选用部分的示意图和实验台的实物图。

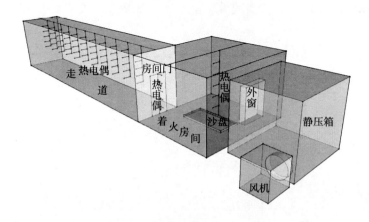

图 3.5　实验台选用部分示意图

图 3.6　实验台实物图

实验台设置烟气控制系统，包括对楼梯间及合用前室进行防烟的机械加压送风系统和对疏散走道进行排烟的机械排烟系统，见图 3.7 和图 3.8。

图 3.7　机械排烟系统

图 3.8　正压送风风机

本书进行的实验选取了第三层着火房间门正对的条形疏散走道部分，在走道的转角处用铝箔纸进行分隔，以避免烟气分流。同时，为排除疏散走道顶部的槽钢横梁对烟气可能造成的影响，用铝箔纸将横梁遮挡，改造后的条形走道尺寸为 5.5m（长）×0.7m（宽）×0.9m（高）。

（二）室外风模拟系统设计

目前，实体实验中采用的模拟室外风的方法主要有风洞实验和风机模拟，其中风洞实验可以提供稳定的风流，风速调节范围大，模拟效果非常真实[16]，但其成本一般较高，且需要较大的空间建造，因此较难普及；用风机模拟室外风的方法成本相对较低，搭建也比较方便，因此应用更为广泛，但用风机模拟出的风流速度波动很大，且在外窗截面处的分布不均匀，与实际环境中的室外风作用于建筑外立面的效果相差很大，因此需要对风机的风流进行处理，通常可在风机出口加装导流页片或金属网来使风流均匀，但这类方法效果也不尽如人意，本书参照Li[17]的处理方法，采用静压箱来获得稳定的风流。

静压箱是送风系统中减少动压、增加静压、稳定气流和减少气流振动的一种必要的配件，它通过将气流的动压转化为静压，使进入箱内的气流变得缓慢、均匀而又稳定，以均匀分配风量，从而改善送风效果，常用于通风空调系统的风管中。

实验台在着火房间外窗处设置室外风模拟系统，由静压箱、轴流风机、变频器和支架组成，风机和变频器的相关参数见表3.1，系统组成见图3.9。

表3.1　系统部件相关参数

名称	型号	直径（cm）	功率（kW）	频率（Hz）	风量（m³/h）	转速（r/min）
变频器	E180		0.75	0~50		
轴流风机	EG-3.5A-2	35	0.38	50	3740~5029	2800

静压箱尺寸为1.0m×1.0m×1.0m，一面开一0.5m×0.5m的开口与着火房间外窗对接，在与此开口成直角的另一面右下部开一直径为40.0cm的圆口与轴流风机对接，接口处进行密封处理。支架由角铁和钢管焊接，尺寸为1.5m（长）×1.0m（宽）×2.0m（高），底部四个角均焊接滚轮，方便移动。

（三）火源设计

本书的实验主要是研究室外风对疏散走道中烟气运动的影响，因此控制热浮力，也就是火源热释放速率这一变量就显得尤为重要，而火源热释放速率的控制与火源类型的选择有很大关系。目前火灾实验中使用较广泛的火源是木垛火、油盘火和丙烷火（液化石油气）。其中，木垛火属于固体火源，而实际建筑火灾的可燃物也多为固体，因此其燃烧过程更接近于真实火灾的发展变化规律，但其燃烧过程的影响因素较多，不易控制[18]，且本书所采用的实验台尺寸相对较小，使用木垛会增加实验操作的难度。油盘火的燃料多采用汽油、柴油、正庚烷和酒

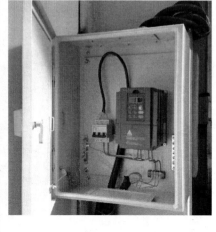

(a)静压箱、轴流风机和支架　　　　　　(b)DELIXI变频器

图 3.9　室外风模拟系统

精等可燃液体，其燃烧可以较快地进入稳定阶段，易于操作和控制，但本书的实验是在有室外风条件下进行的，这会对油盘火的燃烧造成较大影响，研究表明，当风作用于油盘火时，其燃烧速率与风速和油盘尺寸有关[19]。丙烷火源是由液化气罐、减压阀、转子流量计和沙盘燃烧器组成的系统（见图 3.10），通过控制液化气的流量来得到不同的火源功率，且其火源功率是连续可调的[20]，同时，利用减压阀和转子流量计，可以使液化气的流量固定，从而得到稳定不变的火源功率，因此本书的实验选择用丙烷火作为火源。

丙烷火源的火源功率用液化石油气的热值乘以流量得到，其中液化石油气的热值取 $115MJ/m^3$，流量由转子流量计读数得到。

沙盘燃烧器的尺寸为 70cm（长）×60cm（宽）×10cm（高），底部开有 5 个气孔以保证气流能在沙盘表面均匀分布。两个转子流量计的量程分别为 0 ~ $2.5m^3/h$ 和 $2.5 ~ 25m^3/h$，分度分别为为 $0.05m^3/h$ 和 $0.5m^3/h$，适用于常温常压下的气体。液化气罐为 50kg 装。

三、实验测量系统设计

本书实验中需要测量的物理量有疏散走道内烟气的速度和温度、着火房间的温度及静压箱出风口处的速度。对于温度的测量，实验分别选用了 $\phi1mm$ 和

(a)沙盘燃烧器   (b)丙烷减压阀

(c)小量程转子流量计   (d)大量程转子流量计   (e)液化气罐

图3.10 丙烷火源系统

$\phi 2mm$ 的 K 型铠装热电偶，同时配套数据采集模块进行温度采集。对于疏散走道中高温烟气速度的测量，选用了可承受较高温度的加野麦克斯 KA23 热线式风速仪，对于静压箱出风口处的常温风速的测量，采用了德图 TESTO416 叶轮式风速仪。

（一）温度采集系统

实验过程中选用 $\phi 1mm$ 的 K 型铠装热电偶测量疏散走道的温度，其温度测量范围为 $-50 \sim +800℃$，用 $\phi 2mm$ 的 K 型铠装热电偶测量着火房间的温度，其温度测量范围为 $-50 \sim +1200℃$。疏散走道中共设置 11 束热电偶树，每束固定 5 支热电偶，编号由上至下依次是 $1-1$，$1-2$，…，$1-5$，$2-1$，…，$11-5$，相邻两支热电偶的纵向间距为 15cm，热电偶树间的水平距离为 0.5m，布置在走道的中线上。着火房间中设置 2 束热电偶树，每束固定 5 支热电偶，编号由上至下依次是 29 – 1 ~ 29 – 5，30 – 1 ~ 30 – 5，相邻两支热电偶的纵向间距为 10cm，分别布置在房间中部和房间门中线处。实验布置的热电偶树如图 3.11 和图 3.12 所示。

图 3.11　ϕ1mm 的热电偶树　　　　　　图 3.12　ϕ2mm 的热电偶树

实验采用泓格 ICP – I – 7018 八通道数据采集模块对热电偶产生的电压信号进行采集，共使用 9 个采集模块，通过相应的数据采集软件将采集的电压信号转换为实时的温度测量值并记录，数据采集的时间步长为 1s。数据采集模块如图 3.13 所示。

（二）速度测量仪器

实验需要测量的速度参数有疏散走道上部的烟气流速和下部的空气流速，以及室外风模拟系统的模拟风速。其中，由于实验过程中疏散走道内的温度较高，因此采用可测量高温气流的加野麦克斯 KA23 型热线式风速仪。此款风速仪具备测量风速的最大值、最小值和平均值的功能，测速范围为 0 ~ 9.99m/s 时分辨率为 0.01m/s，测速范围为 10.0 ~ 50.0m/s 时分辨率为 0.1m/s，可以在 – 20 ~

120℃范围内进行温度补偿，探头可伸缩，最长为23.5cm，仪器附带一根长1.1m的延长杆，如图3.14所示。

图3.13　数据采集模块

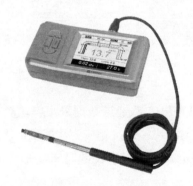

图3.14　加野麦克斯 KA23 型热线式风速仪

在标定模拟室外风风速时，采用德图 TESTO416 型叶轮式风速仪。此款风速仪配备固定式叶轮探头，叶轮直径为16mm，带伸缩手柄，最长为890mm，具备测量风速的最大值、最小值和平均值的功能，测速范围为 $0.6 \sim 40.0$m/s，分辨率为0.1m/s，操作温度为 $-20 \sim 50$℃，如图3.15所示。

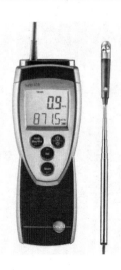

图 3. 15   德图 TESTO416 型叶轮式风速仪

四、实验设计

本书实验中需要设定的参数为火源热释放速率和模拟室外风风速,需要测量的参数为疏散走道中上部烟气流度、下部空气流度以及疏散走道和着火房间内的温度。

（一）火源热释放速率设定

实验采用液化石油气作燃料,通过控制液化石油气的流量来得到不同的火源热释放速率。鉴于目前的酒店客房和办公室这类场所均装有自动喷水灭火系统,其火源热释放量一般取 1.5MW[21],且当火源热释放速率较大时,火焰会延烧至顶棚,可能会对实验台结构造成破坏,综合考虑,本书的实验选取 1.5MW 以下的火源热释放速率作为模拟火源热释放速率。由于实验是在 1/3 尺寸实验台进行的,因此实验中的火源热释放速率要按式（3.35）转换。已知液化石油气的热值为 115MJ/m³,实验设定的火源热释放速率及对应的液化石油气流量见表 3.2。

表 3.2   火源热释放速率相关参数设定

序号	实际火源热释放速率（kW）	模型火源热释放速率（kW）	液化石油气流量（m³/h）
1	500	32.1	1.0
2	750	48.1	1.5
3	1000	64.2	2.0
4	1250	80.2	2.5
5	1500	96.2	3.0

（二）模拟室外风速设定

实验利用静压箱获得均匀的室外风，为简化实验操作，在实验前用德图TESTO416型叶轮式风速仪对静压箱出风口处的风速和对应的变频器频率进行测量标定。风速测量采用五点测量取平均值的方法，静压箱出风口处的五点选取如图3.16所示。

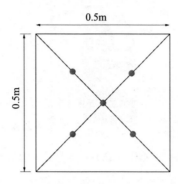

图3.16　静压箱出风口处测点布置示意图

受风机风量的限制，实验中设定的最大风速为7m/s，相当于实际环境中12.12m/s的风速，属于6级风。实验设定的模拟风速及对应的变频器频率等参数见表3.3。

表3.3　模拟室外风速相关参数设定

序号	模型风速（m/s）	实际风速（m/s）	风力等级	变频器频率/Hz
1	1.0	1.73	2	9
2	2.0	3.46	3	15
3	3.0	5.20	3	22
4	4.0	6.93	4	28
5	5.0	8.66	5	35
6	6.0	10.39	5	42
7	7.0	12.12	6	50

（三）烟气层厚度确定

为能清晰地观察火灾中烟气的流动状态，研究人员常使用示踪气体来表征烟气，但本书实验条件较特殊，如果采用示踪气体方法模拟烟气，会导致烟尘附着在疏散走道外围的防火玻璃及实验台内安装的热电偶上，由于实验台尺寸较小，清理附着的烟尘非常困难，久而久之，这些烟尘对实验台结构及热电偶的测量精度造成影响，且测量烟气流动速度所使用的热线式风速仪不适用于有烟尘的环境中，烟尘会附着在探测元件表面对其造成破坏，因此实验拟通过分析疏散走道中的温度分布，用 N 百分比法确定烟气层厚度。

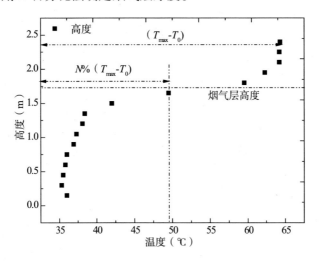

图 3.17　N 百分比法确定烟气层高度

　　资料表明，单纯热浮力作用时，烟气在走道蔓延的前期，烟气层厚度会随运动距离的增加而变薄[22]，因此本书取走道近端、中部和远端三个位置的烟气层厚度的平均值作为整个走道中的烟气层厚度。这三个位置的烟气层厚度根据 2 号、6 号和 10 号热电偶树所测不同高度处温度的平均值进行计算，不同高度处温度的平均值通过计算该高度处热电偶在一段时间内温度的算术平均值来确定，计算公式为式（3.36）。

$$T_a = \frac{1}{t_m - t_n + 1} \sum_{i=n}^{m} T_i \qquad (3.36)$$

　　式中，T_a 为烟气平均温度，℃；t_m、t_n 为计算选取的时间段起止点，s；T_i 为走道中某高度处热电偶在某一时刻的温度值，℃。

　　本书中 N 取 40，则烟气层分界面所在高度处的温度 T_s 可用式（3.37）计算得到[23]：

$$T_s = \frac{40(T_{max} - T_0)}{100} + T_0 \qquad (3.37)$$

　　式中，T_s 为烟气层分界面处的温度，℃；T_{max} 为烟气层内最高温度，℃；T_0 为初始温度，℃。

　　（四）疏散走道内烟气和空气流速测定

　　本书用加野麦克斯 KA23 型热线式风速仪测量疏散走道内烟气和空气的流

速，风速仪设定为平均值测速模式。当烟气能保持较好的分层状态时，测量烟气和空气流速的测点各10个，均位于疏散走道纵截面的中线上，起点与着火房间门之间的水平距离为30cm，相邻测点间的水平距离为50cm，测定烟气流速的测点距顶棚15cm，测定空气流速的测点距地板30cm，如图3.18所示。当烟气层失稳后，测定烟气流速的测点共30个，水平布置方式不变，同一纵截面中线上布置3个测点，距地板高度分别为30cm、45cm和60cm，将同一中线上测定的三个速度取平均值作为该截面处的烟气流速，如图3.19所示。测速时，将风速仪探头垂直伸入疏散走道内的待定位置，待数值基本稳定后读数即为该点的速度。

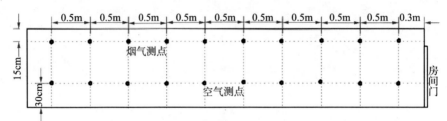

图3.18　烟气分层时速度测点布置示意图

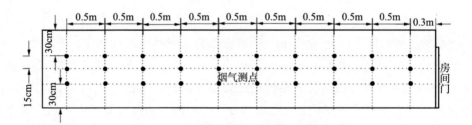

图3.19　烟气层失稳后速度测点布置示意图

（五）实验工况设置

实验中共有2个变量，分别是火源热释放速率 Q 和室外风速 u_w，其中火源热释放速率通过调节液化石油气流量来控制，室外风速通过调节变频器频率来控制。实验分别研究了5种不同功率火源产生的烟气在7种不同室外风速条件下在疏散走道中的运动情况，共进行了35组实验，具体实验工况设置见表3.4。

表3.4　实验工况参数设置

工况序号	液化石油气流量（m³/h）	风机频率（Hz）	工况序号	液化石油气流量（m³/h）	风机频率（Hz）
1	1.0	0	2	1.0	9

工况序号	液化石油气流量（m³/h）	风机频率（Hz）	工况序号	液化石油气流量（m³/h）	风机频率（Hz）
3	1.0	15	20	2.5	0
4	1.0	22	21	2.5	9
5	1.0	28	22	2.5	15
6	1.5	0	23	2.5	22
7	1.5	9	24	2.5	28
8	1.5	15	25	2.5	35
9	1.5	22	26	2.5	42
10	1.5	28	27	2.5	50
11	1.5	35	28	3.0	0
12	2.0	0	29	3.0	9
13	2.0	9	30	3.0	15
14	2.0	15	31	3.0	22
15	2.0	22	32	3.0	28
16	2.0	28	33	3.0	35
17	2.0	35	34	3.0	42
18	2.0	42	35	3.0	50
19	2.0	50			

实验过程中发现，当模型火源功率为 32.1kW 时，模拟室外风速大于 4m/s 时火焰熄灭，当模型火源功率为 48.1kW 时，模拟室外风速大于 5m/s 时火焰熄灭，因此这两种火源功率下未进行后续实验。

（六）实验器材

本书实验中用到的仪器设备详情见表 3.5。

表 3.5　实验仪器设备

序号	实验器材名称	规格/型号	单位	数量
1	K 型铠装热电偶	ϕ1.0mm	支	55
2	K 型铠装热电偶	ϕ2.0mm	支	10
3	数据采集模块	泓格 ICP-I-7018	个	9
4	玻璃转子流量计	LZB15（量程：0~2.5m³/h；精度 0.05m³/h）	个	1
5	玻璃转子流量计	LZB25（量程：2.5~25m³/h；精度 0.5m³/h）	个	1
6	沙盘燃烧器	尺寸：70cm（长）×60cm（宽）×10cm（高）	个	1

序号	实验器材名称	规格/型号	单位	数量
7	液化气罐	容积：50kg	个	1
8	丙烷减压阀	调压范围：0～0.25MPa	个	1
9	笔记本电脑	联想 ThinkPad E431	台	1
10	轴流风机	EG-3.5A-2	台	1
11	静压箱	尺寸：100cm（长）×100cm（宽）×100cm（高）	个	1
12	静压箱支架	尺寸：150cm（长）×100cm（宽）×200cm（高）	个	1
13	热电偶支架	自行设计	个	13
14	变频器	德力西 E180	个	1
15	叶轮式风速仪	德图 TESTO416	个	1
16	热线式风速仪	加野麦克斯 KA23	个	1
17	卷尺	量程：5m；精度：1mm	个	1
18	秒表	TF307	个	1
19	铝箔纸	尺寸：45cm（宽）×20μm（厚）	米	30

（七）实验步骤

本书的实验按如下步骤进行操作：

未加室外风的实验组：

（1）将计算机、数据采集模块接通电源，打开计算机和数据采集软件。

（2）运行数据采集软件，检查热电偶和数据采集系统是否有异常，如一切正常则重置软件准备开始实验。

（3）运行采集软件，开启液化气罐阀门，调节至设定流量，用点火器点燃沙盘燃烧器，关闭着火房间外窗并计时。

（4）100s后开始用风速仪测量疏散走道内测点位置的烟气流速，并记录数据。

（5）速度测定完毕后，关闭液化气罐阀门，并停止数据采集，将采集的数据进行命名保存。

（6）开启机械排烟风机和外窗，排出实验台内的残留烟气，待实验台内的温度降至环境温度后准备进行下一组实验。

加入室外风的实验组：

步骤（1）～（3）同上。

（4）100s后打开外窗，将静压箱出风口与外窗对接，调节变频器至设定值并开启风机。

（5）160s后开始用风速仪测量疏散走道内测点位置的烟气和空气流速，并记录数据。

（6）速度测定完毕后，关闭液化气罐阀门和室外风模拟系统，并停止数据采集，将采集的数据进行命名保存。

（7）同未加室外风实验组第（6）步。

第三节　室外风作用下疏散走道烟气速度模型实验验证

由于本书采用的实验台是按照实际建筑的1/3尺寸搭建，实验过程中所有变量的设置均按照弗劳德相似准则的缩放要求进行处理。为表征实际建筑中疏散走道烟气运动规律，依据前面章节中的相关公式，将所得实验数据转换为实际建筑中的相应大小，以此来研究实际情况中的烟气运动规律。

一、疏散走道烟气运动速度模型未知参量的确定

由疏散走道烟气运动速度模型可以看出，要预测疏散走道中的烟气运动速度，首先要判定着火房间中热浮力和室外风作用的相对大小，即 Ar 的取值情况，然后根据 Ar 的取值选择公式（3.4）或公式（3.8）来进行计算。对于公式（3.4），尚需确定的未知参数为卷吸系数 E、烟气层厚度 h 和烟气进入走道的初始速度 u_0；对于公式（3.8），则需确定未知参量 k_2 以及室外风经着火房间进入走道的初始速度 u_{u0}。

（一）实验工况适用公式判定

依据公式（3.1）计算35种工况中 Ar 的取值，以此判定着火房间中热浮力和室外风对烟气作用的相对大小，其中迎风面的风压系数 C_{pw} 取0.8，背风面的风压系数 C_{pl} 取0，着火房间内的烟气温度 T_g 为30－1号、30－2号和30－3号热电偶在第160s至200s内的平均值，环境温度取20℃，H 取门洞高度2.1m，计算结果见表3.6。

表3.6　各实验工况下判据 Ar 取值情况

工况序号	室外风速 V（m/s）	烟气温度 T_g（K）	Ar	工况序号	室外风速 V（m/s）	烟气温度 T_g（K）	Ar
1	0	373.15	0	3	3.46	327.15	2.24
2	1.73	340.15	0.42	4	5.20	316.15	7.22

工况序号	室外风速 V (m/s)	烟气温度 T_g (K)	Ar	工况序号	室外风速 V (m/s)	烟气温度 T_g (K)	Ar
5	6.93	308.15	19.18	21	1.73	443.15	0.17
6	0	420.15	0	22	3.46	401.15	0.86
7	1.73	381.15	0.25	23	5.20	372.15	2.48
8	3.46	352.15	1.39	24	6.93	349.15	5.82
9	5.20	331.15	4.58	25	8.66	331.15	12.70
10	6.93	324.15	9.76	26	10.39	327.15	20.19
11	8.66	313.15	22.82	27	12.12	322.15	31.72
12	0	467.15	0	28	0	533.15	0
13	1.73	423.15	0.19	29	1.73	489.15	0.15
14	3.46	386.15	0.97	30	3.46	448.15	0.67
15	5.20	358.15	2.90	31	5.20	422.15	1.72
16	6.93	337.15	7.15	32	6.93	376.15	4.23
17	8.66	321.15	16.72	33	8.66	339.15	10.75
18	10.39	318.15	26.70	34	10.39	331.15	18.28
19	12.12	315.15	40.90	35	12.12	326.15	28.22
20	0	492.15	0.00				

已知当 $Ar<1$ 时，选用公式（3.4）计算疏散走道中的烟气运动速度，当 $Ar>1$ 时，选用公式（3.8）计算疏散走道中的烟气运动速度。由表 3.6 可知，工况 1、2、6、7、12、13、14、20、21、22、28、29 和 30 应选择公式（3.4）进行计算，其他工况应选择公式（3.8）进行计算。

（二）烟气层厚度 h 确定

在本书的实验中，烟气层厚度 h 的计算采用 N 百分比法，由于本书所采用的实验台主体是由钢板和防火玻璃构成，其对流换热系数较混凝土大，散热较快，导致走道内的温度会偏低，因此综合考虑 N 取 40 较为合适。由上节可知，工况 1、2、6、7、12、13、14、20、21、22、28、29 和 30 需要确定烟气层厚度，本书根据这 13 组工况中走道内第 2 号、6 号和 10 号热电偶树所测不同高度处温度的平均值计算得到的烟气层厚度的平均值作为整个走道中的烟气层厚度。三束热电偶树不同高度处的温度通过计算该高度处热电偶在实验第 160s 至 200s 内温度的算术平均值来确定，平均值计算结果见表 3.7。

将表 3.7 中的计算结果带入公式（3.37）求得烟气层分界面所在高度处的温

度 T_s，然后依据表3.7中各束热电偶所测温度，用插值法求得烟气层分界面所在高度 H_s，计算结果见表3.8。

表3.7　13组工况平均温度计算结果　　　（单位:℃）

工况序号	2号热电偶［高度（m）］					6号热电偶［高度（m）］					10号热电偶［高度（m）］				
	2.70	2.25	1.80	1.35	0.90	2.70	2.25	1.80	1.35	0.90	2.70	2.25	1.80	1.35	0.90
1	53.62	22.12	21.43	20.62	20.13	49.35	37.53	26.79	21.16	20.81	47.89	38.63	29.07	20.62	20.92
2	34.78	31.90	30.13	28.05	26.07	30.49	29.54	28.40	28.27	26.66	31.25	30.01	29.11	25.60	24.04
6	78.06	27.16	25.75	23.69	21.05	72.15	55.12	37.40	26.16	26.09	70.98	59.10	43.34	28.45	22.37
7	60.15	30.93	28.70	26.24	24.54	55.43	47.06	36.23	29.91	28.81	55.93	49.05	39.83	29.83	24.90
12	144.16	23.72	22.80	21.90	21.59	129.57	111.37	54.97	22.72	20.25	124.05	98.23	53.85	21.93	20.62
13	93.41	28.92	22.92	22.03	20.55	85.39	69.21	50.37	32.23	24.41	80.31	67.99	53.90	36.17	22.58
14	73.24	48.49	48.22	38.74	38.32	66.34	59.58	49.77	41.73	39.52	64.76	59.37	50.74	39.92	34.80
20	135.49	28.37	27.06	26.03	25.53	125.43	108.48	59.70	25.92	28.08	119.32	97.88	57.06	25.85	24.47
21	91.44	30.32	24.31	24.07	21.12	84.38	64.53	44.69	33.00	27.15	81.27	68.02	52.00	33.41	22.75
22	74.99	72.32	66.94	43.94	34.66	57.84	53.87	47.33	39.55	32.01	51.96	48.35	42.53	33.98	29.74
28	175.37	26.70	25.63	24.03	22.31	160.39	129.11	64.14	25.11	22.36	148.57	116.68	62.83	23.43	21.02
29	151.55	54.31	40.51	40.33	30.80	138.46	112.44	90.70	65.46	42.21	131.49	115.15	96.22	67.20	40.66
30	108.22	64.36	63.66	49.29	48.82	99.30	88.77	72.10	57.72	51.89	98.32	88.20	74.48	57.32	47.67

插值法求烟气层分界面所在高度 H_s 的计算公式为

$$\frac{H_s - H_i}{H_j - H_i} = \frac{T_s - T_i}{T_j - T_i} \tag{3.38}$$

式中，T_i、T_j 为 T_s 所在温度区间的上下限,℃；H_i、H_j 为 T_i 和 T_j 对应的高度，m。

表3.8　13组工况烟气层厚度计算结果

工况序号	2号热电偶		6号热电偶		10号热电偶		烟气层厚度h（m）
	T_s（℃）	H_s（m）	T_s（℃）	H_s（m）	T_s（℃）	H_s（m）	
1	35.45	2.44	33.74	2.09	33.16	1.99	0.83
2	27.91	1.32	26.20	0.84	26.50	1.47	1.79
6	45.22	2.41	42.86	1.94	42.39	1.77	0.96
7	38.06	2.36	36.17	1.80	36.37	1.64	1.07
12	71.66	2.44	65.83	1.89	63.62	1.90	0.92
13	51.36	2.42	48.16	1.75	46.12	1.60	1.08
14	43.30	1.57	40.54	1.11	39.90	1.35	1.66

续表

工况序号	2 号热电偶		6 号热电偶		10 号热电偶		烟气层厚度 h（m）
	T_s（℃）	H_s（m）	T_s（℃）	H_s（m）	T_s（℃）	H_s（m）	
20	68.20	2.43	64.17	1.84	61.73	1.85	0.96
21	50.58	2.41	47.75	1.87	46.51	1.67	1.02
22	44.00	1.35	37.14	1.21	34.78	1.39	1.68
28	84.15	2.44	78.16	1.90	73.43	1.89	0.93
29	74.62	2.36	69.38	1.42	66.60	1.34	1.29
30	57.29	1.60	53.72	1.04	53.33	1.16	1.73

（三）卷吸系数 E 确定

由公式（3.10）可知，卷吸系数 E 是关于理查森数 Ri 的函数，因此需先确定上述各工况的理查森数 Ri。理查森数 Ri 根据式（3.11）计算，其中，烟气密度 ρ 根据表 3.8 中烟气层的平均温度计算得到，空气密度取 1.20kg/m^3。由于工况 1、6、12、20 和 28 中没有加入室外风，即公式（3.2）中卷吸空气的动量一项为 0，因此不再计算这 5 组工况的卷吸系数，其余 8 组工况的卷吸系数计算结果见表 3.9。

表 3.9　各组工况卷吸系数计算结果

工况序号	距离（m）	ΔU（m/s）	Ri	E	工况序号	距离（m）	ΔU（m/s）	Ri	E	工况序号	距离（m）	ΔU（m/s）	Ri	E
2	0.9	−0.32	3.86	3.74E−08	7	8.4	−0.19	15.71	3.14E−28	14	0.9	−0.88	1.41	5.34E−04
	2.4	−0.33	3.71	6.72E−08		9.9	−0.05	211.2	0		2.4	−0.66	2.54	6.55E−06
	3.9	0.02	10^3	0		11.4	−0.19	15.71	3.14E−28		3.9	−0.87	1.47	4.28E−04
	5.4	0.40	2.53	6.72E−06		12.9	0.14	29.71	6.19E−52		5.4	−0.64	2.68	3.81E−06
	6.9	0.31	4.13	1.30E−08		14.4	0.07	118.8	0		6.9	0.38	7.57	1.95E−14
	8.4	0.28	5.23	1.80E−10	13	0.9	0.10	86.95	0		8.4	0.28	14.31	7.42E−26
	9.9	0.38	2.77	2.68E−06		2.4	0.21	21.74	1.97E−38		9.9	0.40	6.93	2.41E−13
	11.4	0.33	3.71	6.80E−08		3.9	0.47	4.29	6.93E−09		11.4	0.31	11.31	9.09E−21
	12.9	0.29	4.63	1.85E−09		5.4	0.85	1.30	8.05E−04		12.9	0.26	16.29	3.39E−29
	14.4	0.29	4.63	1.85E−09		6.9	0.88	1.20	1.19E−03		14.4	0.35	9.16	3.96E−17
7	0.9	−0.22	12.08	4.52E−22		8.4	0.61	2.56	6.11E−06	21	0.9	0.37	6.30	2.75E−12
	2.4	0.03	475.3	0		9.9	0.76	1.62	2.37E−04		2.4	0.10	81.42	0
	3.9	0.55	1.86	9.31E−05		11.4	0.42	5.43	8.11E−11		3.9	0.43	4.69	1.48E−09
	5.4	0.80	0.90	3.91E−03		12.9	0.23	18.52	5.51E−33		5.4	0.57	2.69	3.59E−06
	6.9	0.76	0.98	2.82E−03		14.4	0.10	86.95	0		6.9	0.43	4.69	1.48E−09

续表

工况序号	距离(m)	ΔU(m/s)	Ri	E	工况序号	距离(m)	ΔU(m/s)	Ri	E	工况序号	距离(m)	ΔU(m/s)	Ri	E
	8.4	0.81	1.33	7.35E-04		11.4	0.23	19.41	1.72E-34		14.4	0.28	24.06	2.26E-42
	9.9	0.26	13.03	1.12E-23	22	12.9	0.31	10.13	9.21E-19		0.9	-0.59	5.16	2.38E-10
21	11.4	0.19	24.23	1.21E-42		14.4	0.07	205	0		2.4	-0.54	6.24	3.56E-12
	12.9	0.50	3.49	1.62E-07		0.9	0.83	2.67	3.85E-06		3.9	-0.90	2.22	2.29E-05
	14.4	0.23	17.34	5.45E-31		2.4	0.62	4.75	1.16E-09		5.4	-0.29	20.74	9.77E-37
	0.9	-0.42	5.55	5.15E-11		3.9	1.00	1.83	1.03E-04	30	6.9	0.23	35.46	1.12E-61
	2.4	-0.97	1.05	2.20E-03		5.4	0.43	9.86	2.62E-18		8.4	0.09	240	0
	3.9	-0.76	1.69	1.75E-04	29	6.9	0.23	36.45	2.36E-63		9.9	-0.09	240	0
22	5.4	-0.69	2.05	4.38E-05		8.4	0.31	19.01	8.11E-34		11.4	0.31	18.50	6.08E-33
	6.9	-0.16	40.50	3.27E-70		9.9	0.38	12.73	3.59E-23		12.9	0.14	93.64	0
	8.4	0.07	205	0		11.4	0.23	36.45	2.36E-63		14.4	0.19	49.53	1.67E-85
	9.9	-0.10	91.13	0		12.9	0.31	19.01	8.11E-34					

由表 3.9 可得，这 8 组工况的卷吸系数均非常小，这表明当烟气在疏散走道中呈良好的分层状态时，烟气层对下部空气的卷吸效应非常微弱，可以忽略，因此当热浮力起主要作用时疏散走道中烟气的动量变化可认为主要是由烟气与顶棚之间的摩擦阻力造成的，则公式（3.4）可进一步简化为

$$2\rho h u \frac{\mathrm{d}u}{\mathrm{d}x} = -\lambda \rho u^2 \tag{3.39}$$

解微分方程（3.39）得

$$\frac{u}{u_0} = e^{-k_1(x-x_0)} \tag{3.40}$$

式中，$k_1 = \lambda/2h$。

由于公式（3.8）和公式（3.40）的表达形式一致，故将两式统一为公式（3.41）：

$$\frac{u}{u_0} = e^{-k(x-x_0)} \tag{3.41}$$

其中，

$$u_0 = \begin{cases} \dfrac{1}{1.6}\left\{\dfrac{0.54 A_w v_w}{A_d} + 0.7\sqrt{2gH}\left[\dfrac{1-d}{d(1+d^{1/3})}\right]^{1/2}\right\} & (Ar < 1) \\[4mm] \dfrac{0.49\rho(A_w v_w)^2 + 0.063 Q_c^{1/3} W^{2/3} H A_d \sqrt{2gH}\left[\dfrac{1-d}{d(1+d^{1/3})}\right]^{1/2}}{0.09 Q_c^{1/3} W^{2/3} H A_d + \rho A_w A_d v_w} & (Ar > 1) \end{cases}$$

$$\tag{3.42}$$

（四）走道中烟气初始速度确定

当热浮力起主导作用时，疏散走道中卷吸空气后烟气的初始速度由公式（3.18）计算得到。公式（3.18）中各参数的取值情况为：外窗面积 A_w 为 2.25m²，房间门的面积 A_d 为 1.89m²，门洞高度 H 为 2.10m，室外风速 v_w 取各工况的设定值，疏散走道中的初始温度 T_1 为 293.15K，着火房间内的温度 T_2 取表 3.6 中着火房间内的烟气温度 T_g，则上述 13 组工况的烟气初始速度计算结果见表 3.10。

表 3.10　热浮力起主导作用时烟气初始速度计算结果

工况序号	室外风速 v_w（m/s）	房间温度 T_2（K）	烟气初始速度 u_0（m/s）	工况序号	室外风速 v_w（m/s）	房间温度 T_2（K）	烟气初始速度 u_0（m/s）
1	0	373.15	1.06	20	0	492.15	1.66
2	1.73	340.15	1.72	21	1.73	443.15	2.33
6	0	420.15	1.34	22	3.46	401.15	3.01
7	1.73	381.15	2.03	28	0	533.15	1.88
12	0	467.15	1.59	29	1.73	489.15	2.57
13	1.73	423.15	2.28	30	3.46	448.15	3.27
14	3.46	386.15	2.98				

当室外风起主导作用时，疏散走道中烟气的初始速度由公式（3.21）计算得到。公式（3.21）中门洞宽度 W 为 0.9m，火源热释放速率 Q 取各工况的设定值，则此 22 组工况的烟气初始速度计算结果见表 3.11。

表 3.11　室外风起主导作用时烟气初始速度计算结果

工况序号	室外风速 v_w（m/s）	房间温度 T_2（K）	烟气初始速度 u_0（m/s）	工况序号	室外风速 v_w（m/s）	房间温度 T_2（K）	烟气初始速度 u_0（m/s）
3	3.46	327.15	3.01	17	8.66	319.15	7.73
4	5.20	316.15	4.58	18	10.39	309.15	9.35
5	6.93	308.15	6.19	19	12.12	304.15	10.98
8	3.46	352.15	3.02	23	5.20	372.15	4.56
9	5.20	331.15	4.56	24	6.93	326.15	6.09
10	6.93	324.15	6.16	25	8.66	319.15	7.70
11	8.66	310.15	7.77	26	10.39	307.15	9.31
15	5.20	358.15	4.57	27	12.12	306.15	10.94
16	6.93	337.15	6.14	31	5.20	418.0	4.60

工况序号	室外风速 v_w (m/s)	房间温度 T_2 (K)	烟气初始速度 u_0 (m/s)	工况序号	室外风速 v_w (m/s)	房间温度 T_2 (K)	烟气初始速度 u_0 (m/s)
32	6.93	371.15	6.12	34	10.39	330.15	9.31
33	8.66	335.15	7.69	35	12.12	332.15	10.94

二、理论模型预测结果与实验结果的对比

(一) 理论模型系数的确定

对于公式 (3.41),根据各工况的相关参数可以确定烟气进入疏散走道的初始速度 u_0,然后根据本书的实验结果拟合得到未知系数 k 的值。本节将利用数学综合优化软件 1stOpt 对理论模型和实验结果进行拟合,以确定理论模型中的未知系数。

1stOpt 是七维高科有限公司独立开发的一套数学优化分析综合工具软件包,其计算核心——通用全局优化算法,克服了当今世界上在优化计算领域中使用迭代法必须给出合适初始值的难题,即用户无需给出所求参数的初始值,而由 1stOpt 随机给出,通过其独特的全局优化算法,最终找出最优解。在非线性曲线拟合和参数优化方面应用广泛的软件如 OriginPro、Matlab 和 SPSS 等,最常用的算法有麦夸特法或简面体爬山法等,均属于局部最优法,这类方法需要用户提供适当的参数初始值以便计算能够收敛并找到最优解,如果设定的参数初始值不当则计算难以收敛,导致无法求得正确结果。但在实际应用当中,给出恰当的参数初始值是非常困难的,而 1stOpt 凭借其强大的寻优容错能力,在大多数情况下,从任意随机初始值开始,都能求得正确结果。因此本书采用 1stOpt 软件进行非线性拟合。

由于不同工况条件适用的公式和烟气初始速度的值不同,因此本书对 35 组工况分别进行非线性拟合,拟合所得的参数 k 的值和相关系数 R 见表 3.12。

表 3.12 非线性拟合结果及相关系数表

工况序号	烟气初始速度 u_0 (m/s)	参数 k	相关系数 R	工况序号	烟气初始速度 u_0 (m/s)	参数 k	相关系数 R
1	1.06	0.105	0.991	4	4.58	0.116	0.993
2	1.72	0.062	0.995	5	6.19	0.127	0.992
3	3.01	0.096	0.993	6	1.34	0.102	0.979

续表

工况序号	烟气初始速度 u_0 （m/s）	参数 k	相关系数 R	工况序号	烟气初始速度 u_0 （m/s）	参数 k	相关系数 R
7	2.03	0.070	0.992	22	3.01	0.049	0.966
8	3.02	0.074	0.978	23	4.56	0.074	0.975
9	4.56	0.095	0.993	24	6.09	0.075	0.983
10	6.16	0.112	0.984	25	7.70	0.121	0.982
11	7.77	0.126	0.970	26	9.31	0.125	0.965
12	1.59	0.086	0.984	27	10.94	0.116	0.945
13	2.28	0.067	0.998	28	1.88	0.077	0.98
14	2.98	0.057	0.934	29	2.57	0.074	0.955
15	4.57	0.090	0.962	30	3.27	0.051	0.964
16	6.14	0.091	0.985	31	4.60	0.066	0.98
17	7.73	0.105	0.987	32	6.12	0.081	0.972
18	9.35	0.113	0.986	33	7.69	0.101	0.977
19	10.98	0.128	0.985	34	9.31	0.108	0.963
20	1.66	0.077	0.984	35	10.94	0.108	0.955
21	2.33	0.072	0.946				

根据前面的理论分析可知，理论预测模型中的未知系数 k 的取值与疏散走道中烟气的流动状态有关，而本书用 Ar 来界定进入走道的烟气流动状态，因此本节拟将判据 Ar 与未知系数 k 进行拟合。由于当 $Ar < 1$ 时烟气的流动状态和 $Ar > 1$ 时的流动状态不同，因此对这两类情况分别进行拟合，并得到如下拟合结果：

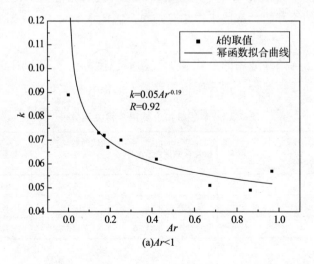

(a) $Ar < 1$

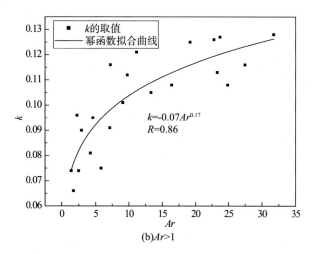

(b)Ar>1

图 3.20 未知系数 k 拟合结果

拟合得到的表达式为：

$$k = \begin{cases} 0.05Ar^{-0.19} & Ar < 1 \\ -0.07Ar^{0.17} & Ar > 1 \end{cases} \tag{3.43}$$

上式的相关系数 R 分别为 0.92 和 0.86。

（二）热浮力起主导作用时计算结果与实验结果对比

本节分别将工况 1、2、6、7、12、13、14、20、21、22、28、29 和 30 得到的实验结果与模型计算结果进行拟合比较，得到图 3.21 至图 3.25。

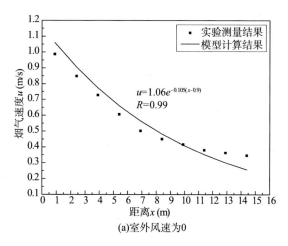

(a)室外风速为0

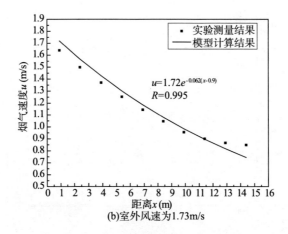

图 3.21　0.5MW 时计算结果与实验结果对比

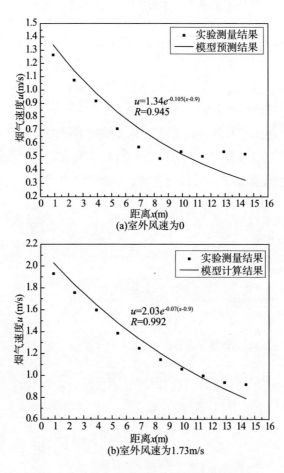

图 3.22　0.75MW 时计算结果与实验结果对比

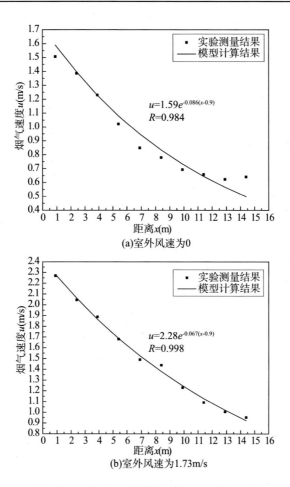

(a)室外风速为0

(b)室外风速为1.73m/s

图3.23　1.0MW 时计算结果与实验结果对比

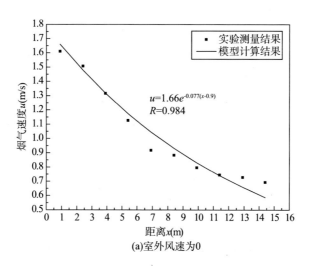

(a)室外风速为0

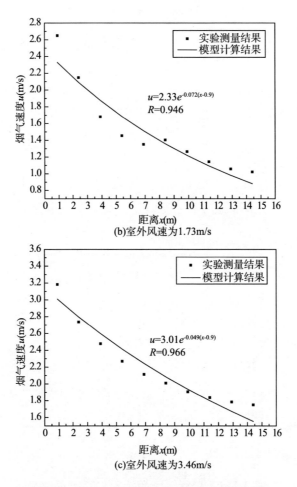

(b)室外风速为1.73m/s

(c)室外风速为3.46m/s

图3.24　1.25MW 时计算结果与实验结果对比

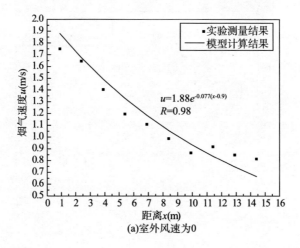

(a)室外风速为0

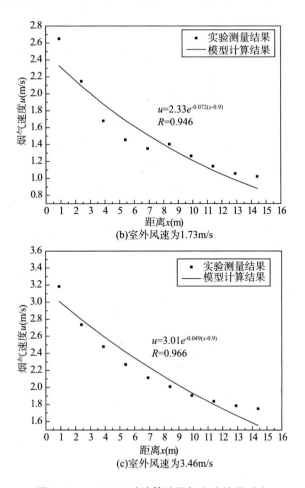

图 3.25 1.5MW 时计算结果与实验结果对比

由图 3.21 至图 3.25 可以看出，实验测得的结果较模型计算的结果偏小，分析原因，可能是由于实验台主体是由钢材料构成，热量散失较大，导致实验测量结果偏小。随着测点距着火房间距离的增大，烟气速度的衰减速率逐渐减小，分析原因，可能是由于初期到达走道末端的烟气撞击墙壁后沿壁面迅速向下运动，加剧了烟气的湍流程度，进而增大了烟气的动量。

从实验测量结果与模型计算结果的对比情况来看，热浮力起主导作用时，理论模型的预测结果与实验测量结果的相关系数 R 均在 0.9 以上，表明本书提出的理论模型可以较好地预测此类条件下疏散走道烟气运动速度的变化规律。

（三）室外风起主导作用时计算结果与实验结果对比

本节分别将室外风起主导作用时的 22 组工况得到的实验结果与模型计算结

果进行拟合比较，得到图 3.26 至图 3.30。

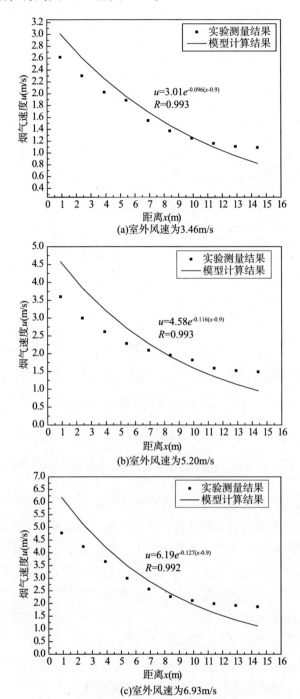

(a)室外风速为3.46m/s

(b)室外风速为5.20m/s

(c)室外风速为6.93m/s

图 3.26　0.5MW 时计算结果与实验结果对比

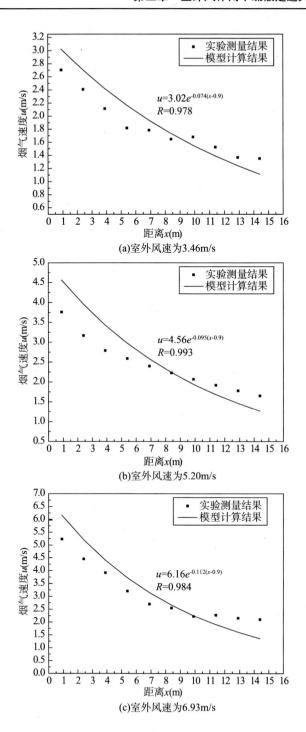

(a)室外风速为3.46m/s

(b)室外风速为5.20m/s

(c)室外风速为6.93m/s

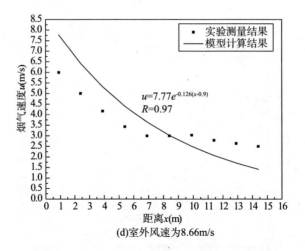

(d)室外风速为8.66m/s

图 3. 27   0.75MW 时计算结果与实验结果对比

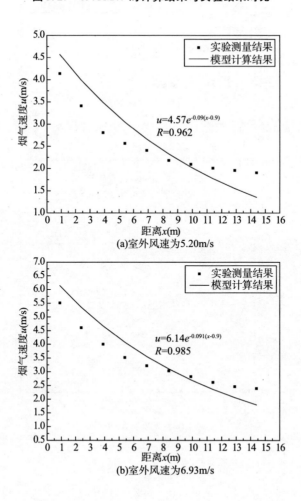

(a)室外风速为5.20m/s

(b)室外风速为6.93m/s

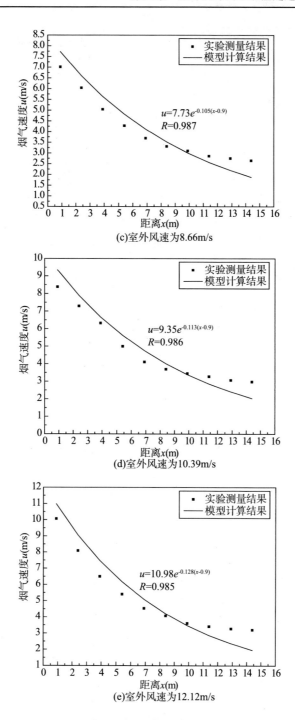

(c)室外风速为8.66m/s

(d)室外风速为10.39m/s

(e)室外风速为12.12m/s

图3.28 1.0MW 时计算结果与实验结果对比

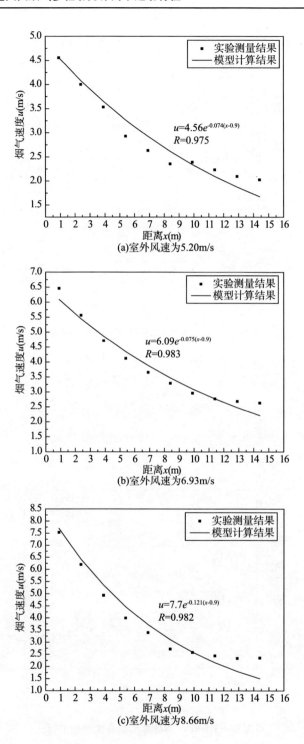

(a)室外风速为5.20m/s

(b)室外风速为6.93m/s

(c)室外风速为8.66m/s

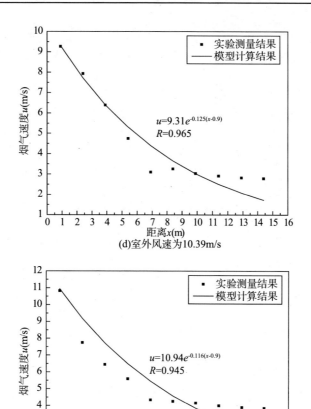

(d)室外风速为10.39m/s

(e)室外风速为12.12m/s

图3.29 1.25MW 时计算结果与实验结果对比

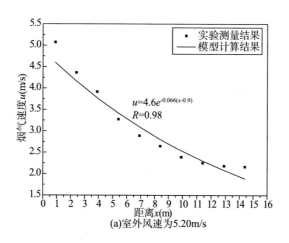

(a)室外风速为5.20m/s

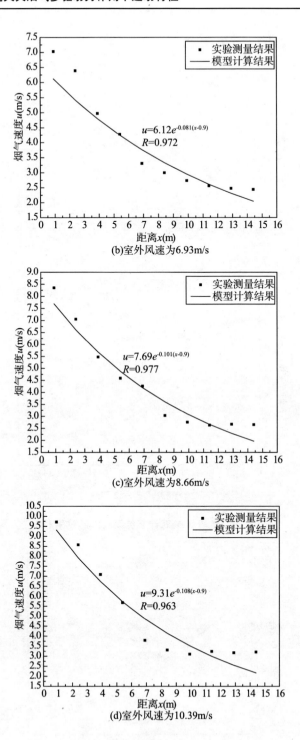

(b)室外风速为6.93m/s

(c)室外风速为8.66m/s

(d)室外风速为10.39m/s

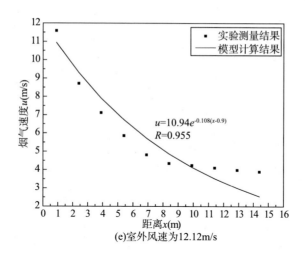

(e)室外风速为12.12m/s

图 3.30　1.5MW 时计算结果与实验结果对比

对比图 3.26 至图 3.30 可以看出，当火源的热释放速率较小时，距着火房间较近的走道部分烟气初始速度测量值小于模型计算值，二者的差值甚至能大于 1.0m/s，随着火源热释放速率的增大，烟气初始速度的测量值变大，甚至大于模型计算值。分析原因，可能是由于火源热释放速率较小时，燃烧处于燃料控制阶段，室外风的介入导致热量散失较大，抑制了热浮力对烟气运动的影响；当火源热释放速率增大后，燃烧进入通风控制阶段，室外风的进入为燃烧提供了充足的氧气，从而增强了热浮力的作用，使得烟气初始速度较模型计算值更大。

从实验测量结果与模型计算结果的对比情况来看，当室外风起主导作用时，理论模型的计算结果与实验测量结果的相关系数 R 均在 0.9 以上，且多数拟合的相关系数都在 0.95 以上，表明本书提出的理论模型对室外风主导下疏散走道烟气运动速度的变化规律预测更加准确。

由公式 3.42 可以得到，当 $Ar<1$ 时，随着 Ar 的增大，即室外风作用逐渐增强，k 的值呈幂函数衰减，衰减速率逐渐减小；当 $Ar>1$ 时，随着 Ar 的增大，k 的值呈幂函数增大，增长速率逐渐减小。由图 3.21 至图 3.25 可以看出，k 的值越小，烟气速度的衰减速率就越大，表明热浮力起主导作用时，室外风作用越强，烟气速度的变化越显著；由图 3.26 至图 3.30 可以看出，k 的值越大，烟气速度的衰减速率越小，表明当室外风起主导作用时，室外风速增大到一定程度后，对烟气的加速作用减弱。

第四节　室外风作用下楼梯间防烟效果的网络模拟分析

　　建筑内发生火灾后，人员在疏散过程中会开启楼梯间的防火门，为阻止烟气由开启的门洞进入楼梯间，须保证开启门洞处的气流速度大于烟气的流动速度，即要保证楼梯间加压送风系统有足够的送风量。风速法选取开启门洞处的平均风速是根据开启门洞处的气流速度大于单纯热浮力作用下烟气的水平流动速度得到的[24]，并未考虑室外风对建筑内烟气水平运动的影响。而实际情况中，高层建筑内火灾烟气的流动会受到室外风的影响[25]，尤其是当着火房间高温引起玻璃等脆性材料破裂致使室外风灌入建筑后，对建筑内烟气流动的影响将更显著，因此有必要对室外风作用下高层建筑楼梯间防火门开启时加压送风系统的防烟效果进行研究。针对这一问题，本书根据1/3小尺寸实验台的设计布置，建立实际尺寸的建筑模型，利用网络模拟软件CONTAM3.1，对室外风作用下该建筑防烟楼梯间的防烟效果进行数值模拟分析。

一、模拟软件的选取

　　本书选取CONTAM3.1作模拟软件，CONTAM[26]是一款由NIST开发的用于模拟建筑物内空气流动和压力分布、污染物扩散以及人员暴露于污染物中的最大承受能力情况的网络模型软件。它将整个建筑物看成与室外相通的空气流通网络，将建筑物内的房间、走道等区域看成网络节点，并假设各节点具有均一的压力、温度和污染物浓度。节点之间用代表门、窗、缝隙的气流通路彼此连通。软件中将每个节点作为一个控制体，利用质量守恒和能量守恒等方程，对整个建筑物内的空气流动、压力分布以及污染物分布等情况进行模拟计算。由于该软件运算速度快，可靠性较好，而且是视窗化操作界面，因此CONTAM被广泛应用于设计及评估建筑中的烟气控制系统[24]。

　　该软件通过输入室外温度、湿度、室外风速、风向等气象参数模拟环境条件；通过设置区域面积、温度、污染物浓度、压力等参数模拟房间或走道等空间的物理参数；通过设置气流通路的类型、流通面积、所处位置的风压系数等参数模拟门、窗、墙体缝隙等气流通路的情况；通过设置风机和风口的位置及风量来模拟加压送风系统和排烟系统。

二、建筑模型及工况设计

（一）建筑模型参数设置

建筑模型在小尺寸实验台现有结构的基础上在每层回型走道外围增加了房间，建筑模型共10层，建筑高度为30.0m，层高为3.0m，回型疏散走道的长边和短边长度分别为16.5m和6.0m，宽度均为2.0m，首层设置三扇直通室外的开启状态的双扇门，尺寸均为2.0m（高）×1.6m（宽），着火房间的尺寸为6.0m（长）×5.0m（宽）×3.0m（高），房间门设为开启状态，尺寸为2.0m（高）×1.2m（宽），外窗设为开启状态，尺寸为1.5m×1.5m，位于着火房间外墙中央，其余各层的房间门和外窗均为关闭状态。防烟楼梯间及前室均采用双扇防火门，尺寸为2.0m（高）×1.6m（宽），首层和标准层平面布局如图3.31所示。

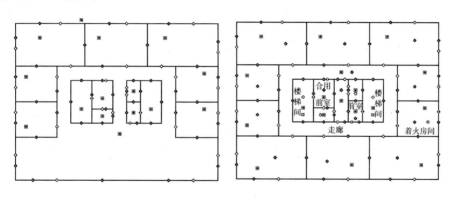

图3.31　建筑模型网络平面图

各节点分别设置温度、面积、压力、污染物浓度等参数，表示关闭状态的房间门、外窗及墙壁的缝隙的气流通路类型为LeakageArea，表示开启状态的房间门和外窗的气流通路类型为SingleOpening，所有气流通路均设置泄漏面积、流量系数和流动指数等参数，其中流动指数均取默认值，门的流量系数按表3.13中的值设置[27]，外窗及墙体缝隙的流量系数取默认值。防烟楼梯间的气流通路类型为Stairwell，横截面周长为18.0m。模拟时，非着火房间的门窗均关闭，着火房间门开启，泄漏面积为2.4m²，由于着火房间高温导致外窗破裂后的泄漏面积为2.25m²，着火层及其下一层和首层的楼梯间和前室的防火门开启，其余楼层的防火门均保持关闭状态，每扇开启的防火门门泄露面积为3.2m²。

表 3.13 门的流量系数表

建筑构件名称	开度	
	0°	90°
单扇门	0.34	0.75
双扇门	0.31	0.78

各建筑构件气流通路的泄漏面积按表 3.14 中的值设置[28]。

表 3.14 各构件气流通路的泄漏特征值

建筑构件名称	有效泄漏面积
带密封条的双扇门	$8cm^2/m^2$
电梯门	$263cm^2/扇$
不可开启的外窗	$0.87cm^2/m^2$
单扇防火门	$21cm^2/扇$
外墙	$3.8cm^2/m^2$
内墙	$2cm^2/m^2$
地板	$0.26cm^2/m^2$
楼梯井的墙体	$0.41cm^2/m^2$
电梯井的墙体	$5.55cm^2/m^2$

（二）工况参数设置

着火房间设在第五层，房间内设置 Fuel 作为污染源模拟火灾时生成的烟气，考虑到一般可燃物在燃烧一段时间后烟气生成速率会趋于定值[29]，因此本例中将烟气生成速率设为定值，按 NFPA 92B 中推荐的公式[30]计算得到：

$$M = 0.071Q_c^{\frac{1}{3}}Z^{\frac{5}{3}} + 0.0018Q_c \ (Z > Z_l) \qquad (3.44)$$

$$M = 0.035Q_c \ (Z = Z_l) \qquad (3.45)$$

$$M = 0.032Q_c^{\frac{3}{5}}Z \ (Z < Z_l) \qquad (3.46)$$

式中，M 为在羽流的 Z 高度处烟气的生成速率，kg/s；Q_c 为火源热释放速率中的对流换热部分，kW，一般可取 $0.7Q$，Q 为火源热释放速率，kW；Z 为烟气层界面至可燃物表面的垂直高度，m；Z_l 为火焰的极限高度，m，按下式计算：

$$Z_l = 0.166Q_c^{\frac{2}{5}} \qquad (3.47)$$

鉴于目前的公共建筑基本上都设有自动喷水灭火系统，因此本书的建筑模型也假设安装有自动喷水灭火系统，故取着火房间的火源热释放速率为 1.5MW[21]。由公式（3.47）计算得火焰的极限高度为 2.68m，选取公式（3.44）计算得烟气生成速率为 4.2kg/s。

对于两部防烟楼梯间，分别采用只对楼梯间进行加压送风的防烟方式和对楼梯间及其合用前室分别进行加压送风的防烟方式，楼梯间中从第二层起每隔 2 层设置一个送风口，合用前室每层均设置一个送风口。机械加压送风量分别根据风速法和查表法得到，其中风速法的计算公式为[31]：

$$L = A_k v N \qquad (3.48)$$

式中，L 为所需的加压送风量，m^3/s；A_k 为每层开启门的总断面面积，m^2；v 为门洞断面风速，取 $0.7 \sim 1.2 m/s$；N 为开启楼层的数量，本例中取 3。

经计算，当门洞断面风速 v 取 $0.7 m/s$ 时，只对楼梯间进行加压送风的计算结果约为 $17110 m^3/h$，对合用前室进行加压送风的计算结果约为 $8064 m^3/h$；当门洞断面风速 v 取 $1.2 m/s$ 时，只对楼梯间进行加压送风的计算结果约为 $29330 m^3/h$，对合用前室进行加压送风的计算结果约为 $13824 m^3/h$；查表法得只对楼梯间进行加压送风的送风量取 $30000 m^3/h$，对合用前室进行加压送风的送风量取 $14000 m^3/h$[31]。由于门洞断面风速 v 取 $1.2 m/s$ 时得到的送风量与查表法所得结果相近，故本书在模拟时选取楼梯间的加压送风量分别为 $17110 m^3/h$ 和 $30000 m^3/h$，合用前室的加压送风量分别为 $8064 m^3/h$ 和 $14000 m^3/h$。

模拟时，着火房间温度按小尺寸实验中工况 29 至工况 35 测得的房间温度设定，室外环境温度为 20℃，大气压为标准大气压，模拟过程为瞬态模拟。

为研究不同室外风作用对楼梯间加压送风效果的影响，分别进行了不同室外风向和不同室外风速条件下的模拟。室外风的相关参数在 Weather 菜单 Wind 项中设置。

由于建筑周围室外风压的分布受风速、风向、当地地形、建筑物高度和几何外形以及邻近建筑物等因素的影响，因此在模拟室外风压作用时，还应考虑除风速外的其他因素，这些因素的影响程度用风压系数表示[32]。CONTAM3.1 软件在设置风压系数时，可通过联用 CONTAM3.1 和 CFD0Editor 软件模拟得到特定建筑的风压系数，从而更精确地模拟室外风压的作用[33]。本例在模拟室外风作用时，风压系数用 CONTAM < — >CFD 模拟方法得到。

本书为模拟多种不同室外风条件，将室外风风向分别设置为北风、东风和西风，并设置 7 种不同风速。由于着火房间设在建筑东侧，从而可模拟着火房间位于侧风面、迎风面和背风面时室外风对楼梯间加压送风效果的影响情况。

在模拟不同室外风速条件时，由于软件设置的室外风速是标准高度处测得的风速，而实际室外风速会随高度的增加呈指数增长，并在进入着火房间时有所衰减。为了使模拟的风速条件与小尺寸实验工况中设定的风速相同，本书根据模拟5组不同室外风速时得到的着火房间外窗中心处风速进行线性拟合，得到如下对应关系：

$$u = 0.61v + 0.007 \tag{3.49}$$

式中，v 为软件设置的室外风速，m/s；u 为第五层着火房间外窗中心处风速，m/s。

为了使模拟时着火房间外窗处的风速与小尺寸实验工况 29 至工况 35 中设置的风速对应，本书依据小尺寸实验中的风速，通过公式（3.49）来确定模拟时的室外风速。将上述 3 种风向与 7 种风速进行组合，并加入一组无风情况作对照组，共得到 22 组模拟工况，具体参数设置见表 3.15。

表 3.15　模拟工况室外风参数设置

工况序号	外窗中心处风速（m/s）	室外环境风速（m/s）	室外风风向	工况序号	外窗中心处风速（m/s）	室外环境风速（m/s）	室外风风向
1			北风	13			北风
2	1.73	2.82	东风	14	8.66	14.19	东风
3			西风	15			西风
4			北风	16			北风
5	3.46	5.66	东风	17	10.39	17.02	东风
6			西风	18			西风
7			北风	19			北风
8	5.20	8.51	东风	20	12.12	19.86	东风
9			西风	21			西风
10			北风	22	0	0	
11	6.93	11.35	东风				
12			西风				

将上述 22 组不同的室外风工况分别在防烟楼梯间加压送风量为 0、17110 m³/h 和 30000 m³/h 以及合用前室加压送风量为 0、8064 m³/h 和 14000 m³/h 的条件下进行模拟，共计 66 组模拟工况。

三、室外风作用下楼梯间防烟效果模拟结果分析

本节对上述 3 组不同加压送风量与 22 组不同室外风条件组合的 66 组模拟工况进行模拟分析，模拟结果见图 3.32 至图 3.34。

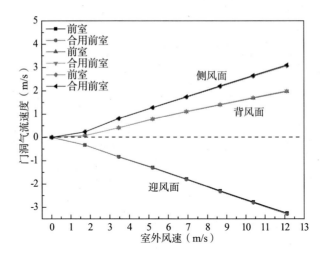

图3.32　防烟楼梯间及合用前室无加压送风时的模拟结果

由图3.32可以看出，在未对防烟楼梯间及合用前室设置加压送风系统时，着火房间的位置决定了前室门洞处断面风速的大小。当着火房间位于迎风面时，前室及合用前室门洞处断面风速均为负数，表示火灾烟气由疏散走道进入前室，且随着室外风速的增大，门洞处断面风速近似呈线性减小，当室外风速为12m/s时（相当于6级风），门洞处断面风速甚至达到−3.3m/s。分析原因，主要是由于当着火房间位于迎风面时，室外风作用于建筑外立面，在着火房间破碎的外窗处形成正压，使得大量空气进入着火房间并驱动火灾烟气经疏散走道进入前室，这会严重威胁建筑内人员的安全疏散。

当着火房间破碎的外窗位于背风面或侧风面时，前室及合用前室门洞处断面风速均在虚线上部，表示气流由前室进入疏散走道，门洞处断面风速随室外风速的增大近似呈线性增加，且当着火房间位于侧风面时前室及合用前室门洞处断面风速比位于背风面时更大。分析原因，主要是由于当破碎的外窗位于背风面或侧风面时，室外风在外窗处产生强大的负压，将火灾烟气从着火房间抽出，并驱动建筑内气流由疏散走道进入着火房间，阻止了火灾烟气在建筑内蔓延扩散。由于本书的建筑模型中着火房间位于建筑短边，使得当着火房间位于背风面时外窗处的风压系数大于位于侧风面时的风压系数，因此着火房间位于侧风面时前室及合用前室门洞处断面风速大于背风面时门洞处断面风速。

由图3.33可以看出，分别对防烟楼梯间与合用前室的加压送风量为17110m³/h和8064m³/h，当室外无风时，合用前室门洞处断面风速为0.95m/s，前室门洞处断面风速为0.58m/s，表明室外无风时依据风速法计算得到的防烟楼

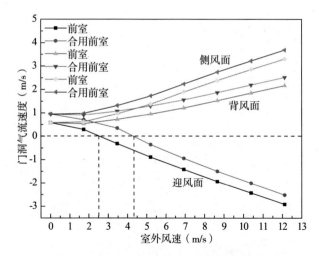

图 3.33　防烟楼梯间及合用前室加压送风量

为 17110m³/h 和 8064m³/h 时的模拟结果

梯间及合用前室的加压送风量基本能满足相关规范的要求。但当着火房间破碎的外窗位于建筑迎风面时，随着室外风速的增大，前室及合用前室门洞处断面风速近似呈线性减小。当室外风速大于 2.5m/s 时（相当于 2 级风），前室门洞处断面风速小于 0，表明此时楼梯间加压送风系统失效，火灾烟气会进入防烟楼梯间；当室外风速大于 4.2m/s 时（相当于 3 级风），合用前室门洞处断面风速小于 0，表明此时合用前室的加压送风系统失效，火灾烟气会进入合用前室。这组模拟结果表明，当采用风速法计算加压送风量时，选取门洞风速为 0.7m/s 这一参数仅能保证防烟楼梯间在室外风力小于 2 级、合用前室在室外风力小于 3 级时防烟系统的可靠性。

当着火房间破碎的外窗位于背风面或侧风面时，前室门洞处断面风速均大于 0，且前室及合用前室门洞处断面风速随室外风速的增大近似呈线性增加。

由图 3.34 可以看出，分别对防烟楼梯间与合用前室的加压送风量为 30000m³/h 和 14000m³/h，当室外无风时，合用前室门洞处断面风速为 1.27m/s，前室门洞处断面风速为 0.90m/s，表明室外无风时依据风速法计算的最大值和查表法得到的防烟楼梯间及合用前室的加压送风量完全能满足相关规范的要求。但当着火房间破碎的外窗位于建筑迎风面时，随着室外风速的增大，前室及合用前室门洞处断面风速近似呈线性减小。当室外风速大于 4.1m/s 时（相当于 3 级风），前室门洞处断面风速小于 0，表明此时楼梯间加压送风系统失效，火灾烟气会进入防烟楼梯间；当室外风速大于 5.6m/s 时（相当于 4 级风），合用前室

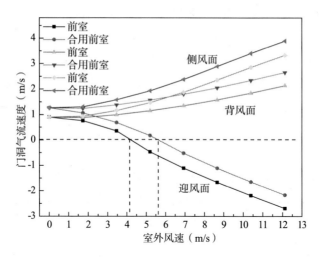

图 3.34　防烟楼梯间及合用前室加压送风量为
$30000 \text{m}^3 / \text{h}$ 和 $14000 \text{m}^3 / \text{h}$ 时的模拟结果

门洞处断面风速小于 0，表明此时合用前室的加压送风系统失效，火灾烟气会进入合用前室。这组模拟结果表明，即使选取门洞风速为 1.2m/s 这一上限参数，用风速法计算或通过查表法得到加压送风量时，也仅能保证防烟楼梯间在室外风力小于 3 级，合用前室在室外风力小于 4 级时防烟系统的可靠性。

当着火房间破碎的外窗位于背风面或侧风面时，前室及合用前室门洞处断面风速均大于 0，且前室门洞处断面风速随室外风速的增大近似呈线性增加，表明此时防烟楼梯间及合用前室均能有效阻止烟气进入，保证建筑内人员疏散的安全。

对比可以得到，对于无室外风或着火房间破裂的外窗位于建筑的背风面或侧风面，对防烟楼梯间及合用前室设置机械加压送风系统确实可以起到一定的防烟作用，且加压送风量越大，防烟楼梯间及合用前室的防烟效果越好。但当着火房间破裂的外窗位于建筑的迎风面时，随着室外风速的增大，前室及合用前室门洞处断面风速减小，并在室外风力达到一定等级后门洞处断面风速小于 0，防烟系统失效，即使加压送风量选取符合条件的最大值，也只能略微改善防烟楼梯间及合用前室的防烟效果。显然，相关规范推荐的加压送风量计算方法不能保证室外风进入建筑后防烟系统的可靠性。

资料表明，大部分地区的平均风速为 2～7m/s，而在设计防排烟系统时，一般将参考风速取为当地平均风速的 2～3 倍[34]。本书在设计模拟工况时，将着火房间设置在第四层，外窗中心处的高度约为 10m，即可以认为外窗处的风速等于室外环境风速。而实际情况中，由于室外风速随高度的增加呈指数增长，对高层甚至超高层建筑动辄几十甚至几百米的建筑高度，室外风会在建筑外立面产生更大的风压作用，并可能导致大量空气经破碎的外窗进入建筑内，驱动火灾烟气迅速蔓延，使防烟楼梯间及合用前室失效，给建筑内人员的安全疏散带来极大影响。

参考文献

［1］ Li S，Zong R，Zhao W，et al. Theoretical and experimental analysis of ceiling – jet flow in corridor fires ［J］. Tunnelling and Underground Space Technology，2011，26（6）：651 –658.

［2］ Nelson H E，Deal S. CORRIDOR：A routine for estimating the initial wave front resulting from high temperature fire exposure to a corridor ［M］. National Institute of Standards and Technology，Building and Fire Research Laboratory，1992.

［3］ Chen H X，Liu N A，Chow W K. Wind tunnel tests on compartment fires with crossflow ventilation ［J］. Journal of Wind Engineering and Industrial Aerodynamics，2011，99（10）：1025 – 1035.

［4］ 徐琳. 长大公路隧道火灾热烟气控制理论分析与实验研究 ［D］. 上海：同济大学，2007.

［5］ 纪杰，霍然，张英，等. 长通道内烟气层水平蔓延阶段的质量卷吸速率实验研究 ［J］. 中国科学技术大学学报，2009，39（7）：738 – 742

［6］ Ellison T H，Turner J S. Turbulent entrainment in stratified flows ［J］. Journal of Fluid Mechanics，1959，6（3）：423 –448

［7］ Princevac M，Fernando H J S. Turbulent entrainment into natural gravity driven flows ［J］. Journal of Fluid Mechanics，2005，533：259 –268

［8］ Alpert R L. Turbulent ceiling – jet induced by large – scale fires ［J］. Combustion Science and Technology，1975，11（5）：197 –213.

［9］ 易亮. 中庭式建筑中火灾烟气的流动与管理研究 ［D］. 合肥：中国科学技术大学，2005.

［10］ Cooper L Y，Harkleroad M，Quintiere J，et al. An experimental study of upper hot layer stratification in full – scale multiroom fire scenarios ［J］. Journal of Heat Transfer，1982，4：741 – 749.

［11］ Harrison R. Entrainment of Air into Thermal Spill Plumes ［J］. University of Canterbury Civil & Natural Resources Engineering，2009.

［12］ 中华人民共和国住房和城乡建设部，中华人民共和国国家质量监督检验免总局. 建筑设计防火规范（GB50016 –2014）［S］. 北京：中国计划出版社，2014.

［13］ 林建忠，阮晓东，陈邦国. 流体力学 ［M］. 北京：清华大学出版社，2013.

［14］ Quintiere J G. Scaling applications in fire research ［J］. Fire Safety Journal，1989，15（1）：

3 – 29.

[15] Ingason H，Li Y Z. Model scale tunnel fire tests with longitudinal ventilation［J］. Fire Safety Journal，2010，45（6 – 8）：371 – 384.

[16] Chen H X，Liu N A，Chow W K. Wind tunnel tests on compartment fires with crossflow ventilation［J］. Journal of Wind Engineering and Industrial Aerodynamics，2011，99（10）：1025 – 1035.

[17] Li Y Z，Lei B，Ingason H. Study of critical velocity and backlayering length in longitudinally ventilated tunnel fires［J］. Fire safety journal，2010，45（6）：361 – 370.

[18] 朱伟. 狭长空间纵向通风条件下细水雾抑制火灾的模拟研究［D］. 合肥：中国科学技术大学，2006.

[19] 彭伟. 公路隧道火灾中纵向风对燃烧及烟气流动影响的研究［D］. 合肥：中国科学技术大学，2008.

[20] 许秦坤. 狭长通道火灾烟气热分层及运动机制研究［D］. 合肥：中国科学技术大学，2012.

[21] 上海市建设和交通委员会. 建筑防排烟技术规程（DGJ 08 – 88 – 2006）［S］. 2006.

[22] 余明高，郭明，李振峰，等. 走廊烟气填充的数值模拟研究［J］. 中国矿业大学学报，2009，38（1）：20 – 24.

[23] Cooper L Y，Harkleroad M，Quintiere J，et al. An experimental study of upper hot layer stratification in full – scale multiroom fire scenarios［J］. Journal of Heat Transfer，1982，4：741 – 749

[24] Mowrer F W，Milke J A，Torero J L. A comparison of driving forces for smoke movement in buildings［J］. Journal of Fire Protection Engineering，2004，14（4）：237 – 264.

[25] Mowrer F W，Milke J A，Torero J L. A comparison of driving forces for smoke movement in buildings［J］. Journal of Fire Protection Engineering，2004，14（4）：237 – 264.

[26] Walton G N，Dols W S. Contam 3. 0 user guide and program documentation［J］. National Institute of Standards and Technology Technical Report NISTIR，2010，7251.

[27] 刘方，弓南，严治军. 建筑开口流量系数及其对火灾烟流的影响［J］. 重庆建筑大学学报，2000，3：86 – 92.

[28] Persily A K，Ivy E M. Input data for multizone airflow and IAQ analysis［M］. US Department of Commerce，Technology Administration，National Institute of Standards and Technology，2001.

[29] 陈军华. 高层建筑楼梯间及前室加压送风的网络模拟分析［J］. 应用能源技术，2006，9：11 – 16.

[30] National Fire Protection Association. NFPA 92B：Guide for smoke management systems in malls［S］. Atria and Large Areas，1995.

［31］国家技术监督局，中华人民共和国建设部．高层民用建筑设计防火规范（2005 年版）
（GB50045 - 95）．北京：中国计划出版社，2005．

［32］American Society of Heating, Refrigerating and Air - Conditioning Engineers. ASHRAE Hand-
book - Fundamentals ［M］. Atlanta：ASHRAE, 2009：24.

［33］Wang L L, Dols W S, Chen Q. Using CFD capabilities of CONTAM 3. 0 for simulating airflow
and contaminant transport in and around buildings ［J］. HVAC&R Research, 2010, 16（6）：
749 - 763.

［34］徐志胜，姜学鹏．防排烟工程 ［M］．北京：机械工业出版社，2011．

第四章 室外风与机械排烟作用下疏散走道火灾烟气分层特性

第一节 火灾烟气分层理论

一、热分层现象

热分层是大自然中普遍存在的一种现象，如大气的分层，海水的分层等。火灾中烟气在一定条件下也会保持较好的热分层，保证火灾烟气良好的分层对于火灾时人员的安全疏散和消防人员的灭火救援具有重要意义，因此，许多学者开展了火灾烟气的热分层理论研究，取得了一定的成果。

（一）分层流动的机制

分层流动就是两种可以相混的流体因密度差异而产生的相对运动。引起流体密度差异的原因主要有：温度和溶解质含量的差异。例如，由于受到阳光的照射，海洋、湖泊及水库等天然水域会形成温度分层流；江河入海口地区由于海水入侵而形成盐度分层流；人类工业、城市污水因排入水体而形成密度分层流；含沙量较高的水流进入湖泊所形成的含沙量分层流等。

火灾产生的热烟气，由于热浮力的作用，在建筑上部空间形成热烟气层，热烟气层在热压驱动下，向周围运动而形成上部烟气与下部空气的相对流动，即烟气分层流动。在上部烟气与下部空气层之间存在一个典型的分界面，在分界面上温度连续而急剧变化。其实，20世纪六十年代所建立的双区域模型，其思想就是源自于对热分层实验现象的观察。区域模型将研究空间分为上部热烟气层和下部冷空气层两个区域，每个区域内温度、组分浓度等参数分布均匀，只在区域与区域之间、区域与火源之间以及区域与边界之间进行能量和质量的交换[1,2]。一方面，双区域模型为数值计算提供了极大方便，可以更快地较为准确地预测建筑火灾中的烟气流动状态；另一方面，也为实验与双区域模型的比较带来了挑战。因此，火灾研究者一直致力于研究对火灾烟气分层现象的描述及分层规律的研究，分层特性研究中，烟气层高度一直是一个重要的参数，而对烟气层高度的计算则存在许多不同的方法，如有学者利用竖向温度文件，采用 N 百分比法[3]计算烟气层高度；也有学者认为竖向速度分界面即为烟气层与空气层的分界面，因此利用速度的方向变化来确定烟气层位置，但实验测量较为困难；还有学者利用烟气层的组分浓度，如 CO、CO_2 浓度来确定烟气层高[4]。

（二）热分层的三种描述方法

温度是热分层描述所采用的主要参数，走道中竖向温度的分层体现了烟气在走道中的热分层。对于温度分层的描述，主要有"2ZH""2ZG""3ZG"三种描述方法[5,6]。

1. "2ZH"模型

描述烟气分层的"2ZH"模型就是典型的双区域模型[5]，指将烟气所在空间划分为上下均匀的两层，上部为热烟气层，温度记为 T_U，下部为冷空气层，温度记为 T_L，烟气层分界面高度记为 H_i，则描述烟气分层的数学表达式为：

$$\begin{cases} T(z) = T_L, z \in [0, H_i] \\ T(z) = T_U, z \in [H_i, H] \end{cases} \tag{4.1}$$

显然，这种描述烟气热分层的方法，烟气层高度 h_i 及上部烟气层温度 T_U 和下部空气温度 T_L 的计算成为最需要解决的问题，目前主要有四种计算方法。

（1）N 百分比法。

Cooper 提出了采用 N 百分比法[3]计算烟气层高度，如图 4.1 所示，认为烟气层界面的温度为环境温度 T_{amb} 加上 $N\%$ 的最大温差，即

$$T_s = T_{amb} + (T_{max} - T_{amb}) \times N/100 \tag{4.2}$$

那么，温度 T_s 所在高度即为烟气层界面高度 H_i，即可由温度竖向文件找到对应的烟气层高度。

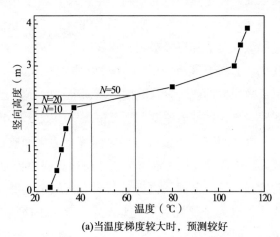

(a)当温度梯度较大时，预测较好

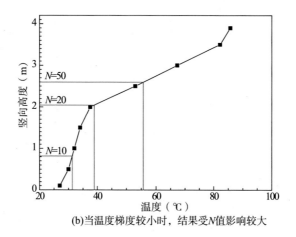

(b)当温度梯度较小时，结果受N值影响较大

图4.1　N百分比法计算烟气层高度示意图

N百分比法计算方法简单易行，但同时也存在缺点，对于百分比N的取值并没有一个规范准确的说法，具有一定的主观性。如图4.1（a）所示，当温度梯度较大时，N取值从 10~50，所得到的烟气层高度几乎相差无几，都在 2m 左右；但当温度梯度较小时，N 的不同取值所计算的烟气层高度之间差异显著。如图4.1（b）所示，$N=10$ 时烟气层分界面高度为 0.8m，而当 $N=20$ 时烟气层界面高度则为 2.0m 左右。针对 N 百分比法的不足，He 用数学重新定义烟气层高度并提出烟气层高度的计算方法：总积分比法和最小平方法[4]。

（2）总积分比法。

假设变量 $T(z)$ 是定义在 $[0, H_r]$ 上的连续函数，H_r 表示烟气所在空间净空高度，$T(z)$ 表示温度竖向分布函数，h 是介于 0 和 H_r 之间的变量，对于任意的 h 则可以得到两个积分比值：

$$r_u = \frac{1}{(H_r - h)^2} \int_h^{H_r} T(z)\,dz \int_h^{H_r} \frac{1}{T(z)}\,dz \qquad (4.3)$$

$$r_l = \frac{1}{h^2} \int_0^h T(z)\,dz \int_0^h \frac{1}{T(z)}\,dz \qquad (4.4)$$

其中角标 u 和 l 分别代表上部烟气层和下部空气层，定义总积分比：

$$r_t = r_u + r_l \qquad (4.5)$$

在 $[0, H_r]$ 上，r_t 是关于 h 的函数，$r_t = r_t(h)$，而分界面高度 H_i 就定义为当 r_t 取最小值时的 h 值：

$$r_t(H_i) = \min[r_t(h)] \qquad (4.6)$$

图4.2 为总积分比法计算烟气层高度示意图，图中温度曲线为本书某实验工

况走道竖向温度分布曲线，图中温度在 50～70cm 显著升高，温度梯度较大，由总积分比 $r_t(h)$ 曲线可见，在竖向高度 56cm 位置总积分比 r_t 取最小值，由此认为烟气层高度为 56cm。

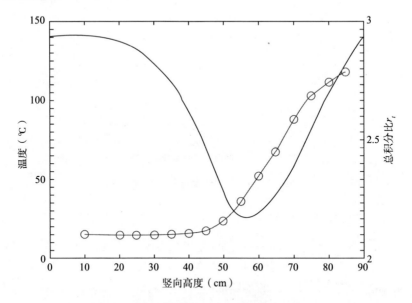

图 4.2　总积分比法示意图

总积分比法克服了 N 百分比法的主观性，所得到的烟气层高度具有唯一性。

（3）最小平方和法。

定义 p_l 和 p_u 分别代表温度竖向分布函数 $T(z)$ 在 $[0, h]$ 和 $[h, H_r]$ 上的平均值：

$$p_l = \frac{1}{h} \int_0^H T(z)\,\mathrm{d}z \tag{4.7}$$

$$p_u = \frac{1}{H_r - h} \int_H^{H_r} T(z)\,\mathrm{d}z \tag{4.8}$$

再定义方差函数 δ^2，则 δ^2 是关于 h 的函数：

$$\delta^2(h) = \frac{1}{h} \int_0^h [T(z) - p_l]^2 \mathrm{d}z + \frac{1}{H_r - h} \int_h^{H_r} [T(z) - p_u]^2 \mathrm{d}z \tag{4.9}$$

定义烟气层界面高度 H_i 为 $\delta^2(h)$ 取最小值时的 H 值：

$$\delta^2(H_i) = \min[\delta^2(h)] \tag{4.10}$$

最小平方和法与总积分比法计算的结果近似，相差不大。

（4）Pretrel 方法。

Quintiere 提出了以上部烟气层均一化和质量守恒为基础的计算方法，采用实验测量文件中的最低温度作为 T_L，通过能量守恒和质量守恒列出两个方程，从而计算出上部烟气层的等价温度。但 Quintiere 将竖向温度的最小值作为下部空气层温度具有一定的主观性。

Pretrel 综合了 Quintiere 与 He 的计算方法[6]，提出了一种根据质量守恒和能量守恒，同时考虑模型值与测量值之间误差最小的计算方法。

假设模型所计算的质量与实验测量的质量相等，则

$$\int_0^H S\rho_{exp}(z)\mathrm{d}z = S\rho_L i + S\rho_U(H-i)$$

$$\Rightarrow \int_0^H \rho(z)\mathrm{d}z = \rho_L i + \rho_U(H-i) \tag{4.11}$$

同理，根据能量相等，

$$\int_0^H c_p T_{exp}(z)\mathrm{d}z = c_p T_L i + c_p T_U(H-i)$$

$$\Rightarrow \int_0^H T(z)\mathrm{d}z = T_L i + T_U(H-i) \tag{4.12}$$

质量守恒建立在理想气体状态 $\rho T = \rho_\infty T_\infty$ 的基础上，因此，式（4.11）可转化为

$$\int_0^H \frac{\rho_\infty T_\infty}{T(z)}\mathrm{d}z = \frac{\rho_\infty T_\infty}{T_L}i + \frac{\rho_\infty T_\infty}{T_U}(H-i)$$

$$\Rightarrow \int_0^H \frac{1}{T(z)}\mathrm{d}z = \frac{1}{T_L}i + \frac{1}{T_U}(H-i) \tag{4.13}$$

以上等式中有三个未知数 T_L、T_U 和 i，但只有 2 个方程，为求解该方程，定义反映模型值与实验值之间差异的函数 N_T 和 N_ρ，

$$N_T = \left(\int_0^H |T_{exp}(Z) - T_{the}(Z)|\mathrm{d}z\right) \Big/ \left(\int_0^H T_{exp}(Z)\mathrm{d}z\right) \tag{4.14}$$

$$N_\rho = \left(\int_0^H \left|\frac{1}{T_{exp}(Z)} - \frac{1}{T_{the}(Z)}\right|\mathrm{d}z\right) \Big/ \left(\int_0^H \frac{1}{T_{exp}(Z)}\mathrm{d}z\right) \tag{4.15}$$

给定一个参数 T_L 的值（$T_L \in [T_{amb}, T_{max}]$），则对应可计算出相应的 N_T 和 N_ρ，当（$N_T + N_\rho$）最小时，则意味着模型与实验值之间的差值最小，于是就可以求出模型所对应的下部冷空气温度 T_L、上部热烟气温度 T_H 和烟气层高度 i。

本书采用 Matlab 进行编程，对实验所得温度数据的进行处理，分别采用 N 百分比法、总积分比法和 Pretrel 方法计算烟气层高度，发现 N 百分比法计算结

果受 N 的取值影响较大；运用 Pretrel 方法在对式（4.12）、式（4.13）进行求解时，发现方程的解与实验测量值相差太大，输出的烟气层高度和烟气层温度都不符合实际要求，且运行容易出错，无法得到合理的烟气层分界面高度，说明该方法还不够成熟。综上，本书采用总积分比法计算烟气层高度。

此外，针对竖向温度梯度较小的情况，还有学者提出了"2ZG"模型和"3ZG"模型的描述方法。

2. "2ZG"模型

"2ZG 模型"是 Audouin[7] 提出的，用于描述上部烟气内存在一定温度梯度的烟气分层，模型示意图见图 4.3。

"2ZG"模型假设上部烟气层内存在温度梯度，且该梯度为常数 a，则温度竖向分层的数学描述为：

$$\begin{cases} T(z) = T_L, z \in [0, i] \\ T(z) = T_U(z) = az + b, z \in [i, H] \end{cases} \tag{4.16}$$

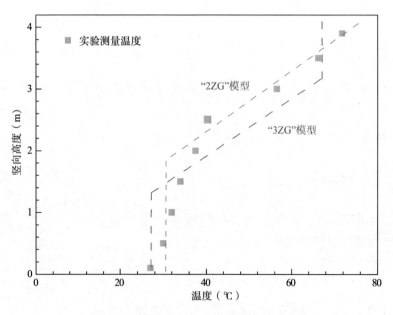

图 4.3 "2ZG"与"3ZG"模型示意图

3. "3ZG"模型

Quintere 的"2ZH"模型只能反映上部烟气层内温度分布较为均匀的场景，而 Audouin 的"2ZG"模型只能反映上部烟气层内存在温度梯度的场景，为了能同时考虑两种情况，Pretrel 提出了反映温度分层特征的"3ZG"模型[6]，即认为存在温度较为均匀的下部冷空气层和顶部热烟气层，中间则具有一定的温度梯度，模型示意图见图 4.3，数学表达式为：

$$\begin{cases} T(z) = T_L, z \in [0, i_1] \\ T(z) = T_U(z) = az + b, z \in [i_1, i_2] \\ T(z) = T_U(H), z \in [i_2, H] \end{cases} \tag{4.17}$$

二、描述烟气热分层强度的参数

浮力频率和层化强度是描述烟气热分层强度的两个重要参数。

（一）浮力频率

浮力是影响烟气分层形态的一个重要因素，分层内部的密度梯度又叫浮力梯度或浮力频率[8,9]，本书采用浮力频率的概念去定量地衡量走道中的热分层强度，浮力频率是指浮力随着竖直高度的变化率，其表达式为：

$$N_L = \left(-g \frac{\partial \rho_l}{\partial z} / \rho_0 \right)^{1/2} = \left[-g T_a \frac{\partial (1/T_l)}{\partial z} \right]^{1/2} \tag{4.18}$$

式中，N_L 为局部浮力频率，表示浮力在竖向随高度的变化率；ρ_l 为局部密度，kg/m^3；T_l 为局部温度，K；z 为竖直方向上的坐标，m。

在阳东[8]的研究中，采用浮力频率来分析烟气在竖向上的热分层，当烟气分层良好时，浮力频率随高度的增加出现先增大而后降低的变化趋势，存在一个浮力频率极大值，且极值越大说明烟气分层越显著；当烟气分层变得不明显时，浮力频率随竖向高度变化趋于平缓，没有明显的极大值。因此本书采用浮力频率来描述烟气分层特性。

（二）层化强度

为更加量化地描述烟气的分层现象，采用层化强度来描述烟气分层的强度[10]，其定义式为：

$$I_S = T_c^* - T_f^* = \frac{T_c}{T_{avg}} - \frac{T_f}{T_{avg}} = \frac{T_c - T_f}{\frac{1}{n} \sum_{i=1}^{n} T_i} \tag{4.19}$$

式中，n 为竖向温度测点个数；T_i 为竖向第 i 测点的温度，K；角码 c、f 分别表示顶棚附近烟气和地面附近空气；角码 avg 表示平均值。

层化强度是描述烟气温度分层强度的另一个参数，从火灾发生，烟气开始在走道内积聚开始，层化强度开始从 0 逐渐增大，在火源功率和热环境稳定条件下，热烟气的流动状态将逐渐趋于稳定，层化强度也将趋于某一稳定值；对于不同的火源及环境条件，稳定状态的层化强度也将有所不同，从而体现出温度分层强度的差异。

三、热分层稳定性分析

（一）表征分层稳定性的参数

烟气在走道内的流动属于分层流的一种，研究表明，剪切速度会造成分层流界面变得不稳定，会加剧两层之间的卷吸（Entrainment）和掺混（Mixing），从而造成烟气分层稳定性的降低。浮力和惯性力是影响火灾烟气热分层的两个主导因素，烟气浮力有利于保持烟气分层稳定，而惯性力则会加强两层之间的卷吸和掺混，破坏烟气层的稳定性。通常用 Richardson 数（Ri）和 Froude 数（Fr）衡量分层流动的稳定性[11-13]。

1. Ri

Richardson 数表示浮力与惯性力的比值，由烟气的平均量表征的 Ri 称为全局 Richardson 数（Overall Richardson number）：

$$Ri = \frac{\Delta b h}{\Delta U^2} = \frac{\Delta \rho g h}{\rho_0 \Delta U^2} = \frac{\Delta T g h}{T \Delta U^2} \tag{4.20}$$

式中，Δb 表示烟气层与下层冷空气的浮力差；ρ_0 为空气密度；T 表示烟气层的平均温度。

当烟气内部参数在竖直方向上分布不均匀时，可采用基于局部参数的梯度 Richardson 数表征浮力与惯性力之间的关系：

$$Ri_g = \frac{\partial b/\partial z}{(\partial u/\partial z)^2} = \frac{N_L^2}{(\partial u/\partial z)^2} = -gT_a \frac{\partial(1/T_l)/\partial z}{(\partial u/\partial z)^2} \tag{4.21}$$

式中，b 表示浮力；N_L 为局部浮力频率，如式（4.18）所示，表示浮力在竖向上的变化率；T_l 为局部温度；z 为竖直方向上的坐标。

2. Fr

一般意义上的 Fr 是指烟气与下部空气相对流动而产生的惯性力与烟气层的热浮力之比：

$$Fr = \frac{\Delta U}{[(\Delta \rho/\rho)gh]^{1/2}} = \frac{\Delta U}{[(\Delta T/T_a)gh]^{1/2}} \tag{4.22}$$

式中，ΔU 表示烟气层和下层冷空气的平均速度之差；$\Delta \rho$ 表示烟气层的平均密度与冷空气密度之差；ρ 为烟气层的平均密度；g 为重力加速度；h 为烟气层厚度；T_a 为环境温度；ΔT 为烟气层平均温度与环境温度之差。

Newman 在研究巷道内火灾烟气热分层时[14]，提出了用于判断烟气热分层稳

定性的 Fr 计算方法：

$$Fr = \frac{u_{avg}}{\sqrt{gH\Delta T_{cf}/T_{avg}}} = \frac{uT_{avg}/T_a}{\sqrt{gH\Delta T_{cf}/T_{avg}}} \quad (4.23)$$

式中，H 指巷道高度，m；T_{avg} 指整个截面上的气体平均温度，K；$\Delta T_{cf} = T_c - T_f$ 指顶棚附近和地面附近的气体温差，K；u 指火源上游纵向通风速度，m/s；u_{avg} 指火源下游隧道竖向截面平均速度。值得注意的是，本书研究的是走道中烟气流动，而隧道中火源上游的纵向风亦不同于朝向着火房间外窗的室外风，因此式（4.23）右半侧有关 u 的表达式是不存在的，本书在计算走道中 Newman 提出的 Fr 数时，采取如下方法：当走道中烟气与下部空气相向流动时（通过竖向速度分布确定），采用烟气层平均速度作为 u_{avg}；当走道中烟气层与下部空气层同向流动时，采用走道整个竖向截面的平均速度作为 u_{avg}。

（二）烟气分层稳定性的判定方法

上节综述了部分学者关于烟气分层特性的研究成果，如 Ellison 和 Turner 利用盐水实验提出分层流动失稳的 Ri 数判据[15]；Vandeleur 通过数值模拟对采用这种判据判断走道内烟气层稳定性提出了质疑[16]；Newman 通过在一全尺寸地下巷道中进行实验提出了判断通道中烟气分层稳定性的 Fr 数判据[14]；Nyman 和 Ingason 通过对数据的分析进一步修正了 Newman 的判据[17]；阳东通过在缩尺寸通道中开展实验研究，提出了纵向风作用下通道内烟气分层稳定性新的临界判据[9]。各学者关于火灾烟气分层稳定性的判据总结见表 4.1。

表 4.1　学者关于通道内烟气分层稳定性判定的研究成果

学者	研究年份	研究方法	主要研究成果
Ellison 和 Turner	1959	盐水实验	分层流动的卷吸系数决定于 Richardson 数，Ri 数表征分层流动中浮力与惯性力的比值。当 $Ri > 0.8$ 时，浮力可以维持分层流的稳定性，卷吸可以忽略；而当 $Ri < 0.8$ 时，惯性力的作用对分层流的稳定性造成影响
Hinkley	1970	全尺寸火灾烟气实验	采用 $Ri = 0.8$ 作为判断烟气分层稳定性的临界判据；当 $Ri > 0.8$ 时认为烟气是完全分层的；当 $Ri < 0.8$ 时认为烟气层是完全掺混的
Vandeleur	1989	数值模拟	卷吸速率是 Ri 数和相对密度差 $\Delta\rho/\rho$ 的函数，由于盐水实验中后者很小，忽略了相对密度差 $\Delta\rho/\rho$，但在烟气的流动中，$\Delta\rho/\rho$ 是不容忽略的，仅通过 $Ri > 0.8$ 作为烟气稳定分层的判据有一定的局限性

续表

学者	研究年份	研究方法	主要研究成果
Newman	1984	全尺寸实验	可用 Fr 数将分层划分为三个区域： 区域 I，$Fr < 0.9$，分层清晰明确； 区域 II，$0.9 \leq Fr \leq 10$，烟气分层不明显； 区域 III，$Fr > 10$，没有明显分层，完全掺混
Nyman 和 Ingason	2012	理论和历史实验数据的分析	修正了 Newman 的结论： 区域 I，$Fr < 0.9$，烟气严格分层； 区域 II，$0.9 \leq Fr \leq 3.2$，烟气与下部空气之间存在强烈卷吸； 区域 III，$Fr > 3.2$，没有明显分层，完全掺混
阳东	2010	缩尺寸实验研究	提出了纵向风作用下通道内烟气分层稳定性的判据： 区域 I：当 $Ri > 0.9$ 或 $Fr < 1.2$ 时，热浮力的作用远大于惯性力的作用，烟气维持稳定分层，与下部空气的掺混很少； 区域 II：当 $0.3 < Ri < 0.9$ 或 $1.2 < Fr < 2.4$ 时，惯性力作用有所增强，分层界面产生大量漩涡，烟气颗粒与下部空间掺混增强； 区域 III：当 $Ri < 0.3$ 或 $Fr > 2.4$ 时，惯性力完全超过热浮力的作用，烟气层稳定性遭到破坏，对应流动模式 III

第二节　实验装置及测量系统的设计

实验研究是火灾科学研究的重要方法，根据实验的尺度，可分为全尺寸实验和缩尺寸实验。全尺寸实验就是按照建筑和火源等的实际尺寸开展实验，其优点是符合实际的火灾场景，反映真实的物理过程，所获得数据真实可靠，但这类实验耗资巨大，可重复性差。缩尺寸实验是指依据一定的相似准则，将实际尺寸的建筑、火源等按比例缩小开展实验研究，再将所得到的研究结论推广到实际尺寸中的研究方法。缩尺寸实验可以克服全尺寸实验的缺点，具有可重复性好、测量精准等优点，广泛地用于火灾研究中[18]。本章首先介绍了开展缩尺寸实验所必须满足的相似理论，然后对本书所采用的缩尺寸实验装置进行了详细介绍，最后，对火源功率、烟气温度、流动速度等参数的测量方法和仪器进行了细致说明，同时还介绍了烟气分层形态的显示方法（片光流场显示装置）。

一、相似理论与模型实验

（一）相似理论

如果两个流动对应位置处的同一个物理量（如长度、压强、温度、速度及各种力的作用等）具有固定的比例关系，那么就认为这两个流动是相似的。流动相似是保证缩尺寸模型与原型具有相同规律的理论基础，只有这样才能通过模型实验的方法预测实际的流动。流体力学中，流动相似包括几何相似、运动相似、动力相似及边界条件和初始条件相似[19]。

几何相似指模型与原型流场的几何形状相似，相应的线段长度成比例、夹角相等，即

$$\frac{L_M}{L_F} = \lambda_L \tag{4.24}$$

$$\theta_M = \theta_F \tag{4.25}$$

式中，角标 M 代表模型流动；角标 F 代表全尺寸的原型流动；λ_L 为长度比尺。

运动相似指两个流动相应时刻对应位置处质点速度方向相同，大小成比例，即

$$\frac{u_M}{u_F} = \lambda_u \tag{4.26}$$

式中，λ_u 为速度比尺。

动力相似是指两个流动相应时刻对应位置处质点受同名力作用，力的方向相同、大小成比例。边界条件相似是指两个流动相应边界性质相同，如原型中是固体壁面，模型中对应位置处也应是固体壁面；原型中是自由液面，模型中相应位置也应该是自由液面。除以上相似之外，对于非恒定流动，还需要满足初始条件相似。

相似实际上是力学相似的结果，几何相似使得原型与模型之间能够找到对应点，是力学相似的前提条件，而要想实现两个流动力学相似，前述的各项比例尺必须满足一定的约束关系，这种约束关系就叫做相似准则。相似准则依据相似力的种类可分为雷诺准则、弗劳德准则、欧拉准则和柯西准则，分别表示黏滞力、重力、压力和弹性力在流动中起主导作用时所应采用的相似准则，若两流动相似，则必须要保证相应的准则数对应相等。Fr 表征惯性力与重力的相对大小，可表示为

$$Fr = \frac{I}{G} = \frac{\rho l^2 u^2}{\rho g l^3} = \frac{u^2}{gl} \tag{4.27}$$

（二）模型实验

模型实验就是采用小尺度的模型开展实验研究，根据实验的结果预测原型的流动现象和规律。而小尺度模型的设计和制作则需要满足一定的相似原理，因此模型实验必须解决相似准则的选取和模型设计这两个问题。

火灾研究中，烟气的流动主要受到浮力和惯性力的作用，而浮力本质上是一种重力作用，Fr 数表征惯性力与重力之比，因此，烟气的流动与传热问题通常采用弗劳德相似准则，即两相似的烟气流动，则弗劳德数相等[20]。依据 Fr 数相似准则，在火灾烟气的模拟实验中，缩尺寸实验与全尺寸实验各物理量之间应满足一定的比尺关系，如表 4.2 所示。表中角标 F 表示实际尺寸，M 表示模型尺寸。

表 4.2　Fr 数相似准则各物理量比尺

物理量名称	比尺	编号
热释放速率	$Q_F = Q_M \left(\dfrac{L_F}{L_M} \right)^{5/2}$	(4.28)
体积流量	$\dot{V}_F = \dot{V}_M \left(\dfrac{L_F}{L_M} \right)^{5/2}$	(4.29)
速度	$v_F = v_M \left(\dfrac{L_F}{L_M} \right)^{1/2}$	(4.30)
时间	$t_F = t_M \left(\dfrac{L_F}{L_M} \right)^{1/2}$	(4.31)
能量	$E_F = E_M \left(\dfrac{L_F}{L_M} \right)^{3} \dfrac{\Delta H_{c,M}}{\Delta H_{c,F}}$	(4.32)
质量	$m_F = m_M \left(\dfrac{L_F}{L_M} \right)^{3}$	(4.33)
温度	$T_F = T_M$	(4.34)

二、实验装置

（一）实验台的选用

本书选用在国家自然科学基金面上项目"多驱动力作用下超高层建筑疏散走道火灾烟气输运规律研究"（编号：51278493）支持下所建实验台，该实验台为 1/3 尺寸模拟高层建筑，实验台主体共 10 层，高 10m，包括着火房间、环形疏散内走道、合用前室、楼梯间、电梯井、机械加压送风和机械排烟系统，其中，只有实验台的第 3~5 层完整设置着火房间、环形疏散走道、前室、楼梯间等，其余楼层仅有楼梯间、电梯井及合用前室。图4.4和图4.5分别为实验台平面图和实验台外观示意图。

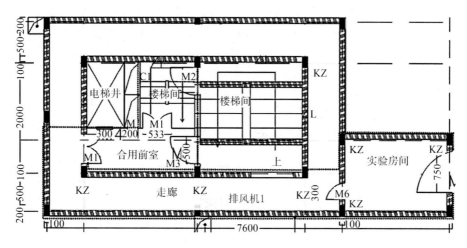

图4.4　1/3尺寸火灾实验台平面图

(a)实验台北侧示意图　　　　　　　(b)实验台南侧示意图

图4.5　实验台外观示意图

本章主要研究火灾烟气在走道内的分层特征，因此只选取"着火房间 – 走道 – 前室 – 楼梯间"这四部分，所采用的"房间 – 走道"平面图见图4.6。在实验中，楼梯间和前室的门洞始终敞开，以模拟火灾初期人员从走道进入前室和楼梯间的火灾场景。在研究室外风的作用时，模拟火灾后一段时间玻璃破裂，故设计点火后第 60s 开启房间外窗。在研究机械排烟对分层影响的实验时，为减少影响因素，实验房间的窗户始终关闭，点火后第 43s 开启机械排烟。

图4.7为"房间－走道"实验台整体示意图，由图可见，在楼梯间的顶部，设置一开口以模拟楼梯间顶部外开门，在本书所有的实验工况中，前室和楼梯间门洞及楼梯间顶部的外开门同时敞开，以形成合理的气流通路和稳定的烟气流动，从而方便于温度和速度的测量。

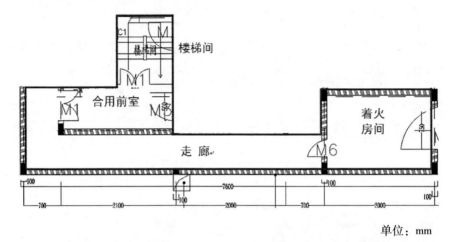

单位：mm

图4.6　"房间－走道"平面图

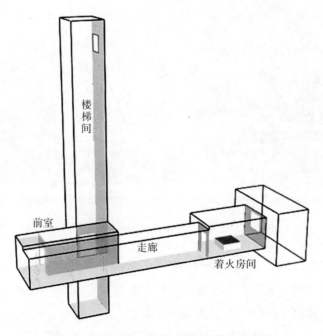

图4.7　"房间－走道"实验台整体示意图

实验台层高 1m，着火房间尺寸为 2.0m（长）×1.7m（宽）×1.0m（高），房间外开窗尺寸为 0.5m×0.5m，房间通向走道的门洞尺寸为 0.7m（高）×0.3m（宽），直走道尺寸为 5.5m（长）×0.7m（宽）×0.9m（高），实验台骨架采用钢梁和钢柱搭建，所采用承重骨架为 200×100×5.5×8 的 Q235HN 型钢，所采用钢梁为 100×48×5.3 的 Q235 槽钢，着火房间顶棚和地板均采用 2.5mm 厚的花纹钢板，走道地板采用 2.0mm 厚的花纹钢板，走道顶棚采用 1.8mm 厚的镀锌板，在钢板衔接处采用密封胶进行密封。

为防止实验时火灾高温造成破坏，在着火房间顶棚、地板及外窗部位的钢板、钢梁均喷涂防火涂料。同时，为便于观察实验现象，着火房间及走道靠外侧设置 10mm 厚的防火玻璃作为观察窗，如图 4.5 所示。

为研究房间窗口尺寸对走道烟气分层效果的影响，共设计了 0.1m×0.2m、0.25m×0.25m、0.25m×0.5m 三种小尺寸窗口，采用镀锌板剪裁成相应尺寸后贴附在 0.5m×0.5m 的窗口上，如图 4.7 所示，四种窗口尺寸，中心位置相同，这是本章研究外窗面积对烟气流动影响的前提条件。

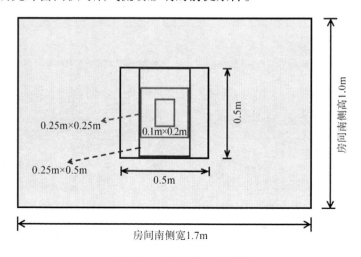

图 4.8　小尺寸窗口示意图

（二）模拟室外风的设计

目前，主要有风洞模拟和风机模拟两种方法对室外风进行模拟。部分学者采用风洞模拟室外风[21]，即将实验装置整个置于风洞所形成的风场之中，这样模拟的效果比较接近自然环境风，但成本较高，需要建造较大的实验空间，尤其是对于较大尺寸的实验，很难得以实现。相比而言，利用风机模拟室外风则较为简单，应用更加广泛，但风机模拟室外风有一些弊端：受到风机及环境等影响，风速波动较大，窗口处风速分布不均匀，所以还需要对风机出流进行处理。本书采用静压箱的方法对风机出流进行处理，以便形成均匀、稳定的室外风。

静压箱是广泛应用于通风空调系统中的一种减少动压、增加静压、稳定气流的装置，通过转变气流方向，减缓气流速度，将气流动压转换为静压，从而使得气流更加均匀、稳定，更加完善送风效果。

室外风模拟系统由风机、静压箱、变频器和支架组成，如图 4.9、图 4.10 所示，风机和变频器相关参数见表 4.3。静压箱尺寸为 1.0 m × 1.0 m × 1.0 m，风流出口尺寸为 0.5 m × 0.5 m，与最大窗口尺寸相同。实验时，静压箱放置在距离着火房间外窗 0.5 m 远处，并使静压箱出口风流垂直吹入着火房间外窗。支架的尺寸为 1.5 m（长）×1.0 m（宽）×2.0 m（高），由钢管和角铁焊接而成。

表 4.3　系统部件相关参数

名称	型号	直径（cm）	功率（kW）	频率（Hz）	风量（m³/h）	转速（r/min）
变频器	E180		0.75	0 ~ 50		
轴流风机	EG – 3.5A – 2	35	0.38	50	3740 ~ 5029	2800

图 4.9　模拟室外风用静压箱示意图

图 4.10　DELIXI 变频器

采用调节变频器频率的方法控制风机转速，从而产生不同的室外风速度。图 4.11 和图 4.12 分别为静压箱出口处风速和窗口处风速随室外风风机频率变化曲线。由图可见，由风机和静压箱所产生的模拟室外风速度与风机频率成一次函数

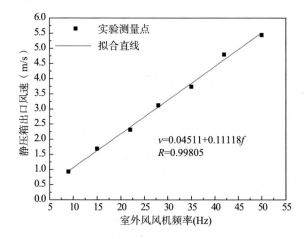

图 4.11　静压箱出口处风速随风机频率变化

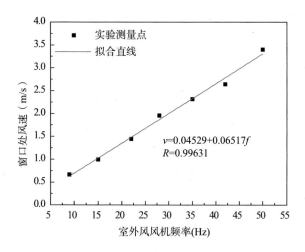

图 4.12　窗口处风速随风机频率变化

关系，且拟合系数均高达 0.99 以上，拟合精度很高，因此可以通过调节变频器频率产生所需要的室外风速度。

（三）模拟机械排烟的设计

机械排烟系统由排烟机和排烟管道及排烟口组成，如图 4.13 所示，排烟机采用轴流式消防排烟风机，风机型号为 HTF－Ⅰ－A－4A，风机直径 400mm，额定流量为 3800～5000m³/h，风机额定功率为 1.5kW，额定电压 380V，风机转速 2800r/min。排烟管道采用 2mm 厚镀锌板。

排烟口的设置如图 4.14 所示，排烟口尺寸为 130mm×260mm，设置在走道宽度中央，距离着火房间门洞 4.3m。

图 4.15 为所测量的机械排烟量随室外风风机频率变化曲线，机械排烟量是通过测量排烟口处风速再乘以排烟口截面积计算得到。由图可见，机械排烟量与排烟风机频率成一次函数关系，且拟合系数均高达 0.99 以上，拟合精度很高，因此可以通过调节变频器频率产生所需要的机械排烟量。

图 4.13 机械排烟风机及管道示意图

图 4.14 机械排烟口示意图

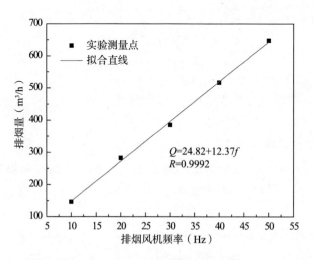

$$Q=24.82+12.37f$$
$$R=0.9992$$

图 4.15 机械排烟量随风机频率变化

三、测量系统

实验需要测量的参数有：火源功率、烟气温度及速度、烟气流动状态等，因此，分别设计了火源系统、温度测量系统、速度测量系统及片光流场显示装置。

（一）火源功率测量

实验采用液化石油气作为燃料，采用转子流量计控制液化气的流量，采用沙盘燃烧器使液化气均匀稳定燃烧，如图 4.16、图 4.17 所示，液化石油气由钢瓶喷出后，先后通过泄压阀、软管、转子流量计，在沙盘燃烧器上形成稳定燃烧火焰。实验需要观测烟气流场变化，但液化石油气是一种清洁燃料，因此在沙盘燃烧器附近设置一发烟罐，实验时在发烟罐内点燃演出用烟饼，烟饼燃烧产生的白色烟雾被卷吸进入火焰和烟气，从而显示出烟气流动状态，发烟罐的设置如图4.18 所示。

图 4.16　着火房间内燃烧器及热电偶布置图

（二）烟气温度测量

实验选用热电偶测量温度，其中走道中的热电偶为直径 1mm 的 K 型铠装热电偶，可测量 -50~800℃ 的温度；着火房间中的热电偶为直径 2mm 的 K 型铠装热电偶，可测量 -50~1200℃ 的温度。

关于温度的采集和记录，本实验采用 8 通道数据模块泓格 ICP－I－7018 接收热电偶采集的电压信号，转化为数字信号后，通过 485 转换器将数字信号输入计算机，再通过相应的数据采集软件转化为实时的温度值并记录、保存在计算机

图 4.17   液化石油气及转子流量计实物图

图 4.18   着火房间内发烟罐位置示意图

中，软件每隔 1s 采集一次数据，数据采集模块见图 4.19，采集软件界面如图 4.20 所示。

热电偶布置及测点布置见图 4.21、图 4.22。如图 4.22 所示，走道中共设置 6 棵热电偶树，每棵热电偶树设置 13 个热电偶，编号自上而下依次编号为 1－1，1－2，…，1－13，2－1，…，6－13，每棵热电偶树上相邻两个热电偶间距 5cm，最高热电偶距离走道顶棚 5cm，最低热电偶距离走道地板 25cm，走道中热电偶竖向布置如图4.23所示。走道中热电偶树均布置在走道中线上，前5棵热电偶树间的水平距离为1m，第五棵和第六棵热电偶树之间间距为1.3m。

图4.19　温度采集模块实物图

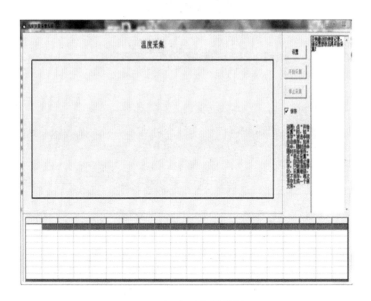

图4.20　温度采集软件界面

图 4.21　走道内热电偶布置实物图

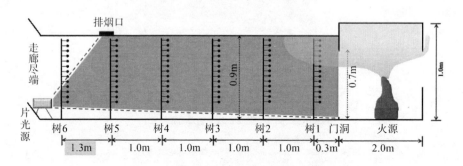

图 4.22　走道内温度测点布置示意图

（三）点式速度测量

点式速度测量是指针对空间中某一点的速度进行测量。为研究烟气的流动规律，还需要测量走道内烟气流速。本实验采用多点风速仪与手持热线式风速仪相结合的方式测量走道内的烟气流速。采用日本加野麦克斯公司生产的多通道风速测量系统（MODEL 1560），该系统由主机、探头和数据线组成，主机如图 4.24，风速仪探头型号为 MODEL 6234，如图 4.25 所示，风速采集软件界面如图 4.26 所示。该系统优点是可测量较低的流速，当测速范围为 0 ~ 9.99m/s 时，其分辨

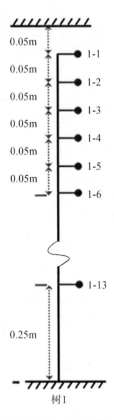

图4.23　热电偶树测点编号及相对位置示意图

率可达0.01m/s，主机最多可插入四个主板，每个主板上可连接4个探头，因此最多可设置16个速度测点，该风速仪可在5～80℃的范围内进行温度补偿，主机采用采用RS232通讯协议与计算机进行数据传输。

图4.24　风速仪主机

图 4.25　多通道风速仪探头

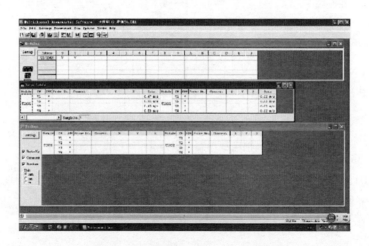

图 4.26　多通道风速仪速度采集界面

　　由于实验所采用的多通道风速仪只有两个主板，最多设置 8 个速度测点，不能满足实验所需，因此，同时采用手持热线式风速仪测量其余测点的速度。图 4.27 为加野麦克斯公司生产的 KA23 型热线式风速仪，该风速仪可以实时显示所测量风速的最大、最小和平均值，当测速范围为 0 ~ 9.99m/s 时，分辨率可达 0.01m/s，当测速范围为 10.0 ~ 50.0m/s，分辨率为 0.1m/s，该款风速仪可以测量的温度范围为 −20 ~ 120℃，风速探头可以伸缩，最长可达 23.5cm，此外，探头还可以安装在一长约 1.1m 的金属杆上，以便于手持测量。

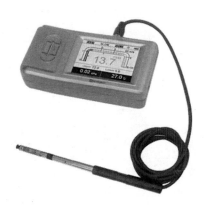

图 4.27　手持式热线风速仪实物图

在开展较大火源功率实验时，部分测点温度超过 120℃，甚至高达 200℃，超出 KA23 型热线式风速仪耐受温度范围，因此采用高温风速仪进行测量。所采用高温风速仪为加野麦克斯生产的 MODEL 6162，该风速仪包括主机和探头两部分，如图 4.28 所示，该风速仪可连接中温 MODEL 0203 和高温 MODEL 0204 两种型号的探头，实验采用高温 MODEL 0204 探头，可同时输出风速和风温两种参数。该风速仪同样可以实时计算平均值、最大值和最小值，配备标准通讯接口（RS－232C）、模拟输出端子及远程端子，可以采用计算机实时记录数据。但本实验中只有一个高温探头，因此采用手持风速仪探头，分别测量每一位置的平均速度作为该位置的烟气流速。

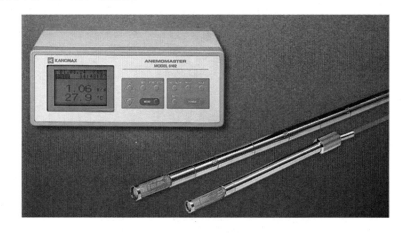

图 4.28　手持式高温风速仪实物图

如图 4.29 所示，与温度测点位置相同，设置树 2～树 5 共 4 个速度测量树，测点之间间距 10cm，最低测点为 15cm 高，最高测点为 85cm 高。对于火源为

64kW、窗口尺寸 0.5m × 0.5m 的工况，测点 2 - 7、3 - 7、4 - 1、4 - 2、4 - 3、5 - 1、5 - 2、5 - 3 共 8 个测点采用多通道风速仪测量速度，而其余测点则采用热线式风速仪测量。对于其他火源与窗口组合的工况，在树 4 位置的测点 4 - 1 ~ 4 - 8 设置多点风速仪探点，在其他位置采用手持式风速仪测量速度。

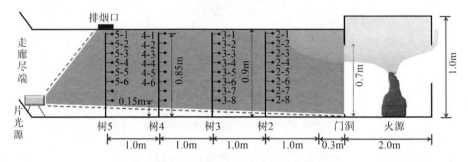

图 4. 29　走道内速度测点布置示意图

（四）流场显示技术

如前所述，为了观察和记录烟气在走道中的流动状态，在使用液化石油气作为火源的同时燃烧烟饼作为烟源，采用片光流场显示装置显示烟气分层形态。所采用片光激光器仪器型号为 EP532 - 1W，如图 4. 30 所示，该仪器采用半导体激光器作为光源，输出波长为 532nm 的绿光，最大输出功率可以达到 1W，片光厚度为 1mm，图 4. 31 为激光片光源照射下的烟气分层形态，图 4. 32 为片光源在走道中的布置及无烟时的照射效果，片光激光器布置在条形走道尽端。

图 4. 30　片光激光器实物图

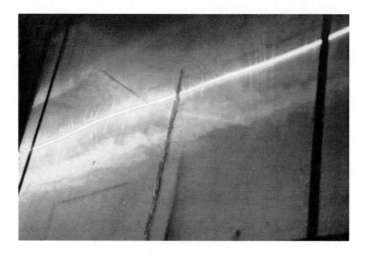

图 4.31　片光激光器显示烟气流场效果图

图 4.32　片光激光器在走道中的布置及显示效果图

四、实验步骤

本书按照如下步骤进行实验。

1）只设置机械排烟的实验组：

（1）开启计算机、温度采集模块、多通道风速仪，打开温度和速度采集软件。

（2）运行数据采集软件，设置好温度测点、速度测点，检查是否有异常，如软件运行正常，重启软件开始实验。

（3）将排烟风机变频器调节至设定频率。

（4）打开摄像机。

（5）打开片光激光器。

（6）运行温度和速度采集软件。

（7）点燃烟饼，放置于发烟罐中。

（8）开启液化气阀门，调节阀门至转子流量计达到设定流量；用点火器点燃沙盘燃烧器，关闭着火房间外窗，开启秒表计时。

（9）点火后第43s（按照上海市《建筑防排烟技术规程》[22]的75s模化而得到）开启机械排烟风机。

（10）观察烟气流动状态，拍照记录典型分层流动现象。

（11）用手持式热线风速仪测量设定测点的烟气流速，并记录在实验记录纸上。

（12）速度测量完毕，关闭液化气罐阀门，停止计算机的数据采集，将计算机采集的温度、速度等数据进行命名、保存。

（13）开启房间外窗，启动模拟室外风机，利用机械排烟及室外风同时对着火房间及走道进行冷却，排出残余烟气，待实验台内温度降至环境温度后，着手进行下一组实验。

2）只设置室外风的实验组：

步骤（1）～（8）同上组，其中步骤（3）所调节频率为模拟室外风的风机频率。

（9）点火后第60s打开着火房间外窗，同时开启模拟室外风的风机。

（10）观察烟气流动状态，拍照记录典型分层流动现象。

（11）用手持式热线风速仪测量设定测点的烟气流速，并记录在实验记录纸上。

（12）速度测量完毕，关闭液化气罐阀门，停止数据采集，将计算机采集的温度、速度等数据进行命名、保存。

（13）开启排烟风机，模拟室外风机频率调至最大，利用机械排烟及室外风同时对着火房间与走道进行冷却，排出残余烟气，待实验台内温度降至环境温度后，着手进行下一组实验。

第三节　室外风作用下走道烟气分层特性的实验研究

火灾发生时，若窗户敞开或玻璃破裂，则火灾烟气的运动会受到室外风或环境风的影响。因此，室外风是火灾烟气输运的一个重要驱动力，而关于室外风对火灾烟气输运的影响，目前研究则相对较少。室外风对烟气的作用是一种惯性力的作用，在惯性力的作用下烟气的分层稳定性会遭到破坏从而不利于人员的安全疏散。因此，本章通过缩尺寸实验，以第二章的烟气分层理论为基础，获得室外风作用下不同因素对走道内烟气分层稳定性的影响规律，提出走道中烟气分层特性的判别依据和判别方法，为防排烟设计和火灾扑救提供一定的参考。

一、实验目的

利用 1/3 缩尺寸"房间 – 走道"实验台，研究室外风速度、火源功率、窗口面积对走道内烟气分层稳定性的影响规律。

二、实验设计

本实验共三个变量，分别是室外风速度（v_w）、火源功率（Q）、窗口面积（A）。实验首先保持窗口尺寸 0.5m×0.5m 不变，进行 3 种火源功率分别在 8 种室外风速度下的实验；然后再保持火源功率 64.15kW 不变，进行其他三种窗口尺寸分别在若干种室外风速条件下的实验，共 51 组实验，具体设计工况如表 4.4～表 4.6 所示。

实验中主要测量着火房间和走道中火灾烟气的温度和速度、窗口处室外风速。相关参数按照前面介绍的测量方法进行测量。

表 4.4 不同室外风速度的实验工况设计（窗口尺寸 0.5m×0.5m 保持不变）

工况序号	火源热释放速率（kW）	对应全尺寸火源热释放速率（MW）	实验液化石油气流量（m³/h）	实验室外风速（m/s）	风机频率（Hz）	对应全尺寸室外风速度（m/s）
1	64.15	1.0	3.0	0	0	0
2	64.15	1.0	3.0	0.67	9	1.15
3	64.15	1.0	3.0	0.99	15	1.72
4	64.15	1.0	3.0	1.44	22	2.50
5	64.15	1.0	3.0	1.96	28	3.39
6	64.15	1.0	3.0	2.32	35	4.01
7	64.15	1.0	3.0	2.64	42	4.57
8	64.15	1.0	3.0	3.40	50	5.89

表 4.5　不同火源大小的实验工况设计（窗口尺寸 0.5m×0.5m 保持不变）

工况序号	火源热释放速率（kW）	对应全尺寸火源热释放速率（MW）	实验液化石油气流量（m³/h）	实验室外风速（m/s）	风机频率（Hz）	对应全尺寸室外风速度（m/s）
9	32.08	0.5	1.5	0	0	0
10	32.08	0.5	1.5	0.67	9	1.15
11	32.08	0.5	1.5	0.99	15	1.72
12	32.08	0.5	1.5	1.44	22	2.50
13	32.08	0.5	1.5	1.96	28	3.39
14	32.08	0.5	1.5	2.32	35	4.01
15	32.08	0.5	1.5	2.64	42	4.57
16	32.08	0.5	1.5	3.40	50	5.89
17	96.23	1.5	4.5	0	0	0
18	96.23	1.5	4.5	0.67	9	1.15
19	96.23	1.5	4.5	0.99	15	1.72
20	96.23	1.5	4.5	1.44	22	2.50
21	96.23	1.5	4.5	1.96	28	3.39
22	96.23	1.5	4.5	2.32	35	4.01
23	96.23	1.5	4.5	2.64	42	4.57
24	96.23	1.5	4.5	3.40	50	5.89

表 4.6　不同窗口尺寸的实验工况设计（火源大小 64.15kW 保持不变）

工况序号	窗口尺寸大小（m×m）	窗口面积（m²）	实验室外风速（m/s）	风机频率（Hz）	对应全尺寸室外风速度（m/s）
25	0.10×0.20	0.0200	0.00	0	0.00
26	0.10×0.20	0.0200	0.78	9	1.35
27	0.10×0.20	0.0200	1.24	15	2.14
28	0.10×0.20	0.0200	1.79	22	3.10
29	0.10×0.20	0.0200	2.97	35	5.14
30	0.10×0.20	0.0200	3.53	42	6.11
31	0.10×0.20	0.0200	4.26	50	7.38
32	0.25×0.25	0.0625	0.00	0	0.00
33	0.25×0.25	0.0625	0.40	5.0	0.69
34	0.25×0.25	0.0625	0.86	10.5	1.49

工况序号	窗口尺寸大小 （m×m）	窗口面积（m²）	实验室外风速 （m/s）	风机频率（Hz）	对应全尺寸室外 风速度（m/s）
35	0.25×0.25	0.0625	1.32	16.0	2.29
36	0.25×0.25	0.0625	1.78	21.5	3.08
37	0.25×0.25	0.0625	2.24	27.0	3.88
38	0.25×0.25	0.0625	2.70	32.5	4.68
39	0.25×0.25	0.0625	3.16	38.0	5.48
40	0.25×0.25	0.0625	3.62	43.5	6.27
41	0.25×0.25	0.0625	4.08	49.0	7.07
42	0.25×0.5	0.1250	0.00	0.0	0.00
43	0.25×0.5	0.1250	0.41	5.0	0.71
44	0.25×0.5	0.1250	0.83	10.5	1.43
45	0.25×0.5	0.1250	1.31	16.0	2.27
46	0.25×0.5	0.1250	1.79	21.5	3.09
47	0.25×0.5	0.1250	2.24	27.0	3.89
48	0.25×0.5	0.1250	2.70	32.5	4.68
49	0.25×0.5	0.1250	3.16	38.0	5.48
50	0.25×0.5	0.1250	3.62	43.5	6.27
51	0.25×0.5	0.1250	4.08	49.0	7.07

三、实验结果与讨论

（一）室外风速度对走道烟气分层特性的影响

采用工况1～工况8的实验结果，研究室外风速对走道烟气分层特性的影响。

为更加直观地观察烟气在室外风作用下的运动规律，采用片光流场显示烟气分层形态。图4.33（a）～（d）分别为烟气在室外风速度从0～1.44m/s作用下的烟气流场形态，分别对应实验工况1～工况4。从图4.33可以看出，没有室外风作用时，烟气在走道中呈现出良好的分层状态，随室外风速度的增大，烟气的稳定分层逐渐遭到破坏，当室外风速度达到1.44m/s时，走道内烟颗粒完全紊乱。工况5～工况8室外风速在1.96～3.40m/s，烟气流动状态与工况4类似，已经完全紊乱，因此不必列出图片。

(a)工况1，室外风0.00m/s　　　　　　(b)工况2，室外风0.67m/s

(c)工况3，室外风0.99m/s　　　　　　(d)工况4，室外风1.44m/s

图4.33　不同室外风速作用下的烟气流场形态

图 4.34（a）~（d）分别是工况 1、工况 2、工况 4、工况 7 中温度树 2 各测点的温度随时间的变化。从图 4.34 中可以看出，走道中竖向不同高度处的温度是存在差异的，且这种差异随室外风速的增大逐渐变小。随着火源的点燃，各图中温度曲线先增高，而后由于窗口的打开和室外风的吹入有所降低，但最终都能趋于稳定，说明火灾烟气的流动最终达到稳定状态。值得注意的是工况 2，在窗口打开吹入室外风后，温度曲线又有一个略微的上升，这可能是由于液化石油气火源不稳定造成的。从图 4.34（a）（b）看出，没有室外风或室外风速较小时，温度的竖向分层非常显著，不同高度处的温度差异较大；而图 4.34（c）（d）中，由于室外风的作用，温度的分层已经开始减弱，当室外风增大到 2.64m/s 时，竖向上温度已经失去分层。

同时，为方便研究，以各工况各测点达到稳定状态的平均值作为该工况该测点的温度或速度取值。

为进一步定量分析室外风速对走道烟气分层特性的影响，计算各种工况稳定状态下的温度和速度，采用浮力频率和层化强度等来定量评价各工况下的烟气分层特性。

（1）竖向温度、速度分布。

图4.35（a）～（f）分别为走道中树1～树6在竖直方向上的温度分布，树1～树6在走道中的位置见第四章图4.22。

图4.36为室外风速较小时门洞溢出羽流示意图。

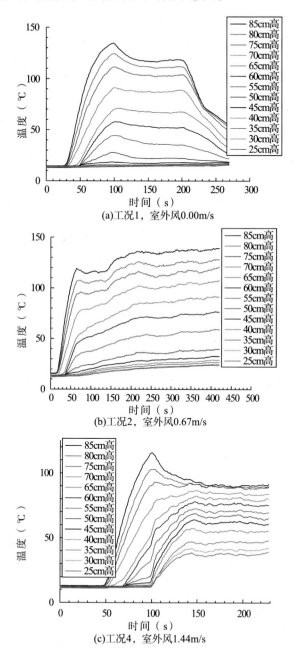

(a)工况1，室外风0.00m/s

(b)工况2，室外风0.67m/s

(c)工况4，室外风1.44m/s

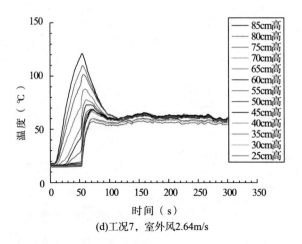

(d)工况7，室外风2.64m/s

图 4.34　不同室外风速作用下温度树 2 随时间的变化

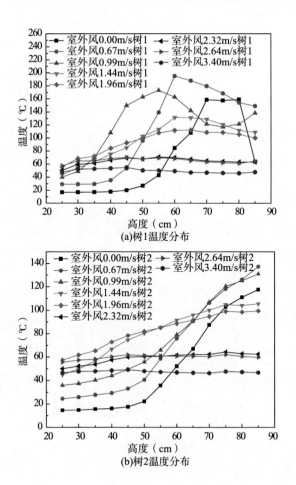

(a)树1温度分布

(b)树2温度分布

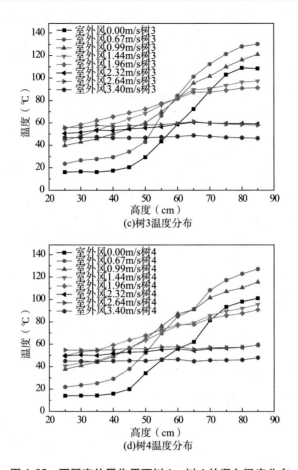

(c)树3温度分布

(d)树4温度分布

图 4.35 不同室外风作用下树 1 ~ 树 4 的竖向温度分布

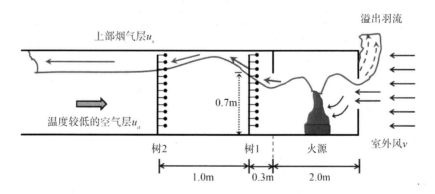

图 4.36 室外风速较小时门洞溢出羽流示意图

图 4.35（a）为不同室外风速下树 1 温度竖向分布。树 1 位于房间门洞出口正前方 0.3m 远处，最先受到门洞溢出羽流的影响（如图 4.36），而门洞上檐高度 70cm，小于走道净高 90cm，因此其温度极大值点出现在 70cm 高度以下。当没有室外风时，其温度极大值出现在 70cm 高；随室外风速的增大，温度极大值点逐渐向左移动，即最高温度点向下移动，说明室外风的作用使得门洞溢出羽流增厚；此外，当室外风小于 1.0m/s 时，竖向温度分布存在一个陡升的阶段，如室外风为 0.67m/s 时，高度从 40cm 变化到 60cm，温度从 35.2℃ 升高到 187.93℃，这说明工况 1、工况 2、工况 3 热分层界面很明显，存在清晰的热烟气层和冷空气层。当室外风速增大至 1.44m/s 以后，温度分布曲线变得平缓；当风速增大至超过 2.32m/s 时，温度竖向分布曲线趋于水平直线，整个门洞处溢出羽流温度趋于一致，说明此时房间内火灾烟气已经完全失稳，在室外风的作用下从整个房间门洞截面处射出。

图 4.35（b）~（d）分别为不同室外风速作用下树 2 ~ 树 4 的温度分布。树 2 距离着火房间门洞 1.3m 远，（位置见图 4.36），此时已经在走道内形成一维稳定羽流，因此最能代表走道内烟气流动和分层状态。从图 4.35（b）可见，当室外风速度小于 1.0m/s 时，树 2 与树 1 一样也存在一个温度陡增的阶段，高度从 50cm 变化到 70cm，温度从 40.5℃ 升高到 106.22℃，竖向存在明显的温度梯度，且上部温度超过 100℃ 而下部则小于 40℃。结合图 4.33 的烟气流场形态来看，这是由于室外风速较小，门洞溢出羽流较薄，走道内烟气依然保持良好分层，走道上部为高温烟气的流动而下部则为掺混较小的相对较冷气体的流动。随着室外风速的增大，温度曲线沿顺时针方向转动，逐渐趋于平缓，与树 1 类似，当风速增大至 2.32m/s 时，温度竖向分布曲线趋于水平直线，说明此时烟气已经完全失去分层特征。

对比图 4.35 树 1 ~ 树 4 温度分布曲线可见，从工况 1 到工况 2，从没有室外风到室外风速度增加到 0.67m/s，温度曲线整体升高，这说明室外风的作用增加了房间到走道热量的传递，较小的室外风会造成走道内温度的整体升高。随着室外风速度的增加，如室外风速度从 0.99m/s 增加到 1.96m/s，较高位置处的温度降低而较低位置处的温度升高，这说明烟气的热分层逐渐遭到破坏。随室外风速度的继续增大，当达到 2.32m/s 时，温度曲线又呈现出整体较低，趋于水平的趋势，说明此时走道中烟气已经完全失稳，竖向不存在温度分层，同时室外风的冷却作用使走道中温度整体降低。

同时，由图 4.35（b）~（d）不难看出，树 2 与树 3、树 4 的温度分布规律是一致的，因此为方便分析，本节以树 2 位置处竖向分层特性为代表研究整条走道的烟气分层特性。

图 4.37 为室外风速为 0.67m/s 时走道内树 2～树 4 位置处竖直方向上速度分布，显然，曲线大致呈现"V"字形，即在竖向 52～63cm 高度处速度接近于 0，而在该位置上部和下部速度则明显较大，因此，可以认为此处为上部烟气层和下部空气层流动的分界面，该界面上部为烟气从着火房间向走道远端的流动，界面下部则为较新鲜空气从走道远端向着火房间的流动，具体流动模式见图 4.36，无室外风的工况 1 和室外风速度为 0.99m/s 的工况 3 也有类似的速度分布规律。图 4.38 为室外风为 2.32m/s 时走道内树 2～树 4 位置处竖直方向上速度分布，可见，当室外风速度较大时，对于离门洞较近的树 2 树 3 而言，由于门洞上檐的遮挡，下部流速明显大于上部，而对于离门洞较远的树 4 和树 5 速度的竖向分布则较均匀，但速度分布的"V"字形现象消失。因此，这就进一步证明了当室外风速度比较小时，走道内烟气的流动是分层流动，而室外风较大时，走道内烟气分层失稳。

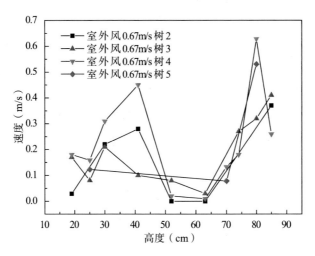

图 4.37　工况 2 走道内竖向速度分布

（2）浮力频率曲线。

浮力频率是影响烟气分层形态的重要因素，本书在前面相关节中介绍了浮力频率的概念和计算方法，为研究室外风速对走道中烟气分层特性的影响，分别计算各种风速下树 2 和树 3 位置处不同高度的浮力频率，如图 4.39、图 4.40 所示。

由图可见，对于室外风小于 1.0m/s 的工况 1～工况 3，浮力频率在竖向上存

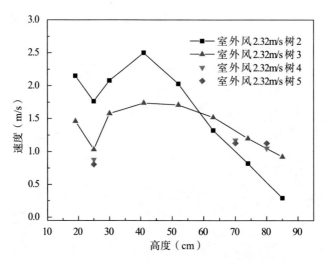

图 4.38　工况 6 走道内竖向速度分布

在明显的极大值，说明存在明显的热分层；而对于室外风大于 2.32m/s 的工况 6
～工况 8，则不存在浮力频率极值，说明热分层已变得不明显。从极值的大小来
看，室外风为 0.67m/s 时，树 3 的浮力频率极值最大，明显大于树 2，这在一定
程度上说明树 3 比树 2 存在更明显的热分层；而无室外风即室外风速为 0m/s 时，
树 2 位置处的浮力频率极值则又明显大于树 3 处，说明无室外风时树 2 位置处烟
气热分层更加明显。

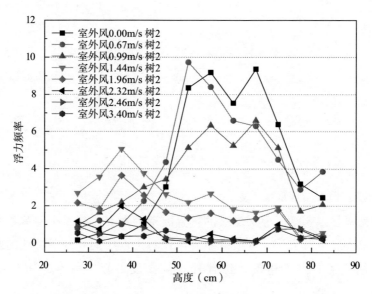

图 4.39　不同室外风速下树 2 位置处的浮力频率竖向分布

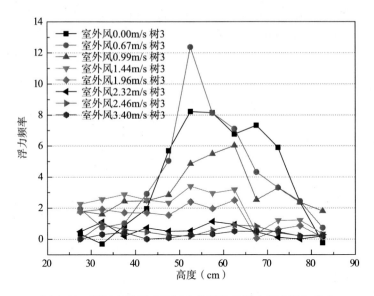

图4.40 不同室外风速下树3位置处的浮力频率竖向分布

由此可见，随室外风速的增大，走道中浮力频率极值逐渐消失，浮力频率竖向分布曲线趋于平缓，热分层逐渐减弱。

（3）层化强度曲线。

层化强度是描述烟气热分层特性的一个定量指标，本书在前面相关节介绍了层化强度I_s的定义和计算方法。图4.41～图4.43为归一化的温度在竖向上的分布曲线，称为层化强度曲线。图中横坐标为无量纲高度h/H，其中h为测点的高度，H为走道净高，纵坐标为无量纲温度T/T_{avg}，表示某一测点高度的温度值与该位置竖向平均温度的比值。每幅图中均给出了从点火开始到形成稳定流动这一阶段各个时刻的层化强度曲线，从中可以看出走道内温度的时空分布规律。图4.41为无室外风时不同时刻的层化强度曲线变化，初始时刻0～10s，走道内温度均匀，层化强度曲线基本水平，与直线$T/T_{avg}=1$大致平行；随着热烟气进入走道，走道内开始出现分层流动，温度分层逐步加强，因此曲线沿逆时针方向转动，40～50s时，曲线逆时针转动停止，此时层化强度最大；但实验设计中，即便没有室外风，在60s时也会开启外窗进行自然通风，自然通风造成房间上部烟气层温度及走道内烟气温度的降低，因此在60～90s，层化强度曲线在较高位置处又出现一定程度的降低；90～130s，层化强度曲线几乎保持不变，说明已经达到了稳定的分层。计算得到稳定分层状态的层化强度为$I_s=1.98$，如图4.41所示。

图 4.42 为室外风速为 0.67m/s 时的层化强度曲线变化，对比图 4.41 和图 4.42 可见，室外风速 0.67m/s 时走道内层化强度曲线变化规律与无风时基本一致，稳定状态时也能形成良好的分层，但稳定状态的层化强度 $I_s = 1.64$，略小于无风时层化强度。

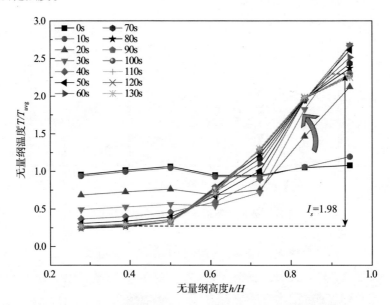

图 4.41　无室外风时树 2 位置层化强度随时间变化趋势

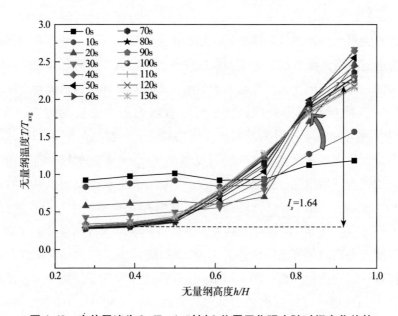

图 4.42　室外风速为 0.67m/s 时树 2 位置层化强度随时间变化趋势

图 4.43 为室外风速为 2.32m/s 时不同时刻的层化强度曲线变化，初始时刻 0s，走道内温度均匀，层化强度曲线基本水平，与直线 $T/T_{avg} = 1$ 大致平行；10 ~ 40s，随着热烟气进入走道，走道内开始出现分层流动，温度分层逐步加强，因此曲线沿逆时针方向转动，40s 时，曲线逆时针转动停止，此时层化强度达到最大值；之后，由于较强室外风的开启，房间内烟气分层和走道内烟气分层均遭到破坏，因此在 50s、60s、70s，层化强度曲线又开始朝顺时针方向转动；80 ~ 110s，层化强度曲线在直线 $T/T_{avg} = 1$ 附近徘徊，恢复至接近水平直线，说明此时走道内烟气已经完全紊乱，计算得到此时的层化强度为 $I_S = 0.21$，热分层几乎消失。

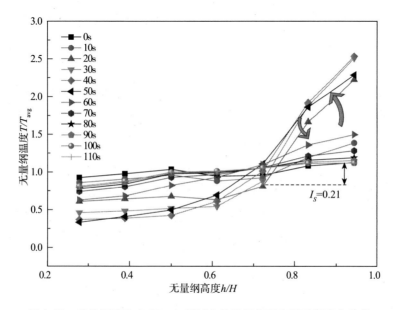

图 4.43　室外风速为 2.32m/s 时树 2 位置层化强度随时间变化趋势

从以上分析可见，室外风的作用会减弱走道内烟气的热分层，当室外风速较大时，会造成烟气分层的失效。依据公式（4.19）计算得到树 2 位置在不同室外风作用下的层化强度，绘制层化强度随室外风速度的变化曲线，见图 4.44。

线性拟合得到 $I_S = -0.6587v_w + 1.8972$，拟合优度 $R^2 = 0.9324$，即层化强度随室外风速的增大呈线性衰减趋势。

（4）烟气层高度、Fr 数计算结果分析。

采用前面相关节所介绍的总积分比法计算烟气层高度和界面上部烟气层平均温度及界面下部平均温度，如表 4.7 所示，表中空缺部分为无法计算工况，当室外风速过大时，走道内烟气完全失稳，无法通过总积分比法获得烟气层高度。

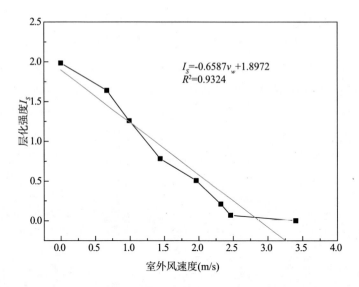

图 4.44   树 2 位置层化强度随室外风速度的变化曲线

由于部分工况烟气完全失稳，烟气层厚度无法获得，传统的 Ri 数和 Fr 数表达式（4.20）（4.21）（4.22）的计算均需要采用烟气层厚度（$H-H_i$）及上部烟气层和下部空气之间的速度差 ΔU，Newman 基于对巷道中火灾烟气分层特性的研究[14]，提出了不采用分层流的速度差 ΔU 而采用整个流动截面上的气体平均速度 u_{avg} 的方法来计算 Fr，因此本书采用式（4.23）来计算 Fr 数，以克服火灾烟气掺混较强烈的情况下烟气层高度无法计算的缺点。Fr 数的计算结果见表 4.7，Fr 数随室外风速度的变化见图 4.45。

表 4.7   不同室外风速对走道烟气分层影响汇总分析表

室外风速度（m/s）	位置序号	烟气层高度 H_i（cm）	上部烟气温度 T_U（℃）	下部平均温度 T_L（℃）	Newman 提出的 Fr	层化强度 I_S	走道烟气分层特性
0	树 2	56.6	91.22	17.26	0.18	1.98	温度、烟颗粒都分层良好
	树 3	54.1	86.90	18.23	0.08	1.72	
	树 4	49.8	76.07	15.52	0.12	1.74	
	树 5	47.8	71.29	17.18	–	1.54	
0.67	树 2	54.5	108.39	28.292	0.22	1.64	温度、烟颗粒都分层良好
	树 3	52.4	107.43	26.045	0.20	1.49	
	树 4	49	100.47	24.69	0.15	1.50	
	树 5	45.7	94.131	24.736	0.19	1.36	

室外风速度（m/s）	位置序号	烟气层高度 H_i（cm）	上部烟气温度 T_U（℃）	下部平均温度 T_L（℃）	Newman 提出的 Fr	层化强度 I_s	走道烟气分层特性
0.99	树2	56.5	110.58	41.626	0.42	1.26	温度分层良好，烟颗粒分层效果变差，出现明显掺混
	树3	55.3	103.89	44.672	0.38	1.07	
	树4	50.1	98.058	41.35	0.33	1.03	
	树5	48.2	80.894	43.931	0.35	0.89	
1.44	树2	38.9	92.922	44.713	0.35	0.78	温度分层明显减弱，烟颗粒分层已经失效，此阶段为过渡阶段
	树3	46.5	86.771	46.679	0.48	0.71	
	树4	47.4	82.694	42.263	0.72	0.76	
	树5	48.2	80.894	43.931	0.66	0.67	
1.96	树2	39.9	90.843	56.895	1.07	0.51	温度和烟颗粒分层均失效，走道内烟气紊乱
	树3	49.5	85.631	57.602	0.94	0.48	
	树4	49	81.799	51.428	0.98	0.58	
	树5	57.7	82.129	53.975	0.94	0.53	
2.32	树2	38.2	61.77	49.25	2.82	0.21	
	树3	46.2	58.48	51.35	2.92	0.15	
	树4	50.7	56.67	49.86	2.02	0.18	
	树5	—	—	—	2.38	0.12	
2.64	树2	—	—	—	4.83	0.071	温度和烟颗粒分层均失效，走道内烟气紊乱
	树3	—	—	—	5.99	0.034	
	树4	—	—	—	3.07	0.080	
	树5	—	—	—	4.30	0.040	
3.4	树2	—	—	—	11.46	0.002	
	树3	—	—	—	6.97	0.013	
	树4	—	—	—	4.13	0.067	
	树5	—	—	—	4.62	0.018	

注：表中空缺部分表示由于室外风速过大，走道内烟气完全失稳，无法通过总积分比法获得烟气层高度及相关参数。

由表4.7及图4.45可见，随室外风速度的增大，层化强度 I_s 逐渐降低而 Fr 数逐渐增大，走道内烟气分层稳定性逐渐遭到破坏。由表4.7对分层特性的描述来看，烟气温度分层与烟颗粒分层失稳的临界风速是不同的，当室外风速度为 0.99m/s 时，走道内温度分层依然良好而烟颗粒已经明显掺混，烟颗粒分层失效

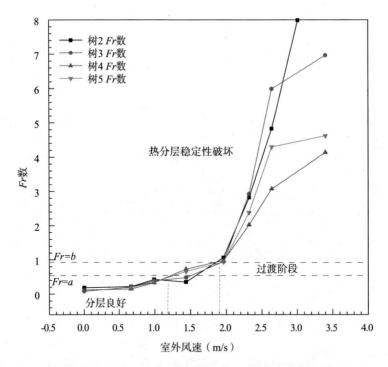

图4.45 工况1~工况8走道中Fr数随室外风速度变化

的临界风速小于温度分层失效的临界风速。

由图4.45及表4.7可以发现，走道内烟气温度分层随室外风速的增大大致可分为三个阶段：无室外风或室外风较小时，如室外风速0.67m/s、0.99m/s，走道中烟气温度分层显著；当室外风较大时，如1.44m/s，温度分层明显减弱，但仍存在一定的温度分层，此阶段为过渡阶段；当室外风再大一些，如1.96m/s、2.32m/s、2.64m/s及3.4m/s，此时烟气几乎完全掺混，分层失效。由于Fr数是表示惯性力与热浮力相对大小的无量纲数，因此选择Fr数作为评断烟气分层稳定性的依据。由以上分析可知，应存在两个临界常数a与b，当$Fr \leqslant a$时，走道内烟气温度分层明显；当$a < Fr < b$时，温度分层明显减弱，但仍存在一定的温度分层，此为过渡阶段；当$Fr \geqslant b$时，走道内烟气温度完全失去分层。根据对实验现象的描述和阶段的划分，选取表4.7中分层明显阶段0.99m/s以下室外风速对应Fr数中的最大值0.42，令其小于等于a，再选取分层失效阶段1.96m/s以上风速对应Fr数中的最小值0.94，令其大于等于b，则可以确定，$0.42 \leqslant a < b \leqslant 0.94$。

（二）火源大小对走道烟气分层特性的影响

火源功率是影响烟气分层稳定性的重要因素，不同火源大小的实验工况设计见表 4.4 与表 4.5，在工况 1～工况 24 中，保持窗口尺寸大小不变，共设计 3 种火源功率，分别为 32kW、64kW 和 96kW，依次对应实际尺寸的 0.5MW、1.0MW 和 1.5MW 功率的火源。

图 4.46 为三种火源功率下走道树 2 位置处无量纲温度竖向分布，即层化强度曲线的对比。图 4.46（a）～（f）分别为从无室外风至室外风速度 2.32m/s 的工况，由图 4.46 可见，无室外风时三种火源的层化强度都较高，32kW 与 64kW 火源场景的层化强度曲线较为接近，而 96kW 火源功率的层化强度曲线则相对更"扁"，这主要是因为，当不开启室外风机时，由于房间外窗的开启，外窗 - 房间 - 走道也会形成一定的自然通风，且火源功率越大，这种自然对流越强，对走道中烟气的流动造成卷吸和掺混，因此 96kW 火源的层化强度略小于小火源功率的层化强度。随着室外风的增强，由于走道中烟气与空气掺混的加剧，三种火源功率的层化强度曲线越来越接近，层化强度明显减小，如图 4.46（b）～（c）；但当室外风速度增加到 1.44m/s 时，如图 4.46（d），32kW 火源功率的层化强度曲线明显脱离另两条曲线而向顺时针转动，这说明此时较小的火源功率更易受到室外风的影响，层化强度会更快地减弱；当室外风速增大到 2.32m/s 时，三种火源功率的层化强度曲线均趋于平缓，失去分层效果，但 96kW 火源层化强度明显高于 32kW 和 64kW 的。以上分析可见，房间中火源功率越大，走道中火灾烟气具有越强的热浮力，从而在室外风作用时能保持更大的层化强度，但依然会受到室外风的影响而失去热分层。

图 4.47 为不同火源功率下树 2 位置层化强度随室外风速的变化，图中黑色虚线为 32kW 火源下层化强度变化趋势，绿色虚线为 64kW 和 96kW 火源下层化强度变化趋势。由图 4.47 可见，室外风速较小，小于 1.44m/s 时，32kW 火源功率的层化强度随室外风速增加而降低得更快；当室外风速大于 1.44m/s 后，其降低趋势又缓于 64kW 和 96kW 火源，但此时层化强度明显较小（小于 0.4），说明 32kW 火源功率的工况在室外风 1.44m/s 左右时已经失去烟气分层稳定性，而 64kW 和 96kW 的工况则在室外风大约 2m/s 才失去分层稳定性。因此，相同的室外风作用下，火源功率越大，走道中层化强度越大；一定的室外风速度范围内，较强火源的层化强度随室外风速衰减得更慢。但较大的火源功率如 64kW 与 96kW，其层化强度的大小及变化规律并无太大区别。

Newman 提出的 Fr 数为研究火灾烟气分层稳定性提供了很大便利，按照式（4.23）分别计算三种火源功率下树 2、树 3 位置处的 Fr 数，计算结果见表 4.8 ~ 表 4.10。

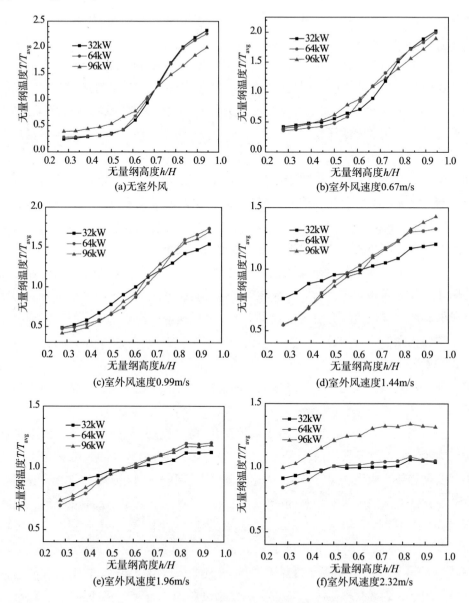

图 4.46　不同室外风所用下三种火源无量纲温度竖向分布对比

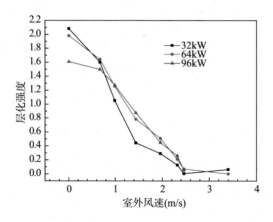

图 4.47　不同火源功率下树 2 层化强度随室外风变化的对比

表 4.8　火源功率 32kW 走道中烟气分层特性

室外风速度（m/s）		0	0.67	0.99	1.44	1.96	2.32	2.64	3.4
树2	Fr 数	0.08	0.11	0.43	1.15	1.51	3.72	20.58	6.40
	层化强度 I_S	2.08	1.60	1.05	0.44	0.29	0.13	0.01	0.06
树3	Fr 数	0.18	0.11	0.33	1.21	2.15	6.46	3.91	4.14
	层化强度 I_S	1.91	1.43	0.89	0.27	0.14	0.03	0.08	0.10
分层特性描述		分层良好			完全掺混，失去分层				

表 4.9　火源功率 64kW 走道中烟气分层特性

室外风速度（m/s）		0	0.67	0.99	1.44	1.96	2.32	2.64	3.4
树2	Fr 数	0.18	0.22	0.42	0.35	1.07	2.82	4.83	11.46
	层化强度 I_S	1.98	1.64	1.26	0.78	0.51	0.21	0.071	0.0016
树3	Fr 数	0.08	0.2	0.38	0.48	0.94	2.92	5.99	6.97
	层化强度 I_S	1.72	1.49	1.07	0.71	0.48	0.15	0.034	0.013
分层特性描述		分层良好			过渡阶段	完全掺混，失去分层			

表 4.10　火源功率 96kW 走道中烟气分层特性

室外风速度（m/s）		0	0.67	0.99	1.44	1.96	2.32	2.64	3.4
树2	Fr 数	0.29	0.46	0.53	0.78	1.60	2.41	6.25	
	层化强度 I_S	1.61	1.50	1.27	0.88	0.45	0.26	0.05	

室外风速度（m/s）		0	0.67	0.99	1.44	1.96	2.32	2.64	3.4
树3	Fr 数	0.35	0.48	0.58	0.80	1.45	2.20	5.76	
	层化强度 I_S	1.52	1.33	1.14	0.75	0.35	0.23	0.05	
分层特性描述		分层良好			过渡阶段	完全掺混，失去分层			

根据对实验现象的观察和结果的分析，对 32kW、64kW 和 96kW 3 种火源功率作用下走道中烟气分层特性进行了阶段划分，如表 4.8 ~ 表 4.10 所示。从表中可以发现，32kW 的火源在室外风为 1.44m/s 时已经失去稳定分层，而较大火源功率的工况在 1.44m/s 才进入过渡阶段，室外风速为 1.96m/s 时才失去稳定分层，这说明火源功率越大，使分层失效的临界风速越高。对比表 4.8 ~ 表 4.10 的 Fr 数不难发现，在分层良好的状态下，同样的风速条件时，火源更大的工况 Fr 数更高，但在分层处于过渡或失效阶段时，则无法判断火源对 Fr 数的影响。依据对实验结果的分析和 Fr 数的计算，得到过渡阶段 Fr 数上下限 a、b 的范围是 $0.42 \leqslant a < b \leqslant 0.94$。同样的方法，分别找出分层良好工况中 Fr 数的最大值，令其小于等于 a，再找出完全掺混工况中 Fr 数的最小值，令其小于等于 b，则由表 4.8 ~ 表 4.10 可以进一步缩小 a 和 b 的范围为 $0.58 \leqslant a < b \leqslant 0.94$。

由此可见，火源大小会对走道中烟气分层特性产生影响。同等条件下火源功率越大，火灾烟气热浮力越大，烟气热分层稳定性就越强，因此烟气分层稳定性就越不易受到室外风的影响。火源功率越大，室外风作用下烟气失稳的临界风速越大，在所开展的实验中，96kW 火源对应的临界风速显然高于 32kW 火源所对应的临界风速。

（三）窗口尺寸对走道烟气分层特性的影响

室外风通过窗口进入着火房间，室外风速度一定下，窗口的大小一定程度上决定了进入着火房间内室外风的质量流量和动量，因此，着火房间的窗口尺寸是室外风对走道烟气分层特性影响的又一重要因素。为此，本书开展了不同窗口尺寸的实验，分别设计了窗口尺寸 0.10m × 0.20m、0.25m × 0.25m、0.25m × 0.50m、0.50m × 0.50m，在不同窗口尺寸的实验中，保持火源功率 64kW 不变，其中 0.50m × 0.50m 尺寸的实验工况为表 4.4 所列的工况 1 ~ 工况 8，另外三种窗口尺寸的实验工况设计见表 4.6。值得注意的是，由于窗口处室外风速是不均匀的，而书中所采用的室外风速是通过多点测量取的平均值，因此，对于不同的窗口尺寸，即便是同样的风机频率所测定的室外风速也是不相同的，例如在风机

15Hz 的频率下，0.50m×0.50m 的窗口室外风速是 0.99m/s，而 0.1m×0.2m 的窗口室外风速则是 1.24m/s。

图 4.48（a）~（d）为不同窗口尺寸下树 2 位置处的竖向温度分布曲线，每幅图中分别给出了室外风速度由小到大竖向温度曲线的变化过程。总体来看，随窗口尺寸的增大，树 2 顶棚附近的最高温度是逐渐降低的，0.10m×0.20m 窗口尺寸最高温度为 174.64℃，0.25m×0.25m 窗口尺寸为 161.61℃，0.25m×0.50m 窗口尺寸为 148.76℃，0.50m×0.50m 窗口尺寸为 137.33℃，四种窗口尺寸都是在室外风速 0.7m/s 左右达到最高温度。室外风速度近似而最高温度的显著降低说明窗口面积的增大导致更多的室外风灌入着火房间和走道，从而造成走道中温度的降低。

此外，从曲线层化特性来看，0.10m×0.20m 的窗口尺寸在 0~4.26m/s 的风速下均表现出良好的温度分层，竖向温度分布分层特征显著。0.25m×0.25m 窗口尺寸随室外风的增大层化特性逐步降低，当室外风速达到 3.16m/s 时几乎失去温度分层。0.25m×0.50m 窗口尺寸，当室外风增大至 2.24m/s 时，温度分层失效。0.50m×0.50m 窗口尺寸当室外风速达到 1.96m/s 时，温度分层失效。由此可见，随窗口尺寸的增大，温度分层失效的临界风速逐步降低。

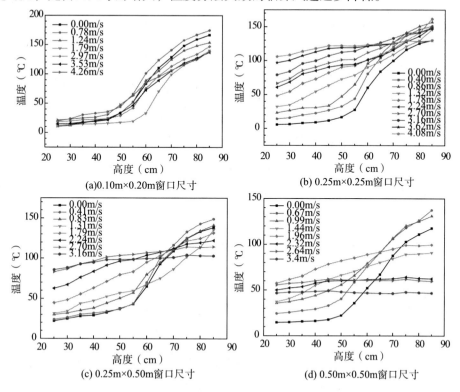

图 4.48　树 2 在不同窗口尺寸下竖向温度分布曲线

　　图 4.49 与图 4.50 为走道中树 2 位置处无量纲温度竖向分布。其中，图 4.49 为 0.10m × 0.20m 窗口尺寸、1.79m/s 室外风与 0.50m × 0.50m 窗口尺寸、1.44m/s 室外风的对比。从图 4.49 中可明显看出二者层化强度的差异，即便小尺寸的窗口加上较大的室外风，其层化强度也远高于大尺寸的窗口。图 4.50 为不同窗口尺寸在室外风速 2.70m/s 作用下无量纲温度的比较，从图中明显看出，同样的室外风作用下，窗口尺寸越小，曲线越倾斜，层化强度越大，分层效果越明显。

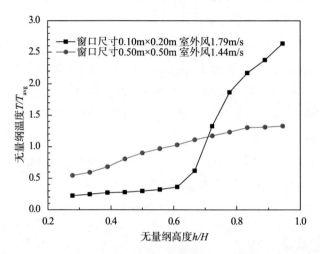

图 4.49　0.1m × 0.2m 与 0.5m × 0.5m 窗口尺寸无量纲温度的比较

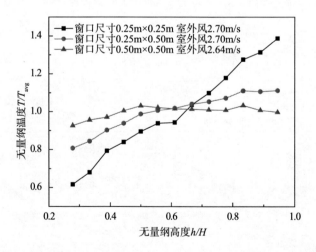

图 4.50　相同室外风速不同窗口尺寸条件下无量纲温度的比较

　　图 4.51 为四种窗口尺寸下树 2 位置处层化强度 I_S 随室外风速衰减的对比。不同窗口尺寸导致走道中层化强度衰减呈现出不同的规律，当窗口尺寸为

0.10m×0.20m 时，层化强度随室外风的增加呈现出不规则变化，在 1.79m/s 时达到最大值，之后再随室外风速增加而缓慢衰减。窗口尺寸为 0.25m×0.25m时，层化强度随室外风的增加而直线减少，其衰减速度明显大于 0.10m×0.20m的小窗口尺寸。窗口面积再扩大一倍，尺寸为 0.25m×0.50m 时，层化强度随室外风速增加而更快地降低，层化强度曲线更加倾斜，衰减速度明显高于 0.25m×0.25m 窗口尺寸条件下层化强度的衰减速度。由此可见，同样的室外风速度作用下，窗口尺寸越大，层化强度更小；同时，窗口尺寸越大，层化强度随室外风速增大而衰减的速率也越大。

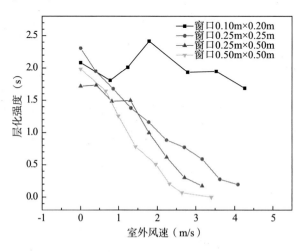

图 4.51　层化强度 I_S 随室外风速的衰减

根据对实验的观察和对结果的分析，计算了各种窗口尺寸下描述烟气分层特性的 Fr 数和层化强度 I_S，初步对三种窗口尺寸下走道烟气分层特性进行了阶段划分，如表 4.11～表 4.13 所示。

表 4.11　窗口尺寸 0.10m×0.20m 走道中烟气分层特性

室外风速度（m/s）		0.00	0.78	1.24	1.79	2.97	3.53	4.26
树2	Fr 数	0.17	0.22	0.26	0.37	0.42	0.36	0.44
	层化强度 I_S	2.08	1.81	2.01	2.42	1.93	1.95	1.68
树3	Fr 数	0.18	0.15	0.19	0.25	0.27	0.27	0.31
	层化强度 I_S	1.88	1.66	2.8	2.2	1.74	1.74	1.50
分层特性描述		分层良好						

表 4.12　窗口尺寸 0.25m×0.25m 走道中烟气分层特性

室外风速度（m/s）		0.00	0.40	0.86	1.32	1.78	2.24	2.70	3.16	3.62	4.08
树2	Fr 数	0.2	0.17	0.16	0.18	0.22	0.39	0.47	0.56	1.02	1.3
	层化强度 I_S	2.31	1.95	1.68	1.38	1.16	0.88	0.77	0.59	0.28	0.2
树3	Fr 数	0.13	0.15	0.15	0.23	0.29	0.38	0.46	0.56	0.92	1.13
	层化强度 I_S	2.03	1.74	1.50	1.36	1.08	0.73	0.68	0.50	0.27	0.21
分层特性 描述		分层良好							过渡 阶段	完全掺混， 失去分层	

表 4.13　窗口尺寸 0.25m×0.5m 走道中烟气分层特性

室外风速度（m/s）		0.00	0.41	0.83	1.31	1.79	2.24	2.70	3.16	3.62	4.08
树2	Fr 数	0.18	0.17	0.17	0.37	0.34	0.50	1.11	1.12	—	—
	层化强度 I_S	1.72	1.73	1.48	1.49	1.0	0.62	0.3	0.18		
树3	Fr 数	0.14	0.11	0.16	0.28	0.36	0.54	0.93	—		
	层化强度 I_S	1.55	1.56	1.41	1.27	0.86	0.49	0.25			
分层特性 描述		分层良好					过渡 阶段	完全掺混，失去分层			

由表 4.11～表 4.13 可以看出，表征烟气惯性力与热浮力相对大小的 Fr 数随室外风速度的增大而增大，烟气分层特性也随着室外风速度和 Fr 数的增大而减弱，直至完全失去分层。依据对实验结果的分析和 Fr 数的计算，得到过渡阶段 Fr 数上下限 a、b 的范围是 $0.58 \leqslant a < b \leqslant 0.94$。同理，由于 0.10m×0.20m 窗口尺寸下，走道中烟气分层始终良好，因此 a 大于等于其中 Fr 最大值 0.44；由 0.25m×0.25m 工况的 Fr 值可确定 $0.47 \leqslant a < b \leqslant 0.92$；由 0.25m×0.50m 工况的 Fr 值可确定 $0.37 \leqslant a < b \leqslant 0.93$。综合以上分析，可以确定过渡阶段 Fr 数上下限 a、b 的范围是 $0.58 \leqslant a < b \leqslant 0.92$。

（四）走道中烟气温度分层特性的判定方法分析

当烟气分层良好时，走道顶棚附近温度与地面附近温度之差应近似等于顶棚附近烟气温升，即 $\Delta T_{cf} \approx \Delta T_h$，$\Delta T_{cf}/\Delta T_h \approx 1$，其中 ΔT_h 表示顶棚附近温度相对环境温度的温升。本章已经研究过层化强度（$I_S = \Delta T_{cf}/T_{avg}$）受室外风速及火源大小、窗口尺寸的影响，其值越高，烟气热分层效果越好。为进一步探究走道中烟气温度分层稳定性的判定方法，对实验数据作进一步处理。

对实验所开展的 6 种不同火源大小与窗口尺寸的组合、共 51 种工况进行分析，计算表征烟气分层特性的比值 $\Delta T_{cf}/\Delta T_h$ 和 $\Delta T_{cf}/\Delta T_{avg}$，二者之间的关系见图

4.52，其中 ΔT_{avg} 表示走道竖向截面平均温度与环境温度的差值。

由图 4.52 可以清晰地看到，$\Delta T_{\text{cf}}/\Delta T_h$ 随 $\Delta T_{\text{cf}}/\Delta T_{\text{avg}}$ 先增加而后逐步趋于稳定，当 $\Delta T_{\text{cf}}/\Delta T_{\text{avg}} \geqslant 1.8$ 时基本稳定在水平直线 $\Delta T_{\text{cf}}/\Delta T_h = 1$ 附近，而 $\Delta T_{\text{cf}}/\Delta T_h \approx 1$ 表示走道顶棚与底部温度差与上部烟气温升基本相等，即下部温度为环境温度，上部烟气层几乎不与下部空气层掺混，因此，$\Delta T_{\text{cf}}/\Delta T_{\text{avg}} = 1.8$ 应是温度分层稳定与否的一个临界值。

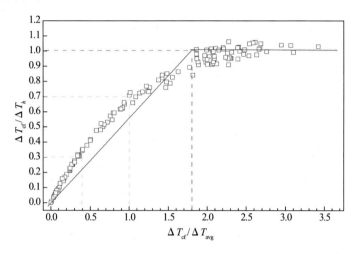

图 4.52　$\Delta T_{\text{cf}}/\Delta T_h$ 随 $\Delta T_{\text{cf}}/\Delta T_{\text{avg}}$ 变化曲线

绘制 $\Delta T_{\text{cf}}/\Delta T_{\text{avg}}$ 随 Fr 数变化的散点图，如图 4.53 所示，图中散点的分布具有很强的规律性，$\Delta T_{\text{cf}}/\Delta T_{\text{avg}}$ 随 Fr 数呈现出显著的衰减趋势。采用 Matlab 软件对散点进行曲线拟合，结果发现二者具有如下关系式：

$$\frac{\Delta T_{\text{cf}}}{\Delta T_{\text{avg}}} = 70.43\exp\left(-\frac{Fr + 4.357}{2.427}\right)^2 \tag{4.35}$$

$\Delta T_{\text{cf}}/\Delta T_{\text{avg}}$ 与 Fr 拟合的曲线拟合优度 $R^2 = 0.8162$。

由以上分析可知，若假定 $\Delta T_{\text{cf}}/\Delta T_h = 1$ 为分层稳定与否的一个临界判据，将对应的 $\Delta T_{\text{cf}}/\Delta T_{\text{avg}} = 1.8$ 代入式（4.35）可得 $Fr = 0.29$；若以 $\Delta T_{\text{cf}}/\Delta T_h = 0.3$ 作为走道中温度分层失效的临界判据，则将对应的 $\Delta T_{\text{cf}}/\Delta T_{\text{avg}} = 0.4$ 代入式（4.35）可得 $Fr = 1.16$，如图 4.53 所示，此时可将 Fr 数划分为三个阶段：

分层良好：$Fr \leqslant 0.29$；

过渡阶段：$0.29 < Fr < 1.16$；

分层破坏：$Fr \geqslant 1.16$。

Fr 数表示烟气流动的惯性力与热浮力的相对大小，可以根据 Fr 数的大小来判断烟气热分层特性，由前面相关节对实验现象和结果的分析已经确定，可以将走道中烟气热分层划分为分层良好、过渡、分层失效三个阶段，且已经确定划分三个阶段的临界值 a、b 的范围为 $0.58 \leqslant a < b \leqslant 0.92$，如图 4.54 所示。

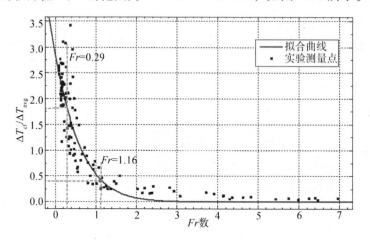

图 4.53 $\Delta T_{cf}/\Delta T_{avg}$ 与 Fr 数拟合结果及对 Fr 数分层阶段的划分

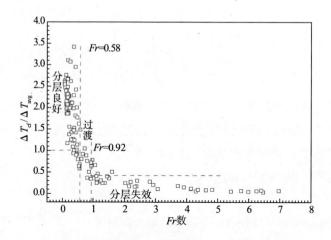

图 4.54 实验分析结果对 Fr 数及分层阶段的划分

由图 4.52 可知，烟气完全分层而与下部空气不掺混的范围为 $\Delta T_{cf}/\Delta T_{avg} \geqslant 1.8$，对应 $Fr \leqslant 0.29$，因此表征烟气绝对分层而几乎不与下部空气掺混的 Fr 数上限值为 0.29，在 $Fr \leqslant 0.29$ 范围内烟气分层良好，这与之前的实验结果分析是一致的。

但是，结合实验结果来看，符合 $Fr \leqslant 0.29$ 要求的只有无室外风或室外风速很小的工况，如 0.50m × 0.50m 开窗 0.67m/s 以内的风速、0.10m × 0.20m 开窗

1.24m/s 以内的风速。根据对实验现象的观察及温度曲线的分析，即便 $Fr > 0.29$ 时，只要不超过 0.58，同样可以保持较高的层化强度，实现相对较好的温度分层，如 0.10m × 0.20m 窗口 1.79m/s 的风速，虽然 $Fr = 0.37 > 0.29$，但层化强度为 2.42；再如 0.50m × 0.50m 窗口 0.99m/s 的风速，虽然 $Fr = 0.42$，但层化强度为 1.26，应认为这种工况为分层良好。因此，采取 $Fr = 0.58$ 作为分层良好与过渡阶段的临界值。由图 4.53 可见，当 $Fr = 0.58$ 时，$\Delta T_{cf}/\Delta T_{avg} = 1.0$，再对应到图 4.52 中，$\Delta T_{cf}/\Delta T_h = 0.7$，也就是说，认为走道中顶部与底部温度差占顶部温升 70% 以上时，走道中具有较好的温度分层。

下面再来研究过渡阶段的 Fr 数上限，也即完全掺混阶段的 Fr 数下限。由图 4.52 可见，只需要确定完全掺混阶段的 $\Delta T_{cf}/\Delta T_h$ 最大值即可，这一取值具有很强的主观性，此前 Newman 在研究巷道内烟气分层特性时选取 $\Delta T_{cf}/\Delta T_h = 0.1$ 作为分层完全失效的临界值，Ingason 在研究大尺寸隧道内烟气分层特性时也选取 0.1 作为临界值。由图 4.52 可见，当 $\Delta T_{cf}/\Delta T_h = 0.3$，对应 $\Delta T_{cf}/\Delta T_{avg} = 0.4$，由式（4.34）计算得 $Fr = 1.16$（见图 4.54 中的标注）。由对实验结果的分析，当 $Fr \leqslant 1.16$ 时已经存在分层失效的工况，如火源 32kW、窗口 0.50m × 0.50m、室外风 1.44m/s 的工况 12，该工况走道中树 2 位置处 $Fr = 1.15$，走道中烟气几乎完全掺混。由此可见，对走道中烟气分层失效临界值的判断，选取 $\Delta T_{cf}/\Delta T_h = 0.3$ 依旧有些偏小，选取 $\Delta T_{cf}/\Delta T_h = 0.1$ 更不符合实验结果，但 $\Delta T_{cf}/\Delta T_h = 0.3$ 已经与实验观察有些接近。综合来看，应选取 $\Delta T_{cf}/\Delta T_h = 0.3$、$Fr = 1.16$ 作为烟气分层完全失效的临界值，但这与结论 $b \leqslant 0.92$ 仍存在差距。从图 4.53 的散点图来看，当 $\Delta T_{cf}/\Delta T_h = 0.3$，对应 $\Delta T_{cf}/\Delta T_{avg} = 0.4$ 时，Fr 的范围从 0.9 ~ 1.6 不等，为进一步贴近实验结论，同时也为保守起见，本书选取 $Fr = 0.92$ 作为烟气分层完全失效的临界值。

综上，得到判断走道中烟气温度分层稳定性的判据为：

当 $Fr \leqslant 0.29$ 时；温度分层极强，$\Delta T_{cf}/\Delta T_h \approx 1$，以"极强"来描述；

当 $0.29 < Fr \leqslant 0.58$ 时，依旧存在较强的温度分层，层化强度依旧较高，$\Delta T_{cf}/\Delta T_h \geqslant 0.7$，以"较好"来描述；

当 $0.58 < Fr < 0.92$ 时，温度分层明显减弱，为分层良好向分层失效转变的过渡阶段，以"过渡"来描述；

当 $Fr \geqslant 0.92$ 时烟气完全掺混，温度分层失效，$\Delta T_{cf}/\Delta T_h \leqslant 0.3$，以"失稳"来描述。

（五）自然排烟临界失效风速与温度分层临界失效风速的确定

走道中烟气的分层特性与着火房间的烟气流动规律息息相关。室外风通过着火房间外窗进入着火房间，再进入走道进而影响走道中烟气的流动。实验发现，当无室外风或室外风速较小时，窗口处存在大量烟气溢出，随室外风的增大，着火房间外窗处烟气溢出逐渐消失，这说明自然排烟由于室外风的作用而失效。在一定的火灾场景下，自然排烟临界失效风速的计算具有重要意义。但是，对于自然排烟临界失效风速的确定，此前学者均是针对单室建筑开展的研究[21,23,24]，而对于"房间－走道"结构的外窗，其火灾情况下自然排烟临界失效风速还缺少研究。由于在这种情况下，烟气的流动变得非常复杂，因此，本书采用量纲分析和深入挖掘实验数据的方法开展对自然排烟临界失效风速的研究。

在本节中，依据 Newman 提出的 Fr 数，结合对实验现象的观察和分析，得出走道中烟气温度分层稳定性的判别方法，但在应用 Fr 数判据时，仍需要得到走道中的平均温度 T_{avg}、平均速度 u_{avg} 及顶棚与底部的温差 ΔT_{cf}。同时，室外风作用下火灾烟气的流动规律还尚不完全明确，对于给定的室外风速和火灾工况，很难求解上述物理参数。而量纲分析则是一种通过将变量进行无量纲处理，建立复杂物理量之间简洁明朗关系的方法，这样就可以大大简化过程的求解，从本质上挖掘变量之间的关系[19]。因此，本节通过量纲分析的方法分析室外风速、窗口大小及火源功率等变量，建立无量纲变量之间的定量关系，从而实现了对任意给定的火灾工况，都可以方便快捷地求解走道温度分层临界失效风速，从而判断走道中烟气温度分层的效果。

1. 量纲分析方法

量纲又称因次，是指物理量所包含的基本物理要素及其结合形式，表示物理量的类别，是物理量的质的特征。如长度、宽度、高度、深度、厚度等都可以用米、英寸、公尺等不同单位来度量，但它们属于同一单位，都属于长度量纲，用 L 表示。量纲分析就是研究自然现象物理量量纲之间固有联系的理论。

量纲分为基本量纲和导出量纲，基本量纲是指相互之间不存在任何联系的性质各异的量纲，导出量纲是指由基本量纲推导出的量纲。国际单位制中共有 7 个基本物理量，分别为长度、质量、时间、电流强度、温度、光强、物质的量等，各物理量的量纲和单位见表 4.14。

表 4.14　基本物理量及其量纲和单位

名称	量纲	单位	符号
长度	L	米	m
质量	M	千克	kg

名称	量纲	单位	符号
时间	T	秒	s
电流强度	I	安培	A
温度	θ	开尔文	K
光强	J	坎德拉	cd
物质的量	N	摩尔	mol

进行量纲分析的依据是量纲一致性原则，即函数关系式或物理方程两侧各项量纲指数都必须分别相同。通过量纲一致性原则可以找出物理量之间的内在联系，建立物理量之间的基本方程式。进行量纲分析主要有两种方法，即瑞丽法和 π 定理。由于本书采用 π 定理进行量纲分析，故下面简要介绍 π 定理的分析方法。

π 定理是量纲分析应用最多的方法，又称布金汉定理。π 定理指出，若某一物理过程包含 n 个物理量，其中涉及到 m 个基本量（量纲独立，不能相互导出的物理量），则该物理过程可由 n 个物理量所构成的 $(n-m)$ 个无量纲项所表达的关系式来描述。具体来说，π 定理的分析步骤为：

（1）找出物理过程相关物理量：根据对所研究物理过程的认识，找出影响该现象的各个物理量及其关系式：

$$f(q_1, q_2, q_3, \cdots, q_n) = 0 \qquad (4.36)$$

（2）确定 m 个基本变量：从 n 个物理量中选取 m 个量纲相互独立的物理量，一般取 $m=4$，如 q_1、q_2、q_3、q_4。

（3）其余物理量依次与基本变量组成无量纲的 π 项，即

$$\pi_{n-4} = \frac{q_n}{q_1^{a_{n-4}} q_2^{b_{n-4}} q_3^{c_{n-4}} q_4^{d_{n-4}}} \qquad (4.37)$$

（4）以满足 π 为无量纲项为准则，计算出上述各 π 项基本量的指数：a_i，b_i，c_i，d_i。

（5）整理方程式。

2. 应用 π 定理进行量纲分析

无论是自然排烟临界失效风速 v_{c1} 还是走道温度分层临界失效风速 v_{c2}，都与火源大小、外窗大小等因素有关。因此，本节在进行量纲分析时，假定其影响因素相同，同时进行量纲分析。通过对实验结果的分析可知，影响临界风速

的主要物理量有火源功率 Q 和房间外窗面积 A_w。但在进行量纲分析时，还要考虑一些相关物理量，如影响温升的空气密度 ρ_a 和比定压热容 c_p、环境温度 T_a，影响热浮力与惯性力相对大小的重力加速度 g 等，因此，临界失效风速 v 可表示为

$$v = f(Q, A_w, T_a, c_p, \rho_a, g) \tag{4.38}$$

由于其中包含 4 个基本量纲，故选取 4 个基本量 ρ_a、T_a、A_w、g，组成 3 个无量纲量：

$$\pi_1 = \frac{c_p}{\rho_a^{a_1} g^{b_1} T_a^{c_1} A_w^{d_1}} \quad \pi_2 = \frac{Q}{\rho_a^{a_2} g^{b_2} T_a^{c_2} A_w^{d_2}} \quad \pi_3 = \frac{v_c}{\rho_a^{a_3} g^{b_3} T_a^{c_3} A_w^{d_3}} \tag{4.39}$$

由基本量 π_1、π_2、π_3 中的各物理量得：

$$L^2 T^{-2} \theta^{-1} = (ML^{-3})^{a_1} (LT^{-2})^{b_1} \theta^{c_1} (L^2)^{d_1} \tag{4.40}$$

$$ML^2 T^{-3} = (ML^{-3})^{a_2} (LT^{-2})^{b_2} \theta^{c_2} (L^2)^{d_2} \tag{4.41}$$

$$LT^{-1} = (ML^{-3})^{a_3} (LT^{-2})^{b_3} \theta^{c_3} (L^2)^{d_3} \tag{4.42}$$

根据量纲一致性原则求得：

$$\pi_1 = \frac{c_p}{g T_a^{-1} A_w^{\frac{1}{2}}} \quad \pi_2 = \frac{Q}{\rho_a g^{\frac{3}{2}} A_w^{\frac{7}{4}}} \quad \pi_3 = \frac{v_c}{g^{\frac{1}{2}} A_w^{\frac{1}{4}}} \tag{4.43}$$

进一步处理得无量纲火源功率 Q^* 及无量纲临界失效风速 v_c^*：

$$Q^* = \pi_2 / \pi_1 = \frac{Q}{\rho_a c_p T_a g^{1/2} A_w^{5/4}} \quad v_c^* = \frac{v_c}{g^{1/2} A_w^{1/4}} \tag{4.44}$$

下面，将通过对实验结果的分析，探讨无量纲火源功率 Q^* 与无量纲临界失效风速 v_c^* 之间的关系。

3. 自然排烟临界失效风速的计算

当自然排烟失效时，一方面没有烟气从着火房间溢出，另一方面窗口处的温度也与环境温度接近，由于实验所采用的燃料为较清洁的丙烷，因此无法直接观察到烟气从窗口涌出。实验通过测量窗口处温度判断自然排烟是否失效：若窗口上檐温度接近于环境温度，则认为此时自然排烟失效；若窗口上檐温度远远超过环境温度，则认为此时室外风并没有使自然排烟失效。

实验共开展 6 种火源与窗口组合，总计 51 组实验工况，其中除了窗口尺寸 0.50m×0.50m、室外风速 0~3.40m/s 的工况 1~工况 8 外，其余 43 组工况都测量了窗口处的温度和气体流速。通过对实验结果的观察和分析，找出每种窗口与火源组合下的自然排烟失效工况，如表 4.15 所示。

表 4.15　自然排烟临界失效风速及对应的实验参数

工况序号	火源功率 Q（kW）	环境温度 T_a（℃）	窗口面积 A_w（m²）	窗口尺寸 m（宽×高）	无量纲火源 $Q*$	临界失效风速 v_{cl}（m/s）	无量纲临界失效风速 $v_{cl}*$
10	32	1.55	0.250	0.50×0.50	0.1638	0.67	0.3027
—	64	7.00	0.250	0.50×0.50	0.3200	0.83	0.3750
19	96	0.91	0.250	0.50×0.50	0.4907	0.99	0.4472
26	64	2.80	0.020	0.10×0.20	7.6359	0.78	0.6626
34	64	−0.84	0.063	0.25×0.25	1.8624	0.86	0.5494
—	64	−1.24	0.125	0.25×0.50	0.7842	0.83	0.4459

表 4.16　判断自然排烟失效的依据

工况序号	火源功率 Q（kW）	窗口尺寸 m（宽×高）	临界失效风速 v_{cl}（m/s）	判断依据
10	32	0.50×0.50	0.67	0.67m/s 时，窗口顶部温度 25~32℃
—	64	0.50×0.50	0.83	未具体测量，推测值，取工况 10 室外风速 0.67m/s 与工况 19 室外风速 0.99m/s 的中间值
19	96	0.50×0.50	0.99	风速 0.99m/s 时，顶部有少量烟气外涌，温度在 30~150℃之间振荡
26	64	0.10×0.20	0.78	风速 0.78m/s 时没有烟气溢出，窗口顶部温度大约为 25℃，顶部风速大约 0.8m/s
34	64	0.25×0.25	0.86	风速 0.86m/s 时，窗口顶部温度 25.4℃，说明此时已经无烟气溢出，顶部风速 0.95m/s
—	64	0.25×0.5	0.90	室外风 0.83m/s 时，窗口顶部温度 45℃；室外风 1.31m/s 时温度 2.2℃，环境温度为 −1.24℃，因此 0.83m/s 为临界风速偏小，估值 0.9m/s

注：表中"-"表示实验中没能找到刚好发生自然排烟失效的工况，所采用临界失效风速为推测值。

表 4.16 最后一列为判定自然排烟失效的依据，主要是实验时所测量的温度和观察到的实验现象。表中第三行为火源功率 64kW、窗口尺寸 0.50m×0.50m 时的临界失效风速，在该系列实验中，由于没有考虑到测量窗口处的温度，因此依据随火源功率增长、临界失效风速增长的趋势进行了推测，取工况 10 和工况 19 室外风速的均值，即 0.67m/s 与 0.99m/s 的均值。表 4.16 中最后一行为火源功率 64kW、窗口尺寸 0.25m×0.50m 时自然排烟失效工况，当室外风速 0.83m/s

时，窗口顶部温度45℃；室外风1.31m/s时窗口顶部温度2.2℃，实验时环境温度为-1.24℃。由此可见，0.83m/s为临界失效风速略微偏小，1.31m/s又偏大，同时为保险起见，估值0.9m/s。

值得注意的是，本书的研究中，不同尺寸的外窗其中心位置是一样的。因此，本书不考虑外窗位置，而只考虑外窗面积大小对临界失效风速的影响。

（1）临界失效风速与火源功率之间的关系。

图4.55为自然排烟临界失效风速与外窗面积、火源大小的关系曲线图。可见，在外窗尺寸一定的情况下，随火源功率的增大，自然排烟临界失效风速逐渐增加。火源功率越大，着火房间火灾烟气温度越高，所形成的热浮力越大，在窗口处的热压越强，因此，自然排烟临界失效风速越高。

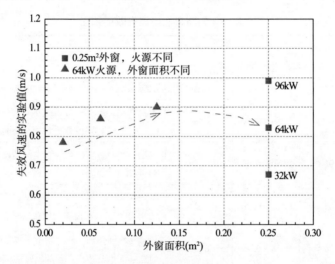

图4.55　自然排烟临界失效风速与外窗面积、火源大小的关系

（2）临界失效风速与外窗面积的关系。

由图4.55虚线指示可见，在火源功率大小一定的情况下，随外窗面积的增大，自然排烟临界失效风速呈现先增大而后降低的变化规律。外窗尺寸较小时，室外风进入着火房间的动量较小，对着火房间内火灾及烟气的影响较小，由于外窗高度也较低，火灾烟气在外窗上檐部位所形成的热压较小，只需要较小的室外风就可以克服烟气的溢出，此时自然排烟临界失效风速较小；随着外窗面积增大，越来越多的室外风进入着火房间，对着火房间的火灾及烟气造成更大影响，降低了着火房间的温度，同时也降低了烟气在窗口附近所形成的热压。因此，当外窗尺寸增大到一定程度时（本书中是0.25m²）自然排烟临界失效风速开始降低。

（3）临界失效风速 v_{c1}^* 与火源功率 Q^* 的拟合。

根据表4.17中所计算的无量纲临界失效风速 v_{c1}^* 及无量纲火源功率 Q^*，作出二者之间的关系曲线，如图4.56所示。显然，随 Q^* 的增大，v_{c1}^* 先增大而后趋于稳定，不会随着无量纲火源功率的增大而无限制增大，二者之间呈现显著的对数函数关系，通过曲线拟合得到如下关系式：

$$v_{c1}^* = 0.092\ln(Q^*) + 0.4892 \tag{4.45}$$

拟合优度 $R^2 = 0.9813$，说明自然排烟无量纲临界失效风速 v_{c1}^* 与无量纲火源功率 Q^* 之间采用对数函数拟合误差非常小。

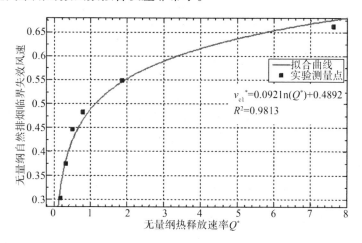

图4.56 自然排烟临界失效风速与火源功率的拟合

4. 温度分层临界失效风速的计算

总结实验所开展的6种火源和外窗尺寸组合、共51种工况，在每种火源功率和窗口尺寸所对应的不同室外风风速中，找出走道温度分层刚好发生失效的室外风速，作为临界失效风速。如对于火源功率64kW、窗口尺寸为0.50m×0.50m的工况1～工况8，以工况5室外风速1.96m/s作为临界失效风速，再分别找出改组工况的环境温度、窗口尺寸等相关参数，在实验所开展的51组工况中，共找出5组温度分层失效工况，如表4.17的工况5～工况40。

表4.17的最后一行是窗口尺寸0.10m×0.20m、火源64kW时的相关参数，在该组实验中，当风机频率调到最大，模拟窗口风速达到最大值4.26m/s时，走道中温度分层依然良好。由于实验条件所限，没能观测到温度分层临界失效风速，以临界失效风速9.55m/s作为进行数据分析之后的预测值。

表 4.17 走道温度分层临界失效风速及对应的实验参数

工况序号	火源功率 Q (kW)	环境温度 T_a (℃)	窗口面积 A_w (m²)	窗口尺寸 m (宽×高)	无量纲火源 Q^*	临界失效风速 v (m/s)	无量纲临界失效风速 v^*
5	64	7.00	0.25	0.50×0.50	0.3276	1.96	0.8854
12	32	1.55	0.25	0.50×0.50	0.1638	1.44	0.6505
21	96	0.91	0.25	0.50×0.50	0.4914	1.96	0.8854
38	64	−1.24	0.125	0.25×0.50	0.7792	2.70	1.4505
40	64	−0.84	0.0625	0.25×0.25	1.8533	3.62	2.3127
—	64	2.80	0.02	0.10×0.20	7.7002	9.55	8.1100

根据表 4.17 所找出的走道温度分层失效工况参数，作出无量纲临界失效风速 v_{c2}^* 与无量纲火源功率 Q^* 之间的散点图，如图 4.58 所示。可见，二者之间呈现显著的线性关系，因此采用线性拟合的方法确定二者之间的定量关系，进行线性拟合得

$$v_{c2}^* = 0.985Q^* + 0.5247 \tag{4.46}$$

拟合优度 $R^2 = 0.9753$，说明无量纲临界失效风速与无量纲火源功率之间具有很好的线性关系。

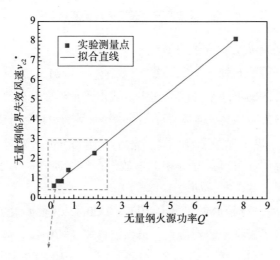

图 4.57 拟合直线对临界失效风速的预测

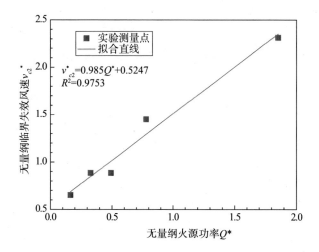

图 4.58　温度分层临界失效风速与火源功率之间的拟合

图 4.58 为采用实验得到的 5 个点进行的线性拟合曲线，图 4.57 中添加了采用式（4.46）对 $Q^* = 7.7$ 时无量纲临界失效风速的预测点，预测无量纲临界失效风速为 $v_c^* = 8.11$，对应的失效室外风风速为 $v_c = 9.55\text{m/s}$。这说明，在窗口尺寸 $0.10\text{m} \times 0.20\text{m}$、火源功率 64kW 时，导致走道中温度分层失效的室外风速为 9.55m/s，显然，现有的实验条件无法达到如此大的室外风速，这也解释了该系列实验中没能观测到走道温度分层失效的原因。

5. 室外风作用下"房间–走道"烟气流动模式分析

总结所有实验工况的 Fr 数、走道温度分层特性，见表 4.18。根据对实验现象的观察，结合对走道温度分层阶段的划分及临界失效风速的计算，本书提出室外风作用下"房间–走道"结构中火灾烟气的 3 种流动模式。

模式 I：

将自然排烟有效作为"房间–走道"中烟气流动模式 I，根据对实验现象的观察，在外窗自然排烟失效之前，走道中火灾烟气都呈现出良好的分层流动现象，即存在一个界面。在该界面以上火灾烟气从着火房间流向走道远端，在该界面以下相对较冷的空气自远端流向着火房间，上部烟气与下部空气呈相向流动，如图 4.59 所示。

如图所示，室外风较小时，走道中烟气流动与无室外风类似，室外风速较小，在窗口处所产生的动压小于火灾烟气的热压。因此，房间窗口处有大量烟气溢出，室外风从窗口中性面以下进入着火房间，由于室外风速的动量较小，因此进入着火房间的室外风并没有对火焰产生较大影响，火焰仍呈轴对称形状。在走

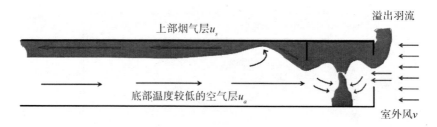

上部烟气层u_s

溢出羽流

底部温度较低的空气层u_a

室外风v

图 4.59　流动模式 I

道中，烟气与下部空气层分层良好且二者相向流动。

根据对自然排烟临界失效风速的观察和计算，得到所开展实验中属于流动模式 I 的工况，见表 4.18。可见，处于流动模式 I 的工况大多是无室外风或室外风较小的工况，如工况 1、2、9、17、18、25、32、33、42、43、44 等。图 4.37给出了工况 2 各速度树的竖向速度分布，速度分布曲线呈"V"字形；图 4.60为工况 42、43、44 在树 4 位置竖向速度分布，显然也呈"V"字形，即在某一高度处速度为 0，而该位置正是分层流动的界面，竖向速度的分布正说明了该流动模式划分的正确性。

同时，从表 4.18 也可以看出，当流动处于模式 I 时，除工况 18（1.5MW 火源，0.67m/s 室外风）Fr 数为 0.46，超过 0.29 以外，其余工况都在 0.29 以内，即温度分层特性用"极强"来描述。由此可见，当自然排烟有效时，走道中烟气的流动基本都处于分层极好的阶段。

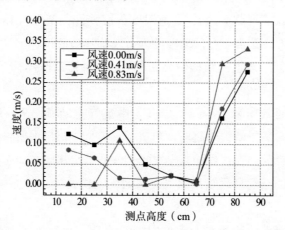

图 4.60　工况 42、工况 43、工况 44 树 4 位置速度竖向分布图

模式 II：

随室外风增大，自然排烟逐渐失效，以外窗自然排烟失效作为流动模式 II 的起始点，以走道中温度分层完全失效为流动模式Ⅱ的终止点，将从自然排烟失效至走道中烟气彻底失去分层这一阶段作为"房间－走道"烟气流动模式Ⅱ，依据所确定的排烟临界失效风速找出属于流动模式Ⅱ的工况，如工况3、工况4、工况10、工况11、工况19、工况27、工况34、工况45等，见表4.18。根据对实验现象的观察，在外窗自然排烟失效之后，由于室外风速度的不同或窗口尺寸的差异，走道中呈现出两种不同的分层流动现象，分别如图4.61流动模式Ⅱ(i)和图4.62流动模式Ⅱ(ii)。

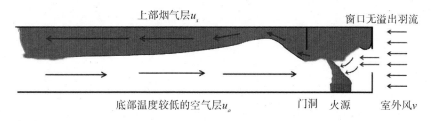

图4.61　流动模式Ⅱ(i)

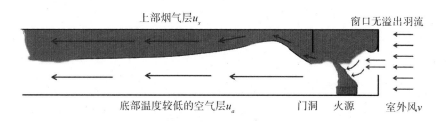

图4.62　流动模式Ⅱ(ii)

随室外风速增大，室外风所产生的动压逐渐超过火灾烟气的热压，自然排烟失效，室外风通过整个外窗进入着火房间。但是，当室外风速较小或窗口较小时，走道中仍为图4.61所示的模式Ⅱ(i)相向分层流动。如工况26、工况27和工况34、工况35就属于流动模式Ⅱ(i)，这是根据走道中速度竖向分布曲线确定的。图4.63为这四种工况在树4位置的竖向速度分布，竖向速度分布仍呈"V"字形，说明这四种工况正处于流动模式Ⅱ(i)。由此可见，当室外风速度较小或窗口尺寸较小时，尽管外窗自然排烟失效，室外风涌入着火房间，但走道中仍呈现出双向流动，这种工况在表4.18中对应流动模式Ⅱ(i)。

自然排烟失效时，随室外风的增强或窗口的增大，室外风较强的动量使得火焰倾斜，在通过着火房间时，通过与房间内烟气的对流，室外风裹挟部分火灾烟气，风温相比环境温度更高，但由于较大温差的存在，二者在走道中仍呈现出较

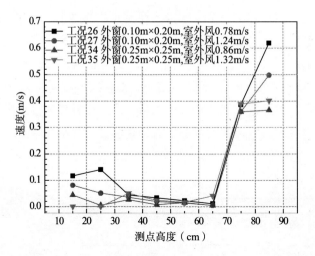

图4.63　工况26、工况27、工况34、工况35树4位置速度竖向分布

强的温度分层。由于室外风动量较大，足以克服走道中原始的回流，因此走道中室外风克服走道中原本回流的空气层，改变下部空气层流向，形成上部烟气层与下部空气层的同向流动，共同流向走道远端，工况3、工况4和工况36、工况37属于流动模式Ⅱ(ii)。图4.64为四种工况在树4位置的竖向速度分布，可见，速度竖向分布不再呈现"V"字形，这说明烟气走道中原始的底部回流消失，转为室外风在走道下部的流动。

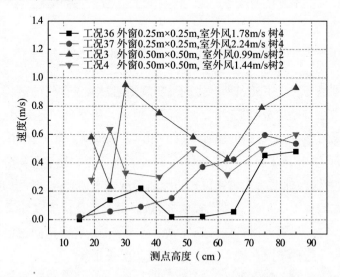

图4.64　工况3、工况4、工况36、工况37竖向速度分布

在模式Ⅱ中，走道中烟气与底部室外风分层流动，烟气层化特性相对于模式

Ⅰ有所减弱，烟气与底部空气有所掺混，但温度分层依然良好。如表4.18所示，与温度分层特性划分相比，模式Ⅱ中 $Fr \leqslant 0.92$，但其中也包含部分温度分层极强的工况，如工况10、工况26、工况27、工况34、工况35、工况36等。

模式Ⅲ：

以走道中火灾烟气与室外风完全掺混，温度分层失效作为流动模式Ⅲ，模式Ⅲ对应 $Fr \geqslant 0.92$，即温度分层完全失稳的阶段。

如图4.65所示，当室外风足够强大，强大的室外风使火焰倾斜，室外风与着火房间的烟气几乎完全掺混进入走道，无法在走道顶棚附近形成热烟气层。此时，室外风与火灾烟气几乎完全掺混，走道中不存在温度分层，上下温度几乎均匀，因此也不存在流动的分层。判断模式Ⅲ的标准是：无量纲室外风速 v^* 达到式（4.46）所计算出的无量纲临界失效风速 v_{c2}^* 以上，即所提出的走道烟气分层失稳风速。

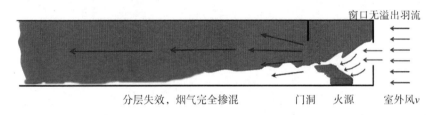

图4.65　流动模式Ⅲ

表4.18　所有实验工况的 Fr 数、走道温度分层特性及流动模式划分

工况序号	火源大小（kW）	窗口尺寸（m）	室外风速（m/s）	树2位置 Fr 数	温度分层特性	流动模式
1	64	0.50×0.50	0.00	0.18	极强	Ⅰ
2	64	0.50×0.50	0.67	0.22	极强	Ⅰ
3	64	0.50×0.50	0.99	0.42	较好	Ⅱ（ⅱ）
4	64	0.50×0.50	1.44	0.35	较好	Ⅱ（ⅱ）
5	64	0.50×0.50	1.96	1.07	失稳	Ⅲ
6	64	0.5d×0.50	2.32	2.82	失稳	Ⅲ
7	64	0.50×0.50	2.64	4.83	失稳	Ⅲ
8	64	0.50×0.50	3.40	11.46	失稳	Ⅲ
9	32	0.50×0.50	0.00	0.08	极强	Ⅰ
10	32	0.50×0.50	0.67	0.11	极强	Ⅱ（ⅰ）
11	32	0.50×0.50	0.99	0.43	较好	Ⅱ（ⅱ）
12	32	0.50×0.50	1.44	1.15	失稳	Ⅲ

续表

工况序号	火源大小（kW）	窗口尺寸（m）	室外风速（m/s）	树2位置Fr数	温度分层特性	流动模式
13	32	0.50×0.50	1.96	1.51	失稳	Ⅲ
14	32	0.50×0.50	2.32	3.72	失稳	Ⅲ
15	32	0.50×0.50	2.64	20.6	失稳	Ⅲ
16	32	0.50×0.50	3.40	6.40	失稳	Ⅲ
17	96	0.50×0.50	0.00	0.29	极强	Ⅰ
18	96	0.50×0.50	0.67	0.46	较好	Ⅰ
19	96	0.50×0.50	0.99	0.53	较好	Ⅱ(i)
20	96	0.50×0.50	1.44	0.78	过渡	Ⅱ(ii)
21	96	0.50×0.50	1.96	1.60	失稳	Ⅲ
22	96	0.50×0.50	2.32	2.41	失稳	Ⅲ
23	96	0.50×0.50	2.64	6.25	失稳	Ⅲ
24	96	0.50×0.50	3.40	—	—	—
25	64	0.10×0.20	0.00	0.17	极强	Ⅰ
26	64	0.10×0.20	0.78	0.22	极强	Ⅱ(i)
27	64	0.10×0.20	1.24	0.26	极强	Ⅱ(i)
28	64	0.10×0.20	1.79	0.37	较好	Ⅱ(ii)
29	64	0.10×0.20	2.97	0.42	较好	Ⅱ(ii)
30	64	0.10×0.20	3.53	0.36	较好	Ⅱ(ii)
31	64	0.10×0.20	4.26	0.44	较好	Ⅱ(ii)
32	64	0.25×0.25	0.00	0.20	极强	Ⅰ
33	64	0.25×0.25	0.40	0.17	极强	Ⅰ
34	64	0.25×0.25	0.86	0.16	极强	Ⅱ(i)
35	64	0.25×0.25	1.32	0.18	极强	Ⅱ(i)
36	64	0.25×0.25	1.78	0.22	极强	Ⅱ(ii)
37	64	0.25×0.25	2.24	0.39	较好	Ⅱ(ii)
38	64	0.25×0.25	2.70	0.47	较好	Ⅱ(ii)
39	64	0.25×0.25	3.16	0.56	较好	Ⅱ(ii)
40	64	0.25×0.25	3.62	1.02	失稳	Ⅲ
41	64	0.25×0.25	4.08	1.30	失稳	Ⅲ
42	64	0.25×0.50	0.00	0.18	极强	Ⅰ
43	64	0.25×0.50	0.41	0.17	极强	Ⅰ

工况序号	火源大小 （kW）	窗口尺寸 （m）	室外风速 （m/s）	树2位置 Fr 数	温度分层 特性	流动模式
44	64	0.25×0.50	0.83	0.17	极强	Ⅰ
45	64	0.25×0.50	1.31	0.37	较好	Ⅱ（ii）
46	64	0.25×0.50	1.79	0.34	较好	Ⅱ（ii）
47	64	0.25×0.50	2.24	0.50	较好	Ⅱ（ii）
48	64	0.25×0.50	2.70	1.11	失稳	Ⅲ
49	64	0.25×0.50	3.16	1.12	失稳	Ⅲ
50	64	0.25×0.50	3.62	—	失稳	Ⅲ
51	64	0.25×0.50	4.08	—	失稳	Ⅲ

注：表中工况50和工况51空缺部分表示由于室外风较大，观察到烟气分层已经紊乱，因此没有测量这两组实验的温度和速度。

由此可见，流动模式的划分与温度分层阶段的划分并不完全对应，对于一个"房间－走道"结构的火灾场景，可通过计算无量纲室外风速 v^*，然后与自然排烟临界失效风速 v_{c1}^* 及走道分层临界失效风速 v_{c2}^* 比较，进而判断"房间－走道"中的烟气流动属于哪种模式，即

当 $v^* < v_{c1}^*$ 时，自然排烟有效，烟气流动模式属于模式Ⅰ；

当 $v_{c1}^* \leqslant v^* < v_{c2}^*$ 时，自然排烟失效，烟气流动模式属于模式Ⅱ；

当 $v_{c2}^* \leqslant v^*$ 时，走道中烟气分层失效，烟气流动属于模式Ⅲ。

例如，假定实际尺寸的火灾场景：外窗面积 A_w 为 0.7m^2，环境温度 T_a 为 20℃，空气质量定压热容 c_p 为 $1.0\text{kJ}/(\text{kg}\cdot\text{K})$，空气密度为 ρ_a 为 $1.2\text{kg}/\text{m}^3$，火源功率 Q 为 1.5MW，则计算得该场景下无量纲热释放速率为：

$$Q^* = \frac{Q}{\rho_a c_p T_a g^{1/2} A_w^{5/4}} = \frac{1500}{1.2 \times 1.0 \times 293.15 \times 9.8^{1/2} \times 0.7^{5/4}} = 2.1273$$

自然排烟临界失效风速 v_{c1}^* 及走道温度分层临界失效风速 v_{c2}^* 分别为：

$$v_{c1}^* = 0.092\ln(Q^*) + 0.4892 = 0.5586 , \quad v_{c2}^* = 0.985Q* + 0.5247 = 2.6201$$

转化为实际风速为：

自然排烟临界失效风速 $v_{c1} = g^{1/2} A_W^{1/4} v_{c1}^* = 9.8^{1/2} \times 0.7^{1/4} \times 0.5586 = 1.5995$（m/s）

走道分层临界失效风速 $v_{c2} = g^{1/2} A_W^{1/4} v_{c2}^* = 9.8^{1/2} \times 0.7^{1/4} \times 2.6201 = 7.5025$（m/s）

则对于该给定的火灾场景，若存在室外风的话，当室外风速在 0 ~ 1.6m/s 时，"房间－走道"中烟气流动属于模式Ⅰ，自然排烟有效，走道中呈双向分层流，温度分层极强；当室外风速在 1.6 ~ 7.5m/s 时，"房间－走道"中烟气流动属于模式Ⅱ，自然排烟失效，走道中存在较明显的温度分层；当室外风速在 7.5m/s 以上时，"房间－走道"中烟气流动属于模式Ⅲ，走道中不存在分层，烟气完全紊乱。

第四节　机械排烟作用下走道烟气分层特性研究

机械排烟是影响火灾烟气输运的又一重要因素。对于相对比较密闭的内走道空间，火灾烟气从房间门洞溢出，在短时间内到达走道尽端，1/3 尺寸实验观察点火大约 30s 后烟气到达走道尽端，这时如果没有机械排烟的作用，烟气将开始逐步沉降，直至沉降到地面附近，对人员疏散和火灾扑救造成极大威胁。相比之下，在走道中设计机械排烟，则可以排出走道中大量烟气和热量（最多可达 80%）[19]，使走道中的烟气层界面保持在一定高度，从而有利于烟气的稳定分层，最终保证人员的安全疏散。然而也应注意到，在排除烟气的同时，机械排烟所造成的纵向通风气流也会在一定程度上削弱烟气的层化，且排烟速率越大，烟气层化效果越差；若排烟速率过大，还有可能造成烟气层的吸穿，破坏烟气的分层，造成烟气在排烟口处的紊乱和拥堵，这既不利于排烟系统效能的发挥，也不利于人员的安全疏散[26,27]。本章利用 1/3 尺寸"房间－走道"实验台和 FDS 数值模拟软件，分别研究了机械排烟量、机械排烟口的位置和数量、吸穿现象对烟气分层特性的影响，同时也定量分析和研究了机械排烟口吸穿临界排烟量的计算，并通过实验和数值模拟对所提出的计算方法进行了验证。

一、机械排烟量对走道烟气分层影响的实验研究

(一) 实验工况设计

机械排烟量的设计是机械排烟设计中重要的步骤。为探究机械排烟量对烟气分层稳定性的影响，本书设计了 9 组实验工况，如表 4.19 所示。实验工况 1 ~ 工况 6 火源热释放速率为 64kW，排烟口速度从 0 ~ 5.32m/s，其中工况 1 为不开启排烟口的对照实验，工况 2 ~ 工况 6 排烟量和排烟口速度依次增大。实验工况 7 ~ 工况 9 火源热释放速率为 32kW，走道内排烟口和速度测点的布置见图 4.29。

进行机械排烟的实验时，为尽可能地减少影响因素，着火房间的窗户始终关闭，本书研究仅在机械排烟作用下走道内烟气的竖向分层特性。

表 4.19　机械排烟量对烟气分层影响的实验工况设计

工况序号	实验液化石油气流量（m³/h）	火源热释放速率（kW）	排烟口速度（m/s）	机械排烟量（m³/h）
1	2.1	64.15	0	0
2	2.1	64.15	1.20	146.4
3	2.1	64.15	2.32	282.7
4	2.1	64.15	3.17	385.7
5	2.1	64.15	4.25	517.1
6	2.1	64.15	5.32	647.7
7	1.05	32.08	0	0
8	1.05	32.08	1.20	146.4
9	1.05	32.08	2.32	282.7

（二）烟气分层状况的整体分析

图 4.66 为不同排烟工况下烟气分层效果的照片。实验开始，点燃沙盘燃烧器后，火灾烟气首先在着火房间内积聚，大约 10s 之后，开始有烟气从着火房间进入走道，大约 30s 烟气前锋到达走道尽端，烟气开始在走道内积聚，如图 4.66（a）（c）（e）（g）（i）所示。若没有机械排烟，如工况 1，火灾烟气将会逐步沉降，但由于前室和楼梯间门洞的开启，烟气层界面只是沉降至较低位置，并未接触地面。对于有排烟的工况，如工况 2～工况 6，点火 43s 后起动排烟风机，机械排烟的效果见图 4.66（b）（d）（f）（h）（j）。对比排烟开启前后的照片可以看出，机械排烟一方面提升了烟气层分界面的高度，另一方面加剧了上部烟气与下部空气流动之间的掺混和卷吸，且机械排烟量越大，烟气层分界面高度越高，这种掺混和卷吸也越明显。

此外，实验中还观察到，无论机械排烟是否开启，烟气层下部都存在明显的与烟气流动方向相反、朝向着火房间的流动，如图 4.66（a）～（b），烟气层下部朝向着火房间的空气流动，使得烟气层分界面处形成明显的卷吸和掺混，图 4.67 为走道中烟气层下部"回流"现象。

(a)工况2排烟开启前走道左端烟气流动

(b)工况2排烟开启后走道右端烟气流动

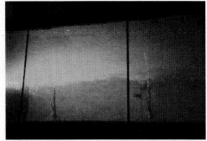

(c)工况3排烟开启前走道左端烟气流动

(d)工况3排烟口开启后走道左端烟气流动

(e)工况4排烟开启前走道左端烟气流动

(f)工况4排烟口位置处烟气流动

(g)工况5排烟开启前走道左端烟气流动

(h)工况5排烟口位置处烟气的掺混和卷席

图4.66 不同排烟工况的烟气分层效果照片

图 4.67　走道中烟气层下部"回流"现象

由以上对现象的观察可见，着火房间和走道内的热压驱动烟气通过前室和楼梯间流出至室外，而着火房间下部则由于氧气的消耗和温度的升高，压强变得相对较低。因此，在火灾烟气通过前室和楼梯间溢出室外的同时也有室外新鲜空气从走道底部流入着火房间。走道中机械排烟的作用，进一步加快了烟气由着火房间向排烟口的流动，但同时也强化了上部烟气与下部空气的相向流动与相互掺混。因此，走道中的流动模式可以用图 4.68 来描述：在走道中存在一个烟气层与空气层的分界面，在该界面上方，火灾烟气由着火房间流向室外，在该界面下方，较为新鲜的空气由走道远端输运至着火房间。

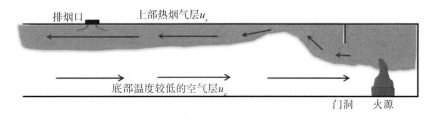

排烟口　　　上部热烟气层 u_s

底部温度较低的空气层 u_a

门洞　　火源

图 4.68　机械排烟作用下走道内烟气流动模式示意图

（三）温度和速度的竖向分布

通过对实验现象的观察发现，在没有室外风等其他因素的干扰，单纯机械排烟作用下，走道中烟气均出现良好分层。图 4.69（a）~（d）为走道中各温度树竖向分布曲线，其中各测点所取温度值为稳定阶段的温度平均值。从图可以看出，树 1~树 3 温度竖向存在一个急剧上升的位置，且随排烟量（图中标示的是排烟口处速度）增大，该温度突增点逐步向上移动，图 4.69（b）树 2 的温度分布曲线可以明显看出这种趋势，如图中虚线所示位置。总的来看，随排烟量的增大，温度整体降低，但当排烟口速度增加到 3.17m/s 以后，这种降低趋势不再明显，温度曲线逐渐趋于重合。

树1由于处在门洞正前方30cm处，受到房间门槛的影响，70cm高处温度最高而顶棚附近则较低。树3温度分布规律与树2相似，但顶棚80cm以上温度趋于均匀而树2则呈梯度上升，这就说明随着烟气输运距离的增长，走道中上部烟气层温度逐渐趋于均匀。树5处于排烟口正下方，因此其温度曲线呈现不规则变化，由于在无机械排烟时排烟口处于敞开状态，烟气可以通过该竖向通道自然排出，因此图4.69（d）中"无排烟"条件呈现出走道顶部稍低于70cm高度处的现象；随排烟量增大，排烟口下方温度曲线逐渐趋于环境温度，当排烟口速度达到3.17m/s后温度曲线趋于水平，排烟口正下方几乎接近于环境温度。这三种工况的排烟效果可以通过图4.66（f）、（h）、（j）看出，排烟口正下方烟气层很薄，较大的排烟量使烟气取得了良好的分层效果。

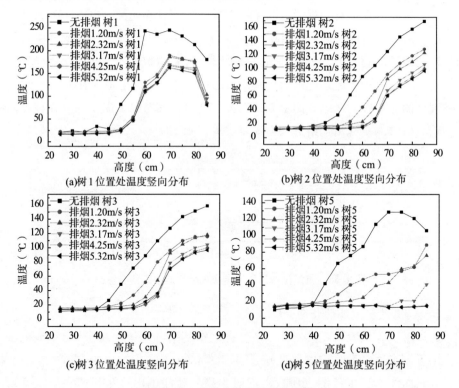

图4.69　走道内温度竖向分布图

图4.70为走道中不同位置处烟气流动速度竖向分布图，由图4.70（a）～（c）可见，不同排烟工况下，树2、3、4位置处均呈现出上部和底部速度较大而中间部位速度较小的"V"字形分布特点，且由图4.70（a）可见，随排烟量增

大，速度为 0 的位置逐渐向上移动，这说明随着排烟量的增大，烟气层分界面逐步升高。走道内速度竖向分布的特点，也进一步证明了图 4.68 所描述的走道内烟气流动模式。

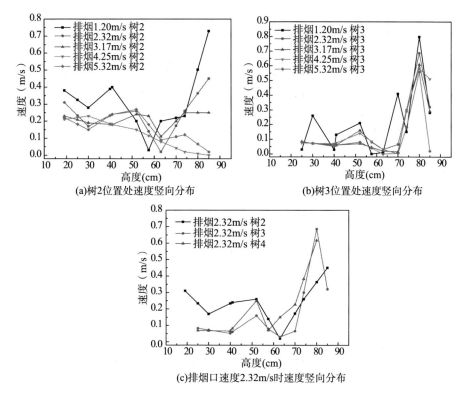

(a)树2位置处速度竖向分布　(b)树3位置处速度竖向分布

(c)排烟口速度2.32m/s时速度竖向分布

图 4.70　走道内速度竖向分布

（四）浮力频率、烟气层高度和层化强度随机械排烟量的变化

图 4.71（a）（b）分别为树 2 和树 3 位置处浮力频率在竖直高度上的变化情况，由图可知，各种工况下，浮力频率在竖直高度上均存在极值，说明均存在明显的热分层界面。不同工况浮力频率出现极大值的高度不同，如图 4.71（b）中无排烟和排烟速度 1.20m/s 两种工况浮力频率极值分别出现在 47.5cm 和 62.5cm。排烟速度大于 2.32m/s 之后，随排烟量的继续增大，极值出现的高度却不再增加，保持在 67.5cm（如图中虚线所示）。此外，同一工况中不同位置处的浮力频率极值出现的高度也有所不同，如在无排烟工况下，树 2 出现极值的高度为 52.5cm，而树 3 出现极值的高度则为 47.5cm（如图中虚线所示）。浮力频率极值出现的高度在一定程度上体现出烟气层分界面的位置，以上极值出现位置的区别说明了烟气层高度的差异。但是，由于两个测点之间间距 5cm，因此只能

每隔5cm计算一个浮力频率，因此无法更加细致地区分不同工况之间烟气层高度的区别。为进一步分析机械排烟量的影响，采用总积分比法计算各种工况下的烟气层高度 H_i，同时计算层化强度 I_s，分别如图4.72和图4.73所示。

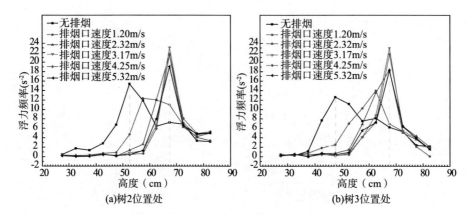

图4.71　浮力频率随竖直高度变化情况

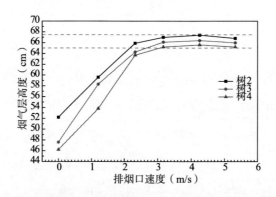

图4.72　不同位置处烟气层界面高度 H_i 随排烟速度的变化

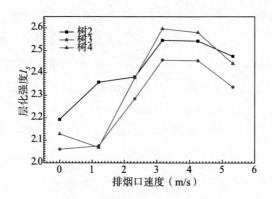

图4.73　不同位置处层化强度 I_s 随排烟速度的变化

图 4.72 为利用温度竖向分布文件，采用总积分比法计算的走道中不同位置处烟气层高度随机械排烟速度的变化。总体来看，烟气层分界面高度随排烟速度的增大而逐渐升高，如树 3 位置，烟气层高度由无排烟时的 47.6cm 提升到排烟口速度为 4.25m/s 时的 66.4cm，提升了 18.8cm，机械排烟效果显著。同时也应看到，当排烟速度达到 2.32m/s 以后，排烟口速度继续增大，烟气层高度却不再显著升高，基本稳定在 65～67.5cm 之间，如图中虚线所示。这说明机械排烟对烟气层高度的提升是有限的，存在一个极限排烟量，超过这一机械排烟量，烟气层高度不再随排烟量的增大而显著提升。在第三章对排烟风机进行标定的实验中已经发现，随排烟量的增大，风机管道的漏风率逐渐增加，风机效率降低。因此，实际工程中设计机械排烟量时，应考虑机械排烟的效能，即既要实现提升烟气层高度的目的，又要尽可能地降低漏风率，以保证风机的选择既规范又合理。

同时，根据总积分比法计算的烟气层高度与浮力频率极值位置极为接近，如无排烟时，计算树 2 和树 3 的烟气层高度分别为 52.2cm 和 47.6cm，而浮力频率极值则分别出现在高度 52.5cm 和 47.5cm。同时，与实际观测值相比，排烟速度为 1.2m/s 时，观测到树 3 和树 4 的烟气层界面大致在 60cm 和 55cm 上下浮动，而烟气层高度计算值则分别为 58.3cm 和 53.8cm，因此总积分比法计算的烟气层高度是可靠的。

由图 4.72 三条曲线的竖向位置可见，不同位置处的烟气层高度是不同的，距离房间门洞最近的树 2 烟气层高度最高，随着与房间门洞距离的增加，树 3、树 4 的烟气层高度依次降低。这主要是因为，树 2 距离房间最近，距离排烟口最远，因此烟气在走道输运过程中热损失较少，上部烟气温度最高，而树 3、树 4 烟气温度则依次降低；此外，树 4 最靠近排烟口（距离排烟口 1m，见图 4.22），且更早受到走道中回流气流的卷吸，烟气的掺混更加强烈，因此烟气层分界面最低。

图 4.73 为不同位置处层化强度随排烟速度的变化。在各种工况中，层化强度值都大于 2.0，表明烟气热分层较为显著。同时也看到，层化强度随排烟速度的增加而呈现出先增加后降低的变化趋势，在排烟速度 3.17m/s 时达到最大值，这表明在排烟速度为 3.17m/s 时，烟气的分层效果最好，低于或高于该排烟速度烟气分层效果均会有所降低。

图 4.74 为烟气层相对环境温度的平均温升 ΔT_U 随排烟速度的变化。在计算出烟气层高度的基础上，分别计算各种工况下树 2、树 3、树 4 位置处上部烟气层内的平均温升，如图 4.74 所示。显然，排烟速度较小时，烟气层内的平均温

升随排烟速度的增大而显著降低，但是当排烟速度增大到 3.17m/s 后，排烟速度继续增大，烟气层温升却不再显著降低，基本稳定在 55 ~ 65℃之间。

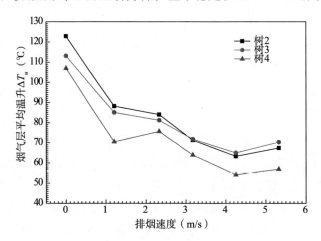

图 4.74　不同位置处烟气层平均温升随排烟速度的变化

结合实验现象照片［如图 4.66（d）（f）（h）（j）］可见，工况 3 排烟口下方仍积聚有大量烟气，而工况 4 排烟口下方存在较为明显的缺口，工况 5 和工况 6 排烟口下方和左侧则几乎没有烟气。树 5 位于排烟口正下方，从温度竖向分布图 4.69（d）可以看出，当排烟速度增加到工况 4 的 3.17m/s 以后，树 5 温度分布曲线几乎接近于环境温度，最高不超过 40℃。实验照片和温度曲线都强有力地说明工况 4 ~ 工况 6 排烟口下方出现了吸穿。由于吸穿的发生，排烟口排出的空气越来越多而烟气越来越少，排烟速度增大到一定程度后烟气层界面的提升、烟气层温度的降低及层化强度的增大均不再显著变化，这就解释了图 4.72 和图 4.74 烟气层高度和烟气层温度的变化随排烟量增大而趋于稳定的原因。吸穿的发生造成了排烟口下方烟气层的紊乱，同时大量空气被吸进排烟口又会造成排烟效率大大降低。因此，上文所提到的机械排烟量就是发生吸穿的临界排烟量，显然，在本书的实验场景中，临界排烟量应该在工况 4 排烟量 385.7m³/h 附近。

表 4.20 为工况 1 ~ 工况 6 计算参数列表，包括烟气层高度 H_i、上部烟气层平均温度 T_u、下部空气温度 T_L、式（4.22）计算的 Fr、平均温度 T_{avg}、层化强度 I_s、式（4.23）计算的 Fr 等。从表中看出，各种工况下 Newman 提出的 Fr 均小于 0.1，根据对烟气热分层阶段的划分，当 $Fr \leqslant 0.29$ 时，温度分层极强，因此工况 1 ~ 工况 6 属于热分层稳定性最好的阶段。

表 4.20 工况 1～工况 6 计算参数列表

工况序号	温度树位置	H_i（cm）	T_u（℃）	T_L（℃）	T_a（℃）	u_{avg}	ΔT_{cf}	T_{avg}	层化强度 I_S	Newman Fr 数
1 （无排烟）	树2	52.2	126	15.74	3.13	—	145.93	66.54	2.19	—
	树3	47.6	116.3	13.07	3.13	—	140.21	68.06	2.06	—
	树4	46.2	110.2	11.17	3.13	0.48	140.98	66.24	2.13	0.04
2 （排烟口 速度 1.20m/s）	树2	59.6	100.9	15.34	12.77	0.38	106.24	45.05	2.36	0.04
	树3	58.3	97.87	17.13	12.77	0.33	101.22	48.78	2.08	0.03
	树4	53.8	83.32	14.79	12.77	0.33	93.75	45.33	2.07	0.03
3 （排烟口 速度 2.32m/s）	树2	65.9	104.3	17.76	20.27	0.31	95.24	39.98	2.38	0.03
	树3	64.3	101.5	18.32	20.27	0.34	98.17	42.96	2.29	0.03
	树4	63.7	95.97	17.83	20.27	0.41	95.28	40.07	2.38	0.04
4 （排烟口 速度 3.17m/s）	树2	67.0	89.94	14.27	18.63	0.24	81.86	32.16	2.55	0.02
	树3	66.1	90.46	15.13	18.63	0.30	86.57	35.23	2.46	0.03
	树4	65.2	82.56	15.09	18.63	0.33	82.04	31.60	2.60	0.03
5 （排烟口 速度 4.25m/s）	树2	67.4	84.29	13.78	21.00	0.02	75.40	29.66	2.54	0.00
	树3	66.4	85.99	14.88	21.00	0.46	81.81	33.34	2.45	0.05
	树4	65.6	75.18	14.68	21.00	0.34	75.44	29.25	2.58	0.03
6 （排烟口 速度 5.32m/s）	树2	66.8	80.81	13.65	13.38	0.08	73.00	29.51	2.47	0.01
	树3	66.0	83.71	15.6	13.38	0.25	79.55	34.04	2.34	0.02
	树4	65.2	70.29	15.16	13.38	0.29	70.94	29.06	2.44	0.03

注：表中"-"表示由于实验时没有测量速度，无法计算相关参数。

综上所述，机械排烟量的大小在一定程度上决定烟气分层效果的程度。在所设定的场景下：

（1）无机械排烟，烟气温度分层依然存在，但温度分层界面较低，不利于人员的安全疏散；没有机械排烟，烟气会填充整个走道，烟颗粒分层失效。

（2）机械排烟会显著提升烟气层分界面的高度，大幅降低上部烟气层温度，增大烟气层化强度。排烟量较小时，随机械排烟量的增大，烟气层界面有较大提升，但随着排烟量的继续增大，烟气层高度的提升有限，逐渐趋于稳定，这主要是由于机械排烟量过大造成排烟口处发生了吸穿。

（3）考虑到排烟量的增加会造成漏风率增加和风机效能的降低，因此，在进行排烟量的设计时，既要满足规范要求，又不能设置过大，遵循既安全、又尽可能节省投资的原则。

二、走道温度纵向衰减规律及吸穿临界排烟量的计算方法研究

为了验证 NFPA 92（2012 版）[28]中给出的吸穿临界排烟量计算方法，进一步方便其在工程计算中的应用，本节通过推导走道中烟气层温度纵向衰减理论，提出了走道中距离着火房间门洞任意距离处临界机械排烟量的计算方法，使该公式更加适合于工程应用。

关于临界排烟量的计算，NFPA 92（2012 版）的计算方法，如式（4.47）所示，根据工况 1 无排烟的工况，排烟口位置处烟气层高度 46cm，烟气层厚度为 0.44m，烟气层温升为 93.45K，环境温度 3.13℃，排烟口当量直径 $D = 2 \times 0.13 \times 0.26/(0.13 + 0.26) = 0.1733$（m），排烟口中心距离侧墙取 1/2 走道宽度 0.35m，不小于 2 倍 D，β 应取 1.0，为保守估计，β 取 0.5，则计算得吸穿临界排烟量为

$$
\begin{aligned}
V_{\text{crit}} &= 4.16\beta d_b^{5/2}\left(\frac{\Delta T_p}{T_0}\right)^{1/2} \\
&= 4.16 \times 0.5 \times 0.44^{5/2} \times \left(\frac{93.45}{273.15 + 3.13}\right)^{1/2} \\
&= 0.155(\text{m}^3/\text{s}) = 559.26(\text{m}^3/\text{h}) \quad\quad (4.47)
\end{aligned}
$$

显然，该计算结果已经超过实验工况 5 所采用的最大排烟量 517.7m³/h，而实验的结果是工况 4 已接近于吸穿，工况 4 的排烟量仅为 385.7m³/h，这说明临界排烟量计算公式（4.47）具有不确定性，计算结果比实际值偏大，但仍具有一定的参考意义。

同时也看到，该公式需要输入参数烟气层厚度 d_b 和烟气层平均温升 ΔT_p，而在实际工程应用中又不能直接得到这两个参数，因此，应进一步研究走道中烟气层温度及厚度的纵向分布，从而更好地计算临界排烟量，为工程应用提供方便。

关于走道中烟气层平均温度沿纵向的分布，已经有学者进行过研究。但此前的学者都只是根据实验数据进行拟合，得到走道中烟气温度纵向分布的指数衰减模型，而对于走道中初始温升 ΔT_0 及走道中衰减系数到底该怎样计算却很少提及，下面将通过理论分析得到走道中临界排烟量的计算方法。

（一）走道烟气温度纵向分布规律

为简化问题，假设走道中高温烟气的流动为一维流动，不考虑烟气对空气的卷吸（卷吸系数 $w_e = 0$），烟气质量流量 M_ρ（kg/s）为一常数，如图 4.75 所示，以门洞位置为 $x = 0$ 点，烟气在走道中移动距离 dx，引起温度变化 dT，则根据能量守恒有：

$$-c_p M_\rho dT = h_c W_p (T - T_a) dx \tag{4.48}$$

式中，h_c 为对流换热系数，$W/(m^2 \cdot K)$；W_p 为烟气层截面湿周，即烟气与顶棚和两侧墙壁接触的长度，m，$W_p = 2h + W$，h 为烟气层厚度，W 为走道宽度；T 为烟气层平均温度，K；T_a 为环境温度，K；c_p 为烟气比定压热容，$J/(kg \cdot K)$。对上式进行积分，代入初始条件 $x = x_0$ 时，$\Delta T = \Delta T_0$，ΔT 为任意位置 x 时的烟气相对环境的温升，积分得

$$\Delta T(x) = \Delta T_0 \exp\left[-\frac{h_c W_p (x - x_0)}{c_p M_\rho}\right] \tag{4.49}$$

由式（4.49）看出，烟气平均温升沿走道纵向呈指数衰减。进一步简化为

$$\Delta T(x) = \Delta T_0 \exp[-a(x - x_0)] \tag{4.50}$$

其中 a 为衰减系数，$a = h_c W_p / c_p M_\rho$。

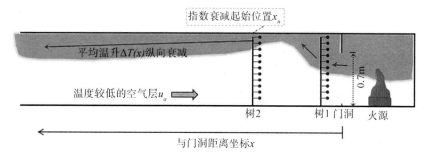

指数衰减起始位置 x_n

平均温升 $\Delta T(x)$ 纵向衰减

温度较低的空气层 u_a

0.7m

树 2　　　树 1 门洞　　火源

与门洞距离坐标 x

图 4.75　走道中烟气流动示意图

将实验中工况 1 的树 1～树 6 共 6 个测点的数据代入式（4.50），以房间门洞位置为 $x = 0$ 点，以树 1 位置为 x_0 点，（如图 4.75 所示），采用 Matlab 拟合工具箱进行拟合得

$$\Delta T(x) = 188.19 \exp[-0.1904(x - 0.3)] \tag{4.51}$$

式中 188.19 为树 1 位置处上部烟气层平均温度（℃），0.3 为树 1 距离房间门洞的距离（m），衰减系数为 $a = 0.1904$，拟合优度 $R^2 = 0.73$，拟合曲线如图 4.76 所示。由此可见，数据拟合的结果并不理想，拟合优度较差。

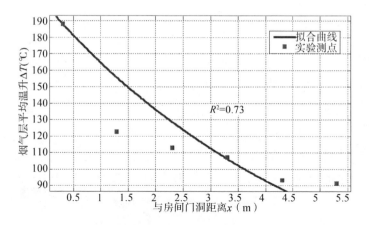

图 4.76　树 1 ～ 树 6 拟合结果

通过树 1 的温度竖向文件［见图 4.69（a）］分析发现，由于树 1 处于门洞正前方 0.3m 远，其温度在门洞顶部（70cm 高度处）最高而非走道顶棚附近，该处尚未形成稳定的一维流动烟气层，烟气由树 1 至树 2 位置的热损失并不只有烟气层与周围壁面之间的对流换热，更多的则是溢出门洞的热烟气与下部空气的卷吸和掺混，因而考虑树 1 位置的温度纵向分布拟合结果并不理想。以树 2 位置为 x_0 点，将工况 1 的树 2 ～ 树 6 共 5 个测点的数据代入式（4.50），重新进行数值拟合得：

$$\Delta T(x) = 122.9 \exp[-0.07875(x - 1.3)] \tag{4.52}$$

拟合曲线如图 4.77 所示，式中 122.9 为树 2 位置处上部烟气层平均温度（℃），1.3 为树 2 距离房间门洞的距离（m），衰减系数为 $a = 0.07875$，拟合优度 $R^2 = 0.971$，由图 4.76 可见，拟合的结果非常理想，拟合优度很高，因此树 2 位置才是走道烟气温度指数衰减的起始位置，由于树 2 位置距离门洞 $L = 1.3$m，门洞上檐距离走道顶棚为 $H_c - H_d = 0.9 - 0.7 = 0.2$m，$L = 6.5(H_c - H_d)$，因此可认为距离门洞 $6.5(H_c - H_d)$ 距离处为走道内温度指数衰减起始点，其中 H_c 和 H_d 分别为走道净高和门洞净高。

（二）走道烟气初始温度计算

已经明确走道中烟气温度指数衰减的起始位置为距离门洞 $6.5(H_c - H_d)$ 距离处，但该位置处烟气层平均温度的计算仍需进一步研究。

对工况 1 ～ 工况 9 的实验数据进行分析发现，房间内烟气层无量纲平均温升 $\Delta T_s / T_a$ 与树 2 位置处烟气层无量纲平均温升 $\Delta T_2 / T_a$ 之间存在强烈的线性关系，如图 4.78 所示，实验及处理所得相关温度数据见表 4.21。

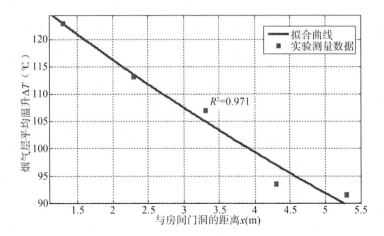

图 4.77　树 2 ~ 树 6 拟合结果

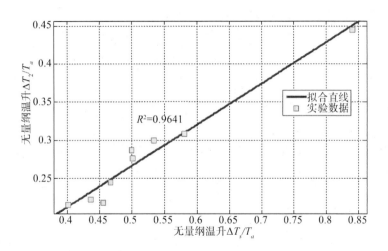

图 4.78　房间内 $\Delta T_s/T_a$ 与树 2 位置 $\Delta T_2/T_a$ 拟合曲线图

表 4.21　着火房间与树 2 位置烟气层平均温度

工况序号	房间内平均温度 T_s（℃）	房间内环境温度 T_a（℃）	房间内平均温升（K）	房间内无量纲温升 $\Delta T_s/T_a$	树 2 烟气层温度（℃）	走道中环境温度 T_a（℃）	树 2 烟气层温升 ΔT_2（K）	树 2 无量纲温升 $\Delta T_2/T_a$
1	234.16	2.38	231.78	0.84	126.03	3.13	122.90	0.44
2	181.02	14.28	166.74	0.58	100.95	12.77	88.18	0.31
3	182.15	30.45	151.70	0.50	104.34	20.27	84.07	0.29
4	166.14	26.15	139.99	0.47	89.94	18.63	71.31	0.24
5	163.04	38.20	124.84	0.40	84.29	21.00	63.29	0.22

工况序号	房间内平均温度 T_s（℃）	房间内环境温度 T_a（℃）	房间内平均温升（K）	房间内无量纲温升 $\Delta T_s/T_a$	树2烟气层温度（℃）	走道中环境温度 T_a（℃）	树2烟气层温升 ΔT_2（K）	树2无量纲温升 $\Delta T_2/T_a$
6	162.06	25.75	136.31	0.46	80.81	17.38	63.43	0.22
7	163.80	11.72	152.08	0.53	96.27	11.02	85.26	0.30
8	170.21	22.17	148.05	0.50	96.64	16.62	80.02	0.28
9	166.11	32.75	133.36	0.44	84.98	19.87	65.11	0.22

由图 4.78 可见，房间内无量纲温升 $\Delta T_s/T_a$ 与 $\Delta T_2/T_a$ 之间存在强烈的一次函数关系，二者之间关系式为：

$$\Delta T_2/T_a = 0.54\Delta T_s/T_a - 0.0035 \tag{4.53}$$

拟合所得相关系数为 $R^2 = 0.9641$。

关于房间内烟气层平均温度的计算，NFPA 92（2012 版）[28] 和我国即将颁布施行的《建筑防烟排烟系统技术规范》[29] 都采用了如下公式：

$$\Delta T_s = KQ_c/M_\rho c_p \tag{4.54}$$

式中，ΔT_s 为烟层温度相对于环境温度的温升，K；Q_c 为热释放速率的对流部分，一般取值为 $Q_c = 0.7Q$（kW）；c_p 为空气的定压比热，一般取 $c_p = 1.01$kJ/(kg·K)；K 为烟气中对流放热量因子，当采用机械排烟时取 $K = 1.0$，当采用自然排烟时取 $K = 0.5$；M_ρ 为房间内烟羽流质量流量，kg/s。

而对于房间内烟羽流质量流量 M_ρ，一般采用轴对称羽流计算公式：

$$当 Z > Z_l, M_\rho = 0.071Q_c^{1/3}Z^{5/3} + 0.0018Q_c \tag{4.55}$$

$$当 Z \leqslant Z_l, M_\rho = 0.032Q_c^{3/5}Z \tag{4.56}$$

$$其中, Z_l = 0.166Q_c^{2/5} \tag{4.57}$$

式中 Z 为燃料面到烟层底部的高度（m）（取值应大于等于最小清晰高度），Z_l 为火焰极限高度（m）。为安全起见，可以取最小清晰高度作为 Z 的取值，在确定了房间内烟气质量流量 M_ρ 之后，就可以计算房间内烟气层平均温升 ΔT_s，进而通过式（4.53）计算走道中起始位置处烟气层平均温度 ΔT_2。

（三）走道中烟气层厚度 h 的确定

烟气层厚度 h 的计算主要采取三种方法。

方法 a：

若走道尽端存在开口，如对外开窗或走道与前室和楼梯间的门洞均开启，则随着火灾的发展和稳定，走道中将形成稳定的烟气流动，如图 4.75 所示，烟气层厚度也将稳定在一定范围。

假定房间没有外开窗，烟气只有通过门洞向走道蔓延，因此走道中烟气质量流量也就等于房间内烟羽流质量流量 M_ρ。根据质量连续定理和动量守恒定理：

$$M_\rho = \rho_s u_s W h \tag{4.58}$$

$$(\rho_a - \rho_s)gh = \xi \rho_s u_s^2/2 \tag{4.59}$$

同时，由理想气体方程知 $\rho_s = 353/T$

联立式（4.58）（4.59）及气体方程，可得烟气层厚度：

$$h = \left(\frac{\xi}{2g}\right)^{\frac{1}{3}}\left[\frac{M_\rho(273+T)}{353W}\right]^{\frac{2}{3}}\left(\frac{T_a}{T-T_a}\right)^{\frac{1}{3}} \tag{4.60}$$

式中，W 为走道宽度，m；u_s 为走道中烟气层平均流动速度，m/s；h 为烟气层厚度，m；ρ_s 为烟气层平均温度，kg/m；ρ_a 为环境中空气密度，kg/m；g 为重力加速度，m/s^2；T 为走道中某一位置处的烟气层平均温度，℃；T_a 为环境温度，℃；ξ 为烟气水平流动速度总折算系数，取值 14.3[25]。

方法 b：

若走道相对比较封闭，如高层建筑内走道，则烟气极有可能在走道内积聚，烟气层高度不断降低。这时，烟气层厚度应取所能容忍的最大烟气层厚度，即走道净高 H_c 减去最小清晰高度 H_q，H_q 的计算参考《建筑防烟排烟系统技术规范》[29]。当走道净空高度不超过 3m，取其净空高度一般作为最小清晰高度，则烟气层厚度为 $1/2 H_c$。

方法 c：

参考《建筑防烟排烟系统技术规范》，当走道净空高度大于等于 3m，则

$$H_q = 1.6 + 0.1H_c \tag{4.61}$$

$$h = H_c - H_q = 0.9H_c - 1.6 \tag{4.62}$$

（四）走道中吸穿临界排烟量的计算

以本书 1/3 比例缩尺寸实验台扩大到实际尺寸的火灾场景为例子，计算走道中排烟任一位置处的吸穿临界排烟量。工况 1 采用火源 64kW，根据 Fr 数相似原理，对应实际尺寸火源功率 1000kW，走道宽 2.1m，净高 2.7m，着火房间净高 3m，门洞净高 2.1m，环境温度 10℃。火灾时烟气通过房间门洞溢出进入走道，并通过人员疏散时敞开的前室门进入楼梯间蔓延，着火房间没有外开窗，这时走道中距离房间门洞 x（m）远处的吸穿临界排烟量可以通过如下过程计算。

房间内最小清晰高度 $z = 1.6 + 0.1 \times 3 = 1.9$（m），由式（4.57）得 $z_l = 2.28$m，$z < z_l$，因此房间内烟羽流质量流量 M_ρ 根据式（4.56）计算：

$$M_\rho = 0.032 Q_c^{3/5} Z = 0.032 \times (0.7 \times 1000)^{3/5} \times 1.9 = 3.097 \ (\text{kg/s})$$

由式（4.54）计算得房间内平均温升 $\Delta T_s = 223.78℃$，由式（4.53）得走道中温度指数衰减初始位置烟气层平均温升 $\Delta T_2 = 119.85℃$，根据 $L = 6.5 \ (H_c - H_d) = 6.5 \times (2.7 - 2.1) = 3.9 \ (\text{m})$，得到走道中烟气层温度指数衰减初始位置为距离门洞 $x_0 = 3.9\text{m}$ 处。

由式（4.52）可知，小尺寸走道实验中温度衰减系数 $a = 0.07875$，由于小尺寸实验中的烟羽流质量流量 M_ρ、烟气层厚度均与全尺寸不同，因此，应重新计算衰减系数，由

$$a = h_c W_p / c_p M_\rho = \frac{h_c}{c_p} \frac{2h + W}{M_\rho} \qquad (4.63)$$

可知，衰减系数中，h_c / c_p 为一常量，实验还观测到走道中烟气层厚度 $h \approx 0.45\text{m}$，$W = 0.7\text{m}$，由式（4.56）计算得小尺寸实验烟气质量流量 $M_\rho = 0.032 Q_c^{3/5} Z = 0.197\text{kg/s}$，进而由式（4.63）反推出 $h_c / c_p = 9.696 \times 10^{-3}$。

烟气层厚度的计算存在不同的方法，烟气层厚度计算结果的不同会导致烟气在走道中温度衰减规律及临界排烟量的不同，因此，应按照不同的烟气层厚度计算方法分别计算再作讨论。

方法 a：按式（4.60）计算烟气层厚度 h。

将 $\Delta T_2 = 119.85\text{K}$ 代入式（4.60）中得烟气层厚度 $h = 1.696\text{m}$，进而由式（4.63）计算得该实际尺寸火灾工况的温度衰减系数 $a = 0.0172$。因此，走道中任一位置的烟气层平均温升为

$$\Delta T(x) = 119.85 \exp[-0.0172(x - 3.9)] \qquad (4.64)$$

由式（4.47）可计算该实际尺寸火灾工况中距离房间门洞3.9m处临界排烟量为 $V_{\text{crit}} = 18241\text{m}^3/\text{h}$。根据温度衰减公式、烟气层厚度计算公式（4.60）和临界排烟量公式（4.47），可计算距离房间门洞任意距离处的烟气层厚度及烟气层吸穿临界排烟量，临界排烟量计算结果见图4.79。

方法 b：取走道净空高度一半作为烟气层厚度 h。

取 $h = 1/2 H_c = 1.35\text{m}$，则由式（4.63）计算得该实际尺寸火灾工况的温度衰减系数 $a = 0.015$，同理，可以计算走道中任一位置处的烟气层平均温升 $\Delta T(x)$，进而由计算走道中任意位置处的烟气层吸穿临界排烟量，烟气层平均温升分布规律见式（4.65），临界排烟量计算结果见图4.79。

$$\Delta T(x) = 119.85 \exp[-0.015(x - 3.9)] \qquad (4.65)$$

方法 c：按式（4.61）计算烟气层厚度 h。

取 $h = 0.9H_c - 1.6 = 0.83$m，则由式（4.63）计算得该实际尺寸火灾工况的温度衰减系数 $a = 0.01177$，同理，可以计算走道中任一位置处的烟气层平均温升 $\Delta T(x)$，进而计算走道中任意位置处的烟气层吸穿临界排烟量，烟气层平均温升分布规律见式（4.66），临界排烟量计算结果见图4.79。

$$\Delta T(x) = 119.85\exp[-0.01177(x - 3.9)] \tag{4.66}$$

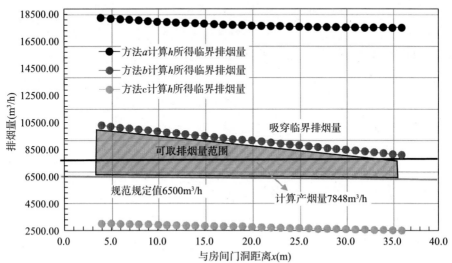

图4.79 工况火源功率1MW时临界排烟量随与房间门洞距离的变化

由图4.79可见，不同的计算方法所得烟气层厚度不同，而由此所计算的烟气层温度衰减系数也不尽相同，进而烟气层的温度分布及临界排烟量的计算值均有所差异。图中同时给出了三种方法所计算的临界排烟量随与房间门洞距离的变化曲线，与门洞的距离在3.9~36m范围内。方法 a 按式（4.60）计算的烟气层厚度 h 比较偏大，因而所得临界排烟量最大。方法 b 采用走道净空高度一半作为烟气层高度，所计算临界排烟量随距离变化非常明显，随着与房间门洞距离的增大，临界排烟量由10315.99m³/h减少到8108.76m³/h，这说明随着烟气远离着火房间，烟气层温度降低，烟气层越来越容易发生吸穿，因此排烟量上限应该逐步降低。方法 c 计算得临界排烟量较小，计算范围为2531.22~3057.54m³/h。

该计算工况为实验工况1按照 Fr 数准则扩大后的场景，根据实验结果分析和式（4.47）计算的小尺寸临界排烟量知，距离门洞4.3m远位置处，小尺寸临界排烟量应该在385.70~559.26m³/h之间。按照1/3几何尺寸放大至全尺寸场景则13m远处的临界排烟量应在6012~8718m³/h，而只有方法 b 计算结果包含这一范围，因此，实际尺寸的临界排烟量计算应采用方法 b 计算烟气层厚度，即取走道净高一半作为烟气层厚度。同时，《建筑防烟排烟系统技术标准》第4.6.9 条也规定，走道、室内空间净高不大于 3m 的区域，其最小清晰高度不应小于其净高的 1/2，这也进一步证明了由方法 b 所计算的临界排烟量的合理性。

此外，《建筑防烟排烟系统技术标准》4.6.3 条第 3 项规定，当公共建筑仅需在走道或回廊设置排烟时，机械排烟量不应小于 13000m³/h，而根据所计算的临界排烟量范围可知，在这种工况设定下，走道中至少应设置两个排烟口，且每个排烟口的排烟量均不能超过临界排烟量，也不能小于 6500m³/h，每个排烟口排烟量的取值范围如图 4.79 阴影部分所示。

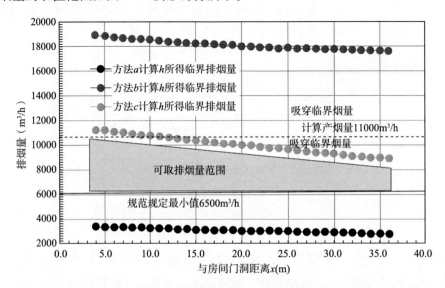

图 4.80 火源功率 1.5MW 走道中吸穿临界排烟量随与房间门洞距离的变化

同样的方法，在这种房间和走道形式下，本书同时给出了火源功率 1.5MW 时，走道中吸穿临界排烟量随与房间门洞距离的变化，如图 4.80 所示。图中阴影部分所示为设置两个排烟口时，每个排烟口排烟量的设计范围。由图可见，随与门洞距离的增加，吸穿临界排烟量在 11194 ~ 8799m³/h 内变动。

三、排烟口位置和数量对走道烟气分层与吸穿影响的数值模拟研究

数值模拟是进行火灾烟气研究的另一种方法，相对于实验研究，它具有其独特的优势，也得到了广泛的应用[30-31]。例如，受到客观条件的限制，无法进行实际尺寸的实验时，数值模拟则可以实现全尺寸的火灾研究。再如，数值模拟可以实现对火灾和烟气更加全面的监测，不仅可以设置温度、速度等常用输出参数，还可以

设置质量流率、热流通量、某一区域的热释放速率等输出参数，而这则是实验很难做到的。本节通过建立实际尺寸的"房间—走道"全尺寸模型，分析数值模拟的结果，重点研究了排烟口的位置和数量对走道烟气分层及吸穿的影响。

（一）模拟工具选取和工况设置

火灾和烟气的数值模拟主要有三种方法[1]：网络模拟、区域模拟和场模拟，每种方法有各自的特点。网络模拟将整个建筑物作为一个系统，建筑物中的每个房间为一个控制体，并假设控制体里的各种参数分布均匀，网络模拟计算量小，模拟迅速，但精确性较低，其代表性的软件包括 CONTAM 等。区域模拟是根据火灾烟气分层特性而设计的一种双区域模型，即将建筑空间分为上部热烟气层和下部空气层，每个区域内温度、浓度等参数分布均匀，对每个控制体建立能量和质量守恒方程，从而计算每个控制体内温度、浓度等参数随时间变化。区域模型具有直观、耗时短等优点，但却过于简化，忽略了火灾过程中的大量细节，其代表性软件如 CFAST 等。场模拟是将整个计算空间细化分为几万乃至几百万个小控制体，每个小控制体中流体的属性均匀分布，而在这些小的控制体之间进行燃烧、流动和传热的计算，场模拟能够对火灾过程进行详细的模拟计算，已经获得了广泛的应用，目前常用的软件有 FDS、Fluent、PHOENICS、CFX 等。本书采用美国 NIST 开发的火灾动力学软件 FDS（Fire Dynamics Simulator）场模拟软件，采用的版本是 FDS5.5.3。

FDS[32] 是一种专门解决火焰驱动流体运动问题的计算流体动力学 CFD（Computational Fluid Dynamics）模型，能模拟低马赫数的能量驱动和流体流动。该软件把设定空间分为多个小的三维矩形控制体或计算单元，计算每个单元内气体密度、速度、温度、压力和组分浓度，用质量守恒、动量守恒和能量守恒的偏微分方程来近似有限差分，通过对同一网格使用有限体积技术来计算热辐射、流体流动的湍流现象，追踪预测火灾气体的产生和移动，并结合家具、墙壁、地板和顶棚的材料特性来计算火灾的增长和蔓延。模型求解后可获得相关测量点处的温度、组分浓度、能见度等一系列数据。FDS 通过数值计算求解方程，物理方程包括 N-S 方程、能量守恒方程及描述烟气和粒子运动的方程，具体如下：

质量守恒方程：
$$\frac{\partial \rho}{\partial t} + \nabla \cdot (\rho u) = 0 \tag{4.67}$$

动量守恒方程：

$$\rho \left[\frac{\partial u}{\partial t} + (u \cdot \nabla) u \right] + \nabla p = \rho g + f + \nabla \cdot \tau \tag{4.68}$$

能量守恒方程：

$$\frac{\partial}{\partial t}(\rho h) + \nabla \cdot \rho h u - \frac{\mathrm{d}p}{\mathrm{d}t} = \dot{q}''' - \nabla q_r + \nabla \cdot k \nabla T + \nabla \cdot \sum_l h_l (\rho D)_l \nabla Y_l \quad (4.69)$$

物质守恒方程：

$$\frac{\partial}{\partial t}(\rho Y_l) + \nabla \cdot \rho Y_l u = \nabla \cdot (\rho D)_l \nabla Y_l + \dot{W}'''_l \qquad (4.70)$$

1. 数值模型建立

本书所采用的实验台是 1/3 比例的缩尺寸建筑，为了验证实验结论的正确性，依据 Fr 数法则将实验台扩大 3 倍，建立全尺寸的物理模型，如图 4.81 所示。全尺寸的房间尺寸为 6m（长）×3.9m（宽）×3m（高），走道尺寸为 16.8m（长）×2.1m（宽）×2.7m（高），火源尺寸为 1.8m（长）×1.8m（宽）×0.5m（高），房间门洞尺寸为 0.9m（宽）×2.1m（高），排烟口尺寸为 0.8m（长）×0.4m（宽），所有的几何尺寸均为小尺寸实验扩大 3 倍后的尺寸。

根据《建筑防烟排烟系统技术标准》[29]，对于设有喷淋的办公室、教室、客房、走道，其热释放速率不应小于 1.5MW，因此模拟设置恒定火源功率为 1.5MW。网格尺寸的设置关乎场模拟的准确性的高低，FDS 用户手册[32] 及相关研究[33] 发现，网格尺寸应该在（1/4 ～ 1/16）D^* 之间，其中 D^* 为特征火源直径：

$$D^* = \left(\frac{\dot{Q}}{\rho_a c_p T_a \sqrt{g}}\right)^{\frac{2}{5}} \qquad (4.71)$$

将火源功率 $Q = 1500\text{kW}$，空气密度 $\rho_a = 1.29\text{kg/m}^3$，温度 $T_a = 283℃$，$g = 9.8\text{m/s}^2$ 代入式（4.71）中，计算得 $D^* = 1.115\text{m}$。为方便建模并保证精度，本书选取大约 $1/10D^*$ 网格尺寸 0.1m×0.1m×0.1m，网格划分比较精细，共分为房间、走道、前室、楼梯间共四个计算区域，网格总量为 537399，满足立方体单元结构的要求。

为了与缩尺寸实验结果对照，验证 Fr 数比例法则，参考相关资料[34]，玻璃和钢板的热边界条件设置为：

&MATL
ID = ′*glass*′,
CONDUCTIVITY = 0.76,
SPECIFIC_ HEAT = 0.84,
DENSITY = 2500/玻璃

& MATL
ID = ′*iron*′,
CONDUCTIVITY = 54,
SPECIFIC_ HEAT = 0.465,
DENSITY = 7833/钢板

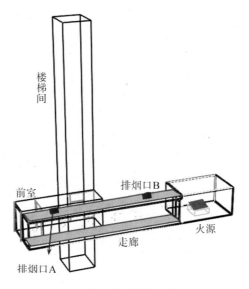

图 4.81　物理模型示意图

2. 工况设置

共设置 19 组模拟工况，如表 4.22 所示，其中工况 1 为对照工况，不设置机械排烟，烟气在房间和走道中自然填充。工况 2～工况 8 为开启一个排烟口 A 的工况，排烟量依次从 2396.16m³/h 增加到 21242.88m³/h；工况 9～13 为开启一个排烟口 B 的工况，排烟量依次从 2396.16m³/h 增加到 10621.44m³/h；工况 14～19 为开启两个排烟口 A、B 的工况，总的排烟量依次从 2396.16m³/h 增加到 21242.88m³/h（每个排烟口的排烟量为总量的一半）。设置机械排烟时，模拟火灾发生后第 75s 开启机械排烟，主要是参考《建筑防排烟技术规程》[22]，考虑 15s 的火灾探测时间，在加上 60s 的排烟系统响应时间，所有算例的模拟计算时长均为 600s。

表 4.22　数值模拟工况设计

工况序号	工况描述	火源热释放速率（kW）	总机械排烟量（m³/h）	排烟口速度（m/s）	开启的排烟口
1	无排烟对照	1500	0.00	0.00	—
2		1500	2396.16	2.08	A
3	开启 1 个排烟口 A	1500	4631.04	4.02	A
4		1500	6324.48	5.49	A

续表

工况序号	工况描述	火源热释放速率（kW）	总机械排烟量（m³/h）	排烟口速度（m/s）	开启的排烟口
5		1500	8478.72	7.36	A
6	开启1个排烟口A	1500	10621.44	9.22	A
7		1500	15932.16	13.83	A
8		1500	21242.88	18.44	A
9		1500	2396.16	2.08	B
10		1500	4631.04	4.02	B
11	开启1个排烟口B	1500	6324.48	5.49	B
12		1500	8478.72	7.36	B
13		1500	10621.44	9.22	B
14		1500	2396.16	1.04	A、B
15		1500	4631.04	2.01	A、B
16	开启2个排烟口A、B	1500	6324.48	2.745	A、B
17		1500	10621.44	4.61	A、B
18		1500	15932.16	6.915	A、B
19		1500	21242.88	9.22	A、B

（二）模拟结果分析

1. 全尺寸数值模拟与1/3缩尺寸实验的对比分析

受实验条件的限制，本书只能开展1/3缩尺寸的模型试验，而模型试验的结果要想通过相似准则向全尺寸推广，还需要进一步的验证。全尺寸数值模拟虽然并不等同于全尺寸实验，但只要网格尺寸、热边界条件等设置合理，数值模拟的结果在一定程度也会与实验结果非常接近，也能反映出火灾过程中的重要现象和基本规律。因此，本节将1/3尺寸实验的96kW无排烟工况实验结果与全尺寸模拟工况1结果进行对比，进一步验证模型实验及数值模拟的合理性。

（1）走道顶棚附近最高温度对比。

火灾烟气的流动适用于 Fr 数相似准则，由表4.2可知，模型与全尺寸实验的温度关系为：$T_F = T_M$，即模型实验与全尺寸实验对应位置处的温度应该相等。图4.82为走道中顶棚附近烟气温度模型实验与全尺寸模拟结果的对比，数据点的取值均为稳定阶段的温度平均值。

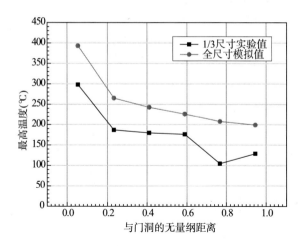

图 4.82　走道顶棚附近烟气最高温度的对比

由图 4.82 可知，对于顶棚附近烟气层温度，全尺寸模拟值明显高于 1/3 尺寸实验测量值，二者温度差最大 95.24℃，最小 49.80℃，随着远离着火房间门洞二者均逐渐降低，二者之间差距也逐渐减小。但在距离门洞 0.77（无量纲距离，树 5 位置）位置处，由于 1/3 尺寸实验中机械排烟口未关闭，形成自然排烟，烟气层温度出现骤减，不符合温度逐渐降低的总体趋势。

显然，这并不符合 Fr 数相似准则，但从实验的实际条件来看，这又是合理的。首先，尽管数值模拟在几何尺寸和热边界条件上尽量贴近实验条件，但在实际的实验台中，由于实验台自身建造的误差和测量装置的需要，在实验台顶棚和地板存在各种缝隙和孔洞，再加上实验时未能关闭排烟口，火灾时房间和走道中的烟气会从这些孔隙中漏出，造成热量的泄漏和热压的降低，从而对走道中的烟气温度造成显著影响。再次，模拟中设置环境温度为 10℃，而实际实验中大气温度基本都在 0℃左右，之所以选取 10℃ 是综合走道内温度与大气温度的取值，因为实验组数较多，很难等到走道温度降低至环境温度再开展下一组实验。因此在走道中尚有余热（大约 25℃）时开展的实验，在模拟时将环境温度设置为 10℃，但这也造成了温度的模拟值比实验值偏大的结果。因此，由于实验中存在许多热量损失之处，而数值模拟设置的是较为理想的条件，因此实验测量温度低于全尺寸模拟值。

（2）无量纲温度竖向分布对比。

图 4.83（a）~（f）为走道中无量纲温度竖向分布的对比，（a）~（f）依次对应走道中树 1 ~ 树 6 位置，实验温度测点具体布置见图 4.22。从图 4.83 中看出，除图（e）外，其余 5 个位置的温度竖向分布曲线均比较接近，且全尺寸模拟值略大于1/3 尺寸实验值，这与走道顶棚附近温度的对比是一致的；同时还能看出，全尺寸

模拟温度曲线的变化趋势与实验曲线变化趋势是极为一致的。尤其是图4.83（a），受到门洞上檐的遮挡，两条曲线均呈现出顶部略低而中部最高的特点，图4.83（f）树6靠近走道尽端，由于烟气在尽端部分回流，温度竖向分布曲线顶部趋于平缓，图4.83（a）（f）全尺寸模拟温度曲线与小尺寸实验曲线的变化趋势、转折点都极为接近，这证明数值模拟能很大程度上反映实际烟气层的流动状态。图4.83（e）为树5位置的温度竖向分布曲线，实验时由于排烟口未关闭，造成走道顶部温度偏低的情况，这与上文对顶棚附近最高温度的分析也是一致的。

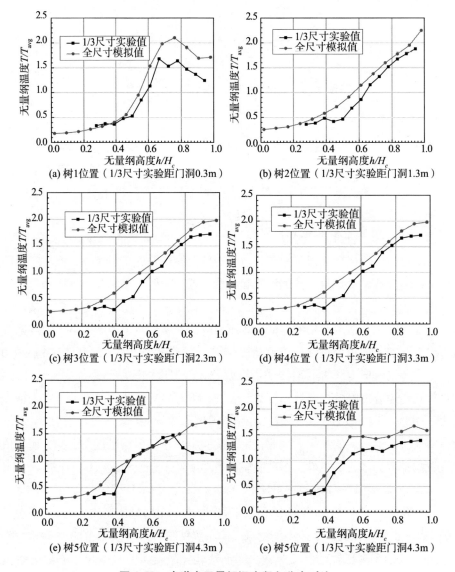

图4.83   走道中无量纲温度竖向分布对比

（3）烟气层高度的对比。

图 4.84 为全尺寸模拟与 1/3 尺寸实验所得走道中烟气层高度的对比，其中烟气层高度均是通过温度积分法计算出来的，图中所指烟气层高度均为无量纲高度，即烟气层高度与走道净高的比值 H_i/H_c。从图 4.84 看出，全尺寸模拟的烟气层高度略低于 1/3 尺寸实验值，模拟值在 0.33 ~ 0.49 之间，对应高度 0.9 ~ 1.33m，而小尺寸实验值在 0.41 ~ 0.61 之间，对应高度 0.37 ~ 0.55m。由此可见，由于温度的差异，小尺寸实验与全尺寸模拟的烟气层无量纲高度并不完全相等，高度值也并不呈 1∶3 的比例，但二者在走道中纵向变化的总体趋势是一致的，且差异并不是很大，全尺寸数值模拟可以反映出烟气层高度的变化趋势。

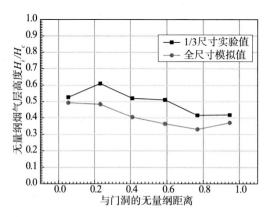

图 4.84　走道中烟气层厚度的对比

（4）走道中流场的对比分析。

图 4.85 为 250s 时走道纵向切面水平速度云图。这种流动模式与实验所观察到的现象完全一致。图中线条为水平速度为 0 的等值线，即为烟气层与空气层的分界面，在该界面上方，火灾烟气由着火房间流向室外，在该界面下方，较为新鲜的空气由走道远端输运至着火房间。由此可见，全尺寸数值模拟的烟气流动模式与小尺寸实验结论是一致的。

图 4.86 为 250s 时沿走道纵向切面速度矢量分布图，从图可以看出，门洞处速度较大，火灾烟气受到房间内热压的作用，以最快 3.5m/s 的速度冲出门洞，进入走道，在走道内形成较为稳定的一维流动。但由于门洞高度低于走道，因此在距离门洞一段距离内烟气并非一维流动。如图 4.87 所示，在测点树 2 之前存在强烈的烟气卷吸和回流，而树 2 位置［距离门洞 $6.5 \times (H_c - H_d) = 3.9m$］则恰好是形成一维稳定流动的起始点，第三节提出以 $6.5 \times (H_c - H_d)$ 作为走道内烟气一维流动起始点，全尺寸的数值模拟结构进一步证明了该猜想的正确性。

　　实验台采用钢梁和钢板搭建，虽然涂刷防火涂料，但毕竟不能长时间承受火焰和高温的炙烤，且液化石油气流量也很难长期保持96kW所要求的较大流量。因此，受实验条件的限制，并未开展太多96kW（对应实际尺寸1.5MW）的小尺寸实验。而火源功率1.5MW、关窗无排烟工况下的数值模拟与缩尺寸实验结果的基本吻合，则为采用数值模拟方法研究实际规模下的火灾烟气流动规律提供了基础和依据。另一方面，这也印证了 *Fr* 数准则的正确性，缩尺寸实验的研究结论可以推广到全尺寸的火灾场景中去，大大增强了本书研究的应用价值。

　　下面将通过分析全尺寸下1.5MW火灾时的烟气流动规律，进一步探究机械排烟口的位置与数量及吸穿对走道烟气分层稳定性的影响。

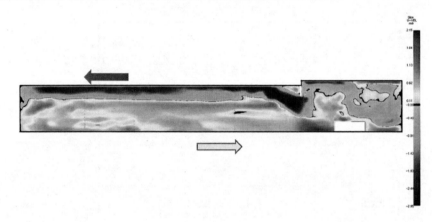

图 4.85　250s 时"房间—走道"纵向切面水平速度云图

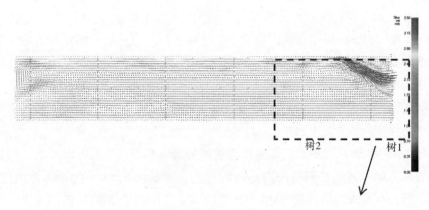

图 4.86　250s 时走道纵向切面速度矢量分布

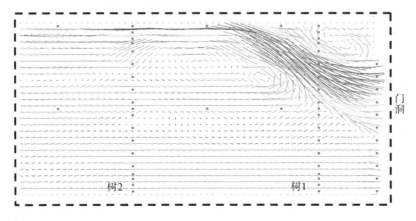

图 4.87　250s 时门洞正前方树 1～树 2 之间流场示意图

2. 排烟口位置对烟气分层特性的影响

如图 4.81 所示，模拟时设置两个不同位置的排烟口，其中 A 位置与实验台中排烟口的位置对应，实验台中排烟口距离着火房间门洞 4.3m，位于测点树 4 正上方，模拟中排烟口 A 距离门洞 16.9m，也位于测点树 4 正上方，排烟口 B 位于测点树 2 正上方，距离着火房间门洞 3.9m。如表 4.22 所示，工况 4 与工况 11 是排烟量 6324.48m³/h 时不同排烟口的对照工况，工况 6、工况 13 是排烟量在 10621.44m³/h 时不同排烟口的对照工况。下面，通过这四组对照工况的分析，研究不同的排烟口位置对烟气分层特性的影响。

（1）竖向温度分布。

图 4.88（a）（b）分别为工况 4 与工况 11 在走道中不同位置处的无量纲温度竖向分布曲线。从图中看出，在排烟量 6324.48m³/h 时，无论排烟口位于 A 还是位于 B，走道中都能形成较好的温度分层。其中当排烟口位于 A 时，层化强度较大，走道中层化强度的变化范围为 1.86～2.45；当排烟口位于 B 时，层化强度略低，为 1.63～2.19。这说明排烟口的位置能在一定程度上影响走道中烟气的分层强度，离着火房间越远走道中层化强度越大，但都能保持较好的温度分层。

图 4.89（a）（b）分别为工况 4 与工况 11 在 450s 时沿走道纵向切面温度分布，图中线条为 60℃ 等温线。由图可以看出，走道中存在显著的温度分层，门洞正前方烟气温度接近着火房间，温度在 250～410℃ 之间；走道上部的区域温度在 170～250℃ 之间，为高温烟气层；温度在 60～170℃ 之间的区域为烟气层与下部空气层的过渡区；线条以下的区域烟气温度在 60℃ 以下，属于空气流动区。随着烟气远离着火房间门洞（门洞位于图中最右端），烟气层温度逐步降低；从 60℃ 等温线的降低可以看出，烟气层高度也随着远离房间门洞而降低。对比排烟

口 A 与排烟口 B 的排烟效果，排烟口 A 能使走道中烟气保持更好的温度分层，60℃等温线的高度更高，这意味着如果将60℃作为人员疏散的安全标准，那么当排烟口位于 A 时，将能提供更多的安全疏散空间。

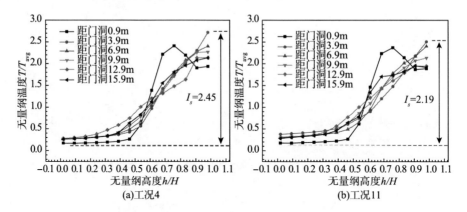

图 4.88 工况 4 与工况 11 在走道中不同位置处的竖向温度分布

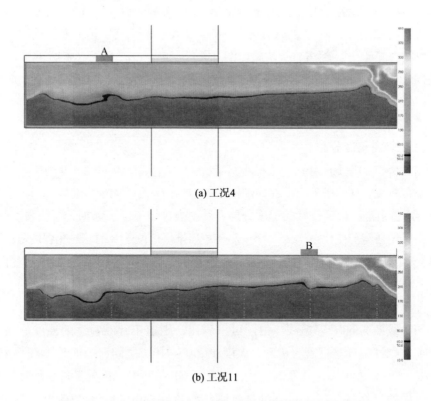

(a) 工况4

(b) 工况11

图 4.89 工况 4 与工况 11 在 450s 时沿走道纵向切面温度分布

（2）烟气层高度及顶棚附近最高温度。

图 4.90 为排烟口位于 A 和 B 烟气层高度的比较，图 4.90（a）为排烟量较小时，工况 4（排烟口位于 A）与工况 11（排烟口位于 B）的烟气层高度。可见，当排烟量较小时，排烟口的位置对烟气层高度的影响并不大，烟气层高度都随着远离门洞而降低，但排烟口 B 的烟气层高度在 3.9m、6.9m、15.9m 远位置处明显高于排烟口 A。这一方面是由于 B 的位置在距门洞 3.9m 处，另一方面是因为在走道尽端从楼梯间和前室有大量的新鲜空气的回流从而导致了烟气层高度的提升。图 4.90（b）为排烟量较大时，工况 6（排烟口位于 A）与工况 13（排烟口位于 B）的烟气层高度，可见，除房间门洞正前方 0.9m 之外，排烟口 A 总能将烟气层高度保持在 1.8m 左右，而当排烟口为 B 时，烟气层高度在走道中变化幅度很大，在距房间门洞 3.9m 远处近 2.1m 高，但随后急剧降低，在 12.9m 远处甚至低至 1.35m。因此，排烟口位于 A 位置时走道中烟气层能保持更加稳定的状态。

图 4.91 为排烟口位于 A 和 B 烟气层最高温度的比较。由图 4.91（a）（b）看出，排烟口位于 B 时烟气层温度低于排烟口位于 A 的烟气层温度，尤其是在距离房间门洞 3.9~9.9m 远处，这主要是由于排烟口 B 更靠近着火房间，在排烟量相同时，其排出更多的热量，因此在降低走道内烟气层温度上，B 位置优于 A 位置。

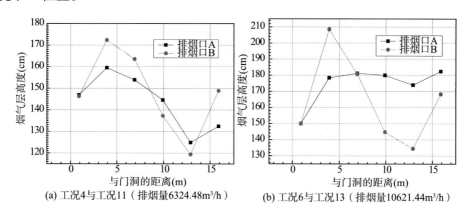

(a) 工况4与工况11（排烟量6324.48m³/h） (b) 工况6与工况13（排烟量10621.44m³/h）

图 4.90 不同排烟口位置的工况烟气层高度的比较

综合来看，排烟口在 A 位置比 B 位置具有更好的排烟效果，即排烟口适当地远离着火房间（距离门洞 12.9m）比靠近房间门洞（距离门洞 3.9m）能更好地保持烟气的分层形态，保持更高的烟气层高度，从而为人员疏散提供更大的安全空间。

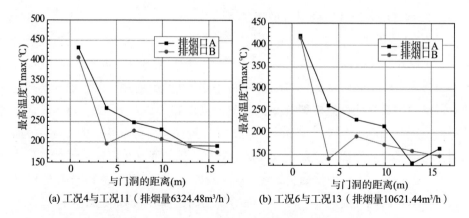

(a) 工况4与工况11（排烟量6324.48m³/h）　　(b) 工况6与工况13（排烟量10621.44m³/h）

图4.91　不同排烟口位置的工况烟气层最高温度的比较

（3）Newman Fr 数的计算。

本书采用 Newman 所提出的 Fr 数表征走道中烟气温度分层的特征，并提出了依据 Fr 数判定烟气分层稳定性的方法，根据数值模拟的结果，整理得工况4、6、11、13 的相关参数，根据相关参数，计算得各种工况中走道部分测点的 Newman Fr 数，如表4.23 所示。

由表4.23 可见，除工况13 树2 位置外，其他工况和位置的 Fr 数均在0.19～0.52 之间，根据分层稳定性划分依据，这些位置和工况的烟气分层均处于较好的分层状态，但工况13 的树2 位置则为极好的分层状态，这主要是由于工况13 较大的排烟量以及树2 位于排烟口正下方的缘故。

表4.23　工况4、6、11、13 计算参数列表

工况序号	温度树位置	H_i（cm）	T_u（℃）	T_L（℃）	T_a（℃）	ΔT_{cf}	T_{avg}（℃）	u_{avg}	Newman Fr 数
4（排烟口A）	树2	159.5	194.13	38.53	10	255.68	104.27	1.43	0.24
	树3	153.9	185.47	39.10	10	220.67	103.29	1.68	0.29
	树4	144.6	172.22	38.77	10	204.25	101.66	1.83	0.32
6（排烟口A）	树2	178.4	178.26	29.57	10	239.48	82.46	1.64	0.27
	树3	181.2	176.34	31.11	10	207.25	80.56	1.89	0.32
	树4	180	166.08	31.27	10	193.08	77.64	2.03	0.35
11（排烟口B）	树2	172.4	138.15	41.81	10	166.04	77.97	—	—
	树3	163.5	173.75	41.21	10	198.25	94.82	1.24	0.22
	树4	137.2	154.72	39.83	10	177.86	97.09	1.28	0.23

续表

工况序号	温度树位置	H_i (cm)	T_u (℃)	T_L (℃)	T_a (℃)	ΔT_{cf}	T_{avg} (℃)	u_{avg}	Newman Fr 数
13 （排烟口 B）	树2	208.6	113.99	33.73	10	115.36	53.08	0.95	0.17
	树3	180.7	146.00	37.08	10	166.89	74.42	1.30	0.23
	树4	144.7	125.58	35.45	10	148.30	77.98	1.38	0.25

注：树2、树3、树4分别距离着火房间门洞3.9m、6.9m、9.9m，表中"—"表示由于无法准确计算烟气速度而无法计算相关参数。

（4）速度分界面与温度分界面的区别。

为计算 Fr 数，在整理速度测点输出文件时，笔者发现，当排烟量较大时，烟气流动分层界面与温度分层界面并不一致。

图4.92为工况13距离门洞6.9m远处（树3位置），采用温度积分法计算烟气层高度的示例，图中左侧纵坐标为温度，右侧纵坐标为整体积分 R_{to}。根据温度积分法，在整体积分 R_{to} 取极小值的位置即为烟气层分界面高度，由图可见，走道该位置处的烟气层高度为 $H_i = 1.81$m。图4.95为工况13树3和树4位置速度分层界面示意图，由图可见，树3位置即距门洞6.9m远处速度分界面高度大约为2.0m，但显然高于温度积分法所计算的1.81m。

统计发现，几乎所有工况和位置的烟气层速度分层界面与温度分层界面都不一致，其中工况4、6、11、13的速度分层界面与温度分层界面差异如图4.93及图4.94所示。

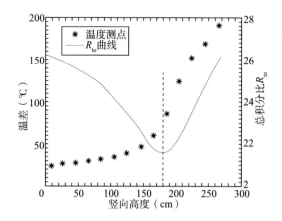

图4.92　工况13树3位置处烟气层高度计算示意图

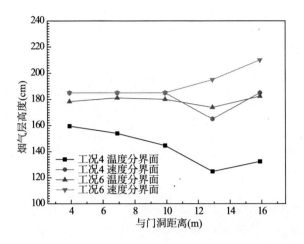

图 4.93　工况 4、6 速度分层界面与温度分层界面对比

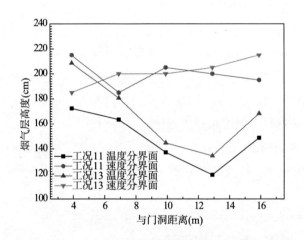

图 4.94　工况 11、13 速度分层界面与温度分层界面对比

由图 4.93 与图 4.94 可见，速度分界面都高于温度分界面，速度分界面基本都在 1.8m 以上，二者差异较大，而只有工况 6 的温度分界面与速度分界面比较接近。速度分界面与温度分界面之间的差距正体现了烟气层在流动过程中与下部空气层的卷吸和掺混，由于上部烟气层与下部空气相向流动（流动模式见图 4.85、图 4.86），再加上烟气撞击走道尽端而造成的回流，导致下部空气层卷吸和掺混了部分高温热烟气，造成其温度的升高。因此正因为该部分烟气水平速度朝向房间门洞，与空气层流动方向一致，才造成了温度分界面与速度分界面的差异；而当排烟口 A 排烟量较大时，烟气分层较好，烟气与空气的卷吸和掺混较弱，两个分界面之间的差距较小，如工况 6。

图 4.95 为速度分布云图。

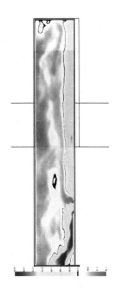

图 4.95　速度分布云图

由此可见，在走道中机械排烟作用下，由于上部烟气层的流动与下部空气流动相向而行，速度分层的界面不同于温度分层界面，二者之间存在一定的差距。而烟气层界面的选取则更加接近于温度分层界面，应选择由温度所计算出的分层界面高度作为烟气层高度。

3. 排烟口的数量对烟气分层稳定性的影响

排烟口的数量是影响机械排烟效果的重要因素，也可能对烟气分层稳定性产生影响。已有研究表明，排烟口的数量越多，其排烟效果越好，相应地烟气分层稳定性越好[30]。表 4.22 中工况 4~8 为单个排烟口 A 的工况，工况是 16~19 为两个排烟口 A、B 的工况。设置两个排烟口时，假设两个排烟口排烟量均匀，等于总排烟量的一半。

（1）烟气层温度。

图 4.96 为工况 4、6、16、17 在 450s 时沿走道纵向切面温度分布云图，其中（a）（b）为设置单个排烟口 A 的场景，（c）（d）为设置两个排烟口 A 与 B 时的场景，图中线条为 60℃ 等温线，在一定程度上该线可以反映出烟气层界面的高低。从图中可以看出，无论排烟口设置在 A 还是排烟口设置在 A、B，走道中都存在显著的烟气温度分层，门洞正前方烟气温度接近着火房间，代表温度在 250~410℃ 之间；走道上部的区域温度在 170~250℃ 之间，为高温烟气层；温度在 60~170℃ 之间的区域为烟气层与下部空气层的过渡区；线条以下的区域烟气温

度在60℃以下，属于空气流动区域。

对比单个排烟口与两个排烟口的排烟效果发现，排烟量较小时，走道中设置单个排烟口与两个排烟口其烟气层高度相差不大，但设置两个排烟口时，烟气层的温度会更低，说明两个排烟口能够排出更多的热量。

从排烟口正下方的温度测点数据来看，如图4.96（b）工况6，在排烟量达到10621.44m³/h时，排烟口正下方烟气最高温度为130.15℃，2.05m高烟气温度为78.93℃，虽然没有接近于环境温度10℃，但也远远低于高温烟气温度，说明此时排烟口处已经发生了吸穿。

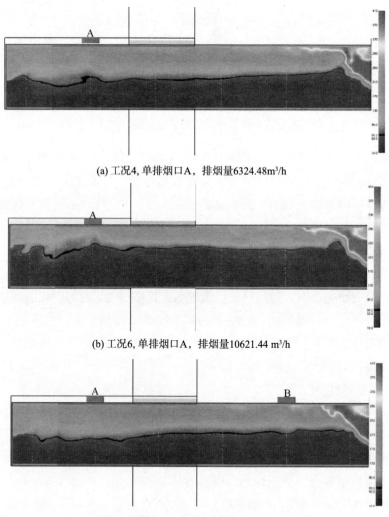

(a) 工况4，单排烟口A，排烟量6324.48m³/h

(b) 工况6，单排烟口A，排烟量10621.44 m³/h

(c) 工况16，双排烟口A、B，总排烟量6324.48m³/h

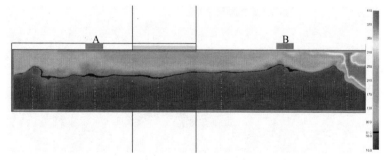

(d) 工况17, 双排烟口A、B, 总排烟量10621.44 m³/h

图4.96　工况4、6、16、17在450s时沿走道纵向切面温度分布

图4.97为不同排烟口数量时烟气层平均温度的比较, 从中可以看出, 总的排烟量相同时, 走道中设置两个排烟口的烟气层平均温度要明显低于只设置一个排烟口的工况, 且排烟量越大, 这种差距越大。这也进一步定量地证明了图4.96所体现出的规律。

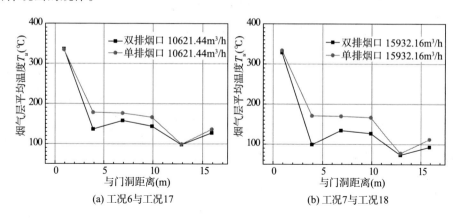

(a) 工况6与工况17　　　　　　　　(b) 工况7与工况18

图4.97　不同排烟口数量烟气层平均温度的比较

（2）烟气层高度。

图4.98为不同排烟口数量的工况烟气层高度的比较, 图4.98（a）为机械排烟量较小时烟气层高度的对比。可见, 当排烟量较小时, 排烟口数量对烟气层高度影响不大, 双排烟口工况的烟气层高度略高于单排烟口; 当总排烟量增大至10621.4m³/h时, 单个排烟口工况的烟气层高度在走道中分布平稳, 基本都保持在1.8m左右。但双排烟口的工况在第二个排烟口即距门洞12.9m远处, 烟气层高度急剧降低, 这可能是由于第一个排烟口（距门洞3.9m）已经排出了大量的烟气和热量, 当烟气到达第二个排烟口处时, 烟气层的温度显著降低, 再加上该

处排烟口的抽吸作用导致烟气层稳定性进一步降低，因此，该处烟气层高度显著降低。

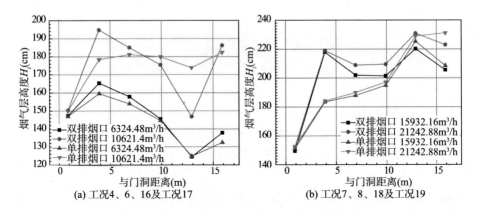

图4.98　不同排烟口数量工况烟气层高度的比较

图4.98（b）为排烟量较大时走道中烟气层高度的变化。可见，当排烟量为15932m³/h 或21242.88m³/h 时，双排烟口的烟气层高度显著高于单排烟口，且在第二个排烟口位置不再出现烟层高度急剧降低现象；另一方面，对于同一种排烟口布置，排烟量为15932m³/h 与21242.88m³/h 的烟气层高度非常接近，这说明排烟量增大到一定程度，其烟气层高度逐渐趋于稳定，不会再随排烟量的增加而继续升高，而出现这一现象的原因则正是由于烟气层发生了吸穿。

（3）排烟口数量对烟气层吸穿的影响。

在对图4.96（b）所示工况6排烟口下方烟气温度进行分析时，已经看出该位置烟气层接近于吸穿。吸穿的发生会降低机械排烟系统的效能，使机械排烟系统无法充分发挥其排烟作用。因此，本书引入排热效率和排烟效率及排烟效能的概念来进一步探究吸穿现象及排烟口的数量对吸穿的影响[35]。

①排烟效率：风机作用下单位时间内所有开启排烟口的排出烟气质量流量之和占烟气生成质量流量的百分比，即

$$\eta_s = \frac{m_{e,c}}{m_{g,c}} \times 100\% \tag{4.72}$$

式中，$m_{e,c}$ 是一段时间内燃烧产物 c 的机械排出总质量流量，kg/s；$m_{g,c}$ 是燃烧产物 c 的产生质量流量，kg/s。本书主要研究 CO 的排出效率，以此代表火灾烟气的排出效率。

②排热效率：一段时间内通过排烟口所排出的热量与这段时间内产生的总热量的比值，即

$$\eta_h = \frac{Q_e}{Q_c} \times 100\% \qquad (4.73)$$

式中，Q_e指单位之间内通过排烟口所排出的热流量，kW；Q_c指单位时间内火源释放并进入烟气的热流量，kW，取 $0.7Q$，Q 为火源热释放速率。

③排烟效能：单位排烟量的增加对排烟效率提升的贡献率，即

$$\varepsilon = \frac{\Delta\eta_s}{\Delta V_e} \times 100\% \qquad (4.74)$$

式中，ΔV_e指排烟量的增加量；$\Delta\eta_s$指排烟效率的增加量。

排烟效率 η_s、排热效率 η_h 和排烟效能 ε 是机械排烟系统的定量评价指标，利用火灾模拟软件 FDS 实现对其计算，图 4.99（a）（b）（c）分别为所有模拟工况的排热效率、排烟效率及排烟效能随排烟量的变化。

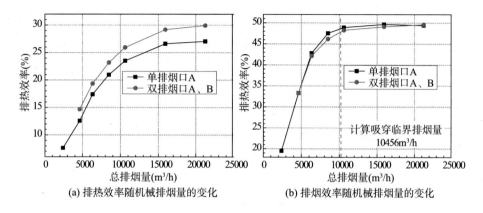

(a) 排热效率随机械排烟量的变化   (b) 排烟效率随机械排烟量的变化

图 4.99   不同排烟口数量的工况排热效率及排烟效率的比较

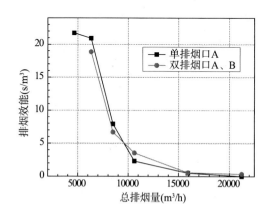

图 4.100   排烟效能随排烟量的变化

　　由图 4. 99 可见，排烟效率及排热效率都随着排烟量的增大而增大，但随着排烟量的增大，曲线增加的趋势越来越缓和，当排烟量增加到一定值后，效率曲线几乎不再变化，逐渐趋于稳定；排烟效能随排烟量的增加而逐渐降低，也就是说，随排烟量的增加，每增加单位排烟量，排烟效率的增加量越来越少，排烟效率逐渐趋于平稳，而出现这一现象的原因也正是烟气层的吸穿。对比图 4. 99 (a) (b) 可见，排热效率随排烟量增加的速度比排烟效率慢，达到稳定阶段的临界排烟量大于排烟效率达到稳定的排烟量，如排烟效率曲线在 10000m³/h 左右排烟量就不再增加，而排热效率曲线则在 15000m³/h 排烟量才趋于稳定。

　　图 4. 99 (b) (c) 分别为排烟效率和排烟效能随排烟量的变化。可见，单排烟口与双排烟口的排烟效率曲线基本重合，当排烟量增大到 10621. 44m³/h 时，排烟效率曲线趋于平缓，排烟效能趋于 0，说明在此排烟量下烟气层已经吸穿。此前计算了 1. 5MW 火源下，距离房间门洞任意距离处的烟气层吸穿临界排烟量，计算结果如图 4. 100，根据计算结果，距离着火房间门洞 13m 远处设置单个排烟口，其吸穿的临界排烟量为 10456m³/h，显然，数值模拟所显示的吸穿排烟量与计算值非常接近，这证明本书所提供的计算方法及计算结果具有一定的应用价值，为工程应用提供了良好的范本和依据。

　　同时，若以排烟效率趋于稳定来论断吸穿现象的发生，则由计算结果来看，排烟口的数量增加，似乎并没有避免吸穿的发生。这说明，在走道中布置单个排烟口与两个排烟口，其发生吸穿的临界排烟量相差不大，可以以单个排烟口的临界排烟量作为双排烟口时每个排烟口发生吸穿的临界排烟量。

　　综上所述，走道中设置两个排烟口比只设置一个排烟口排出更多的热量，从而使得烟气层温度更低，在一定的排烟量范围内，烟气层温度的降低也减弱了烟气的分层稳定性，使得烟气层高度在走道中分布不如单个排烟口稳定；但是当排烟量很大时，双排烟口的烟气层高度总是显著高于单排烟口的烟气层高度；与此同时，排烟口数量的增多并没有避免吸穿的发生。

参考文献

[1] 霍然. 建筑火灾安全工程导论 [M]. 中国科学技术大学出版社，1999.

[2] Brani D M, Black W Z. Two‒zone model for a single‒room fire [J]. Fire Safety Journal, 1992, 19 (2‒3): 189‒216.

[3] Cooper L Y, Harkleroad M, Quintiere J, et al. An experimental study of upper hot layer stratification in full‒scale multiroom fire scenarios [J]. Journal of Heat Transfer, 1982, 4: 741‒749.

［4］ Yaping H, Anthony F, Luo M C. Determination of interface height from measured parameter profile in enclosure fire experiment ［J］. Fire Safety Journal, 1998, 31: 19 – 38.

［5］ Quintiere J G, Steckler K, Corley D. An assessment of fire induced flows in compartments ［J］. Fire science and Technology, 1984, 4 (1): 1 – 12.

［6］ H. Pretrel, L. Audouin. New developments in data regression methods for the characterization of thermal stratification due to fire ［J］. Fire Safety Journal, 2015, 76: 54 – 64.

［7］ Audouin L , Tourniaire B. New Estimation Of The Thermal Interface Height In Forced – ventilation Enclosure Fires ［J］. Fire Safety Science, 2000, 6 (5): 555 – 566.

［8］ 阳东. 狭长受限空间火灾烟气分层与卷吸特性研究 ［D］. 合肥: 中国科学技术大学, 2010.

［9］ 阳东, 胡隆华, 霍然, 等. 纵向风对通道火灾烟气竖向分层特性的影响 ［J］. 燃烧科学与技术, 2010, 16 (3): 252 – 256.

［10］ 许秦坤. 狭长通道火灾烟气热分层及运动机制研究 ［D］. 合肥: 中国科学技术大学, 2012.

［11］ Poreh M, Marshall N R, Regev A. Entrainment by adhered two – dimensional plumes ［J］. Fire Safety Journal, 2008, 43 (5): 344 – 350.

［12］ Regev A , Hassid S, Poreh M. Density jumps in smoke flow along horizontal ceilings ［J］. Fire Safety Journal, 2004, 39 (6): 465 – 479.

［13］ Awad A S, Calay R K, Badran O O, Holdo AE. An experimental study of stratified flow in enclosures ［J］. Applied Thermal Engineering. 2008, 28: 2150 – 2158.

［14］ Newman J S. Experimental evaluation of fire – induced stratification ［J］. Combust. Flame, 1984, 57 (1): 33 – 39.

［15］ Ellison T H. Turbulent entrainment in stratified flow ［J］. Journal of Fluid Mech. 1959, 6 (3): 423 – 448.

［16］ Leur P H E V D, Kleijn C R, Hoogendoorn C J. Numerical study of the Stratified smoke flow in a corridor: Full – scale calculations ［J］. Fire Safety Journal, 1989, 14 (4): 287 – 302.

［17］ Nyman H, Ingason H. Temperature stratification in tunnels ［J］. Fire Safety Journal, 2012, 48 (2): 30 – 37.

［18］ Ying Zhen Li, Bo Lei, Ingason H. Study of critical velocity and backlayering length in longitudinally ventilated tunnel fires ［J］. Fire Safety Journal. 2010, 45: 361 – 370.

［19］ 刘鹤年. 流体力学 ［M］. 北京: 中国建筑工业出版社, 2004: 109 – 122.

［20］ Quintere J G. Scaling Application in Fire Research ［J］. Fire Safety Journal. 1989, 15 (1): 3 – 29.

［21］ Chen H X, Liu N A, Chow W K. Wind tunnel tests on compartment fires with crossflow ventilation ［J］. Journal of Wind Engineering and Industrial Aerodynamics, 2011, 99 (10): 1025 –

1035.

[22] 上海市建设和交通委员会. 建筑防排烟技术规程（DGJ 08-88-2006）[S]. 2006.

[23] 杨淑江. 有风条件下室内火灾烟气流动与控制研究 [D]. 长沙：中南大学，2008.

[24] Yi L, Gao Y, Niu J L, et al. Study on effect of wind on natural smoke exhaust of enclosure fire with a two-layer zone model [J]. Journal of Wind Engineering and Industrial Aerodynamics, 2013, 119: 28-38.

[25] 杜红. 防排烟工程 [M]. 北京：中国人民公安大学出版社，2003: 33, 41-43, 111-112, 224.

[26] 蔡崇庆，姜学鹏，袁月明. 排烟口间距对隧道集中排烟烟气层吸穿影响的模拟 [J]. 安全与环境学报，2014, 14 (6): 95-101.

[27] 姜学鹏，袁月明，李旭. 隧道集中排烟速率对排烟口下方烟气层吸穿现象的影响 [J]. 安全与环境学报，2014, 14 (6): 95-101.

[28] National Fire Protection Association. NFPA 92B: Guide for smoke management systems in malls, Atria and Large Areas [S]. 2012.

[29] 中华人民共和国住房和城乡建设部，中华人民共和国国家质量监督检验免疫总局. 建筑防烟排烟系统技术标准（GB51251—2017）[S]. 北京：中国计划出版社，2018.

[30] 靖成银，何嘉鹏，周汝. 高层建筑横向走道防排烟方式对烟气控制效果的模拟 [J]. 建筑科学，2008, 24 (11): 52-56.

[31] 张威，童艳，何嘉鹏，等. 长廊型高层建筑烟气组合控制模式的比较分析 [J]. 安全与环境学报，2014, 14 (4): 1-4.

[32] McGrattan K, Mcdermott Rl, Hostikka S, et al. Fire Dynamics Simulator (Version 5) User's Guide [J]. NISTIR 6997, 2010: 3-19.

[33] K. Kill, J. Dreisbach, F. Joglarm, et al. Verification and Validation of Selected Fire Models for Nuclear Power Plant Applications [R]. Washington, DC: United States Nuclear Regulatory Commission, 2007.

[34] 章熙民，任泽霈，梅飞鸣. 传热学 [M]. 北京：中国建筑出版社，1994: 330-331.

[35] 刘琪，姜学鹏，蔡崇庆，袁月明. 排烟风量变化对隧道集中排烟效率的影响 [J]. 安全与环境学报，2012, 12 (6): 177-180.

第五章 排烟送风与室外风综合驱动对烟控效果的影响

第一节 高层建筑火灾烟气控制实验设计

实验研究是火灾科学研究中重要组成部分，是认识和解决理论问题和工程实践问题的重要手段[1]。通过开展实验能够重现真实火灾中的一些重要现象，为揭示其产生机理提供了可能。本书将在搭建的 1/3 小尺寸实验台上进行改造，设计开展多驱动力作用下高层建筑火灾烟气控制实验平台，利用各类仪器和设备测量了走道、前室、楼梯间等处烟气温度和烟气流速等参数。由于第四章详细介绍了试验台、相关设备及测量设施，本章不再重复介绍。

一、室外风模拟系统设计

由于小尺寸模型实验设备与空间受限，一般使用轴流风机模拟室外风[2]。用风机模拟产生室外风的方法本低，容易实现，但产生的风流速不均，即使在同一平面上波动也很大。为了得到较均匀的气流，有学者在风机出口加装导流片等部件[3]，但实验证明改进效果并不明显。根据参考文献[4]，本书采用静压箱对风速进行稳流处理。

静压箱能减少气体动能，增加流体静压，使进入箱内流体变的均匀稳定，从而达到改善送风效果的目的。下图 5.1 （a）为静压箱与送风机组合实物图。静压箱尺寸 1.0m × 1.0m × 1.0m，与着火房间外窗正对开口尺寸为 0.5m × 0.5m。本实验的室外风模拟系统由静压箱、轴流风机、变频器等组成，相关参数见表 5.1。

表 5.1　系统部件相关参数

名称	型号	直径（cm）	功率（kW）	频率（Hz）	风量（m³/h）	转速（r/min）
变频器	E180		0.75	0 ~ 50		
轴流风机	EG – 3.5A – 2	35	0.38	50	3740 ~ 5029	2800

 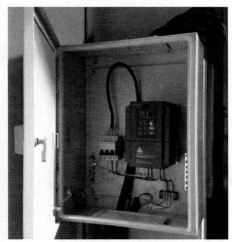

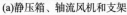
(a)静压箱、轴流风机和支架   (b)DELIXI变频器

图5.1　室外风模拟系统

二、烟气控制系统设计

实验模型建筑的烟气控制系统包括环形走道上的机械排烟系统以及前室和楼梯间的加压送风系统。图5.2为模型平面布局示意图。

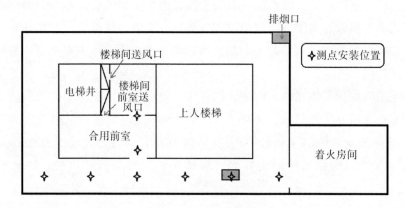

图5.2　模型平面布局图

1. 加压送风系统

实验台在楼梯间和前室分别设置机械加压送风系统（图5.3）。整个送风系统由轴流式送风机、送风管道和变频控制器组成。加压送风系统采用合用前室和

楼梯间分别进行加压送风的防烟方式，楼梯间中从第二层起每隔一层设置一个送风口，合用前室每层均设置一个送风口。送风口尺寸均为为 $300\text{mm} \times 200\text{mm}$。轴流风机型号为 SFG4 -2，最大风量为 $11000\text{m}^3/\text{h}$。变频器通过调节风机功率来达到调节风机风量的效果，风量可以实现从 $0 \sim 11000\text{m}^3/\text{h}$ 范围的调节。

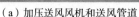

（a）加压送风风机和送风管道　　　　　（b）合用前室送风口

图 5.3　机械加压送风系统

2. 机械排烟系统

图 5.4 是机械排烟系统组成图。机械排烟系统包括轴流式消防排烟风机、排烟管道、排烟口和风机变频器四部分。在靠近着火房间的长走道顶棚上各设有 1 个排烟口，排烟口尺寸为 260mm（长）$\times 130\text{mm}$（宽）。排烟口下方安装了可以调控大小的插销，可以使排烟口从完全开启到完全关闭状态之间实现任意程度的调节。排烟风机型号是 HTF $-\text{I}-\text{A}-4$，最大排烟量为 $5500\text{m}^3/\text{h}$，风量可以通过变频器进行最大范围内的任意调节。

图 5.4　机械排烟系统组成

三、实验设计

本书实验中需要设定的参数为火源热释放速率、模拟室外风风速、机械加压送风风量与机械排烟量，需要测量的参数为疏散走道中上部烟气流度、前室门洞处气体流速以及疏散走道各处的温度。

（一）火源热释放速率设定

实验采用液化石油气作燃料，通过控制液化石油气的流量来得到不同的火源热释放速率。根据《建筑防烟排烟系统技术标准》[5]第4.6.7条，对于设有喷淋系统的办公室、客房、走道，其火灾热释放速率宜设定为1.5MW。鉴于目前的酒店客房和办公室这类场所均装有自动喷水灭火系统，所以本书将热释放速率设为1.5MW。由于实验是在1/3尺寸实验台进行的，因此实验中的火源热释放速率要按相似原理进行转换约为96.2kW。

可燃物的热释放速率计算公式为

$$Q = \phi m \Delta H \tag{5.1}$$

式中，Q是可燃物燃烧热释放速率，kW；ϕ为燃烧效率因子；m为可燃物质量燃烧速率，kg/s；ΔH为可燃物的热值，kJ/g[6]。

已知液化石油气的热值约为30.5kW/m³。实验供氧充足，液化气燃烧较为充分，本书燃烧效率ϕ取0.8。因此火源为96.2kW。热释放速率及对应的液化石油气流量约为3.9m³/h。

（二）模拟室外风速设定

实验利用静压箱获得均加野麦克斯KA23型热线式手持式单点风速仪对静压箱出风口处的风速和对应的变频器频率进行测量标定。风速测量采用五点测量取平均值的方法，静压箱出风口处的五点选取如图5.5所示。

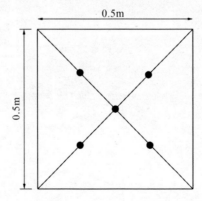

图5.5　静压箱出风口处测点布置示意图

　　根据多次实验测试发现，静压箱出口处风速与风机频率大小成线性关系。下图为静压箱出口风速与风机频率的拟合曲线图。

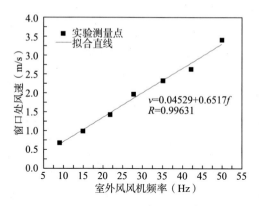

$v=0.04529+0.6517f$
$R=0.99631$

图 5.6　静压箱出口处风速拟合曲线图

　　受风机风量的限制，实验中设定的最大风速为 3.28m/s，相当于实际环境中 5.8m/s 的风速，属于 4 级风。实验设定的模拟风速及对应的变频器频率等参数见表 5.2。

表 5.2　模拟室外风速相关参数设定

序号	模型风速（m/s）	实际风速（m/s）	风力等级	变频器频率（Hz）
1	0	0	0	0
2	0.58	1	1	9
3	1.45	2.5	2	22
4	2.30	4	3	35
5	3.28	5.8	4	50

（三）加压送风量的设定

　　通过五点法对前室送风口和楼梯间送风口进行加压送风风量与送风风机频率大小标定。图 5.7 和图 5.8 为标定后拟合的线性关系图。后文实验均参照该线性关系选取所需加压送风风量。

　　实验设计的送风量由全尺寸建筑模型的送风量进行缩尺寸计算得来。本书实验模型的加压送风系统采用合用前室和楼梯间分别进行加压送风的防烟方式，楼梯间中从第二层起每隔一层设置一个送风口，合用前室每层设置一个送风口。送风口尺寸为 900mm×600mm。加压送风量根据风速法和查表法得到，其中风速法的计算公式为

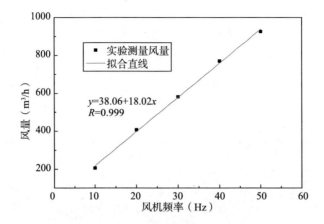

图 5.7 前室送风量随风机频率变化

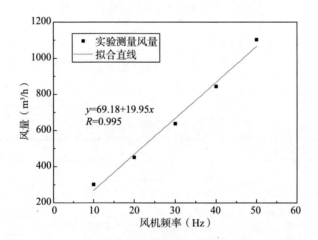

图 5.8 楼梯间送风量随风机频率变化

$$L = A_k vN \tag{5.2}$$

式中，L 为所需的加压送风量，m^3/s；A_k 为每层开启门的总断面面积，m^2；v 为门洞断面风速，当对楼梯间与合用前室分别机械加压送风时取 0.7m/s；N 为开启楼层的数量，本书中取 2[5]。

经计算，对楼梯间进行加压送风的计算结果为 19692m³/h，对合用前室进行加压送风的计算结果为 9900m³/h；根据《建筑防烟排烟系统技术标准》第 3.4.2 条查表得，只对楼梯间进行加压送风的送风量取 17800 ~ 20200m³/h，对合用前室进行加压送风的送风量取 10200 ~ 12000m³/h。故实验全尺寸建筑模型按规范选取的楼梯间的加压送风量为 19692m³/h，合用前室的加压送风量为 10200m³/h。

按照相似原理换算成 1/3 小尺寸实验后的楼梯间的送风量为 1263.2m³/h，前室的送风量为 635.1m³/h。为了研究不同情况下的不同加压送风量的控烟效果，本书拟在规范规定送风量的基础上改变风量以期得到不同工况下最优送风量大小。表 5.3 为全尺寸模型加压送风量与 1/3 实验台小尺寸模型加压送风量关系对应表。

表 5.3　全尺寸模型加压送风量与 1/3 实验台小尺寸模型加压送风量关系对应表

序号	全尺寸建筑模型加压送风量（m³/h）	实验对应风量（m³/h）	序号	全尺寸建筑模型加压送风量（m³/h）	实验对应风量（m³/h）
1	0	0.00	12	11000	705.65
2	1000	64.15	13	12000	769.80
3	2000	128.30	14	13000	833.95
4	3000	192.45	15	14000	898.10
5	4000	256.60	16	15000	962.25
6	5000	320.75	17	16000	1026.40
7	6000	384.90	18	17000	1090.55
8	7000	449.05	19	18000	1154.70
9	8000	513.20	20	19000	1218.85
10	9000	577.35	21	20000	1283.00
11	10000	641.50	22	21000	1347.15

（四）机械排烟量的设定

通过五点法对排烟口进行排烟量与排烟风机频率大小标定。图 5.9 为标定后拟合的线性关系图。后文实验均参照该线性关系选取所需排烟量。

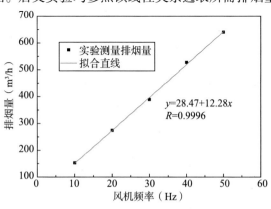

图 5.9　前室送风量随风机频率变化

按照《建筑防烟排烟系统技术标准》第 4.6.3 条规定，当公共建筑仅需在走道或回廊设置排烟时，机械排烟量不应小于 13000m³/h。当公共建筑室内与走道或回廊均需设置排烟时，其走道或回廊的机械排烟量可按 60m³/(h·m²) 计算。经测量，该建筑回廊面积为 95.64m²，因此走道机械排烟量为 5738m³/h。根据上文计算结果或查规范得到的排烟量和送风量为标准，在其基础上改变排烟风量大小，比较不同排烟量对走道烟气控制的效果影响。表 5.4 为全尺寸模型机械排烟量与 1/3 实验台小尺寸模型排烟量关系对应表。

表 5.4　全尺寸模型机械排烟量与 1/3 实验台小尺寸模型排烟量关系对应表

序号	全尺寸建筑模型机械排烟量（m³/h）	实验对应风量（m³/h）	序号	全尺寸建筑模型机械排烟量（m³/h）	实验对应风量（m³/h）
1	0	0.00	12	11000	705.65
2	1000	64.15	13	12000	769.80
3	2000	128.30	14	13000	833.95
4	3000	192.45	15	14000	898.10
5	4000	256.60	16	15000	962.25
6	5000	320.75	17	16000	1026.40
7	6000	384.90	18	17000	1090.55
8	7000	449.05	19	18000	1154.70
9	8000	513.20	20	19000	1218.85
10	9000	577.35	21	20000	1283.00
11	10000	641.50			

（五）烟气层厚度确定

烟气层高度是研究烟气运动的重要参数。目前，对于烟气层高度的确定方法主要有目测法、基于视频判断法和基于温度变化的判断方法。目测法是在实验过程中添加示踪烟气辅助观察烟气的流动与形态。基于温度变化判断烟气层高度最常用的方法有温度梯度法、N 百分比法等。温度梯度法认为竖向上温度变化梯度最大的高度即为烟气层高度；N 百分比法认为竖向上相较于最高温度、升温 $N\%$ 的位置即为烟气与空气的分界面。实验将使用 N 百分比法确定烟气层高度。具体计算方法见图 5.10。

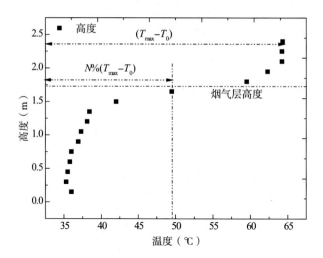

图5.10 N百分比法确定烟气层高度

烟气层分界面的温度T_n用式（5.3）计算得到：

$$T_n = \frac{N(T_{max} - T_0)}{100} + T_0 \qquad (5.3)$$

式中，T_n为烟气层分界面处的温度，℃；T_{max}为烟气层内最高温度，℃；T_0为初始温度，℃[7]。式中的烟气层高度与N的取值密切相关。N取值越大，烟气层高度越高；反之烟气层越低。有研究指出N可取$20 \sim 50$[8]，本书中N取40。

（六）实验工况设置

实验中共有3个变量，分别是建筑加压送风量、机械排烟量和室外风速。其中风量大小均通过调节变频器频率来控制。实验分别模拟研究了在5种不同大小室外风条件下开启或关闭外窗时火灾烟气在疏散通道的运动情况和建筑的控烟效果。本书一共进行了69组实验，具体实验工况设置见表5.5。

表5.5 实验工况一览表

工况序号	全尺寸排烟风量（m³/h）	全尺寸送风风量（m³/h）		全尺寸室外风（m/s）	缩尺寸实验排烟风量（m³/h）	缩尺寸实验送风风量（m³/h）		缩尺寸实验室外风（m/s）
		前室	楼梯间			前室	楼梯间	
1	0	0	0	0	0	0	0	0
2	5000	0	0	0	320.8	0	0	0
3	6000	0	0	0	384.9	0	0	0
4	8000	0	0	0	513.2	0	0	0
5	10000	0	0	0	641.5	0	0	0

工况序号	全尺寸排烟风量（m³/h）	全尺寸送风风量（m³/h）		全尺寸室外风（m/s）	缩尺寸实验排烟风量（m³/h）	缩尺寸实验送风风量（m³/h）		缩尺寸实验室外风（m/s）
		前室	楼梯间			前室	楼梯间	
6	13000	0	0	0.0	834.0	0.0	0.0	0.00
7	8000	1000	2000	0.0	513.2	64.2	128.4	0.00
8	8000	2000	4000	0.0	513.2	128.3	256.6	0.00
9	6000	3000	6000	0.0	384.9	192.5	385	0.00
10	5000	4000	8000	0.0	320.8	256.6	513.2	0.00
11	4000	4000	8000	0.0	256.6	256.6	513.2	0.00
12	4000	5000	10000	0.0	256.6	320.8	641.6	0.00
13	3000	5000	10000	0.0	192.5	320.8	641.6	0.00
14	2000	5000	10000	0.0	128.3	320.8	641.6	0.00
15	2000	6000	12000	0.0	128.3	384.9	769.8	0.00
16	0	6000	12000	0.0	0.0	384.9	769.8	0.00
17	0	7000	14000	0.0	0.0	449.1	898.2	0.00
18	0	8000	16000	0.0	0.0	513.2	1026.4	0.00
19	0	10200	18000	0.0	0.0	654.3	1308.6	0.00
20	6000	0	0	0.0	384.9	0.0	0.0	0.00
21	8000	0	0	0.0	513.2	0.0	0.0	0.00
22	10000	0	0	0.0	641.5	0.0	0.0	0.00
23	8000	0	0	1.0	513.2	0.0	0.0	0.58
24	10000	0	0	1.0	641.5	0.0	0.0	0.58
25	12000	0	0	1.0	769.8	0.0	0.0	0.58
26	13000	0	0	1.0	834.0	0.0	0.0	0.58
27	13000	0	0	2.5	834.0	0.0	0.0	1.45
28	16000	0	0	2.5	1026.4	0.0	0.0	1.45
29	20000	0	0	2.5	1283.0	0.0	0.0	1.45
30	20000	0	0	4.0	1283.0	0.0	0.0	2.30
31	20000	0	0	5.8	1283.0	0.0	0.0	3.28
32	0	3000	6000	0.0	0.0	192.5	385.0	0.00
33	0	4000	8000	0.0	0.0	256.6	513.2	0.00
34	0	6000	12000	0.0	0.0	384.9	769.8	0.00
35	0	3000	6000	1.0	0.0	192.5	385.0	0.58

续表

工况序号	全尺寸排烟风量（m³/h）	全尺寸送风风量（m³/h）		全尺寸室外风（m/s）	缩尺寸实验排烟风量（m³/h）	缩尺寸实验送风风量（m³/h）		缩尺寸实验室外风（m/s）
		前室	楼梯间			前室	楼梯间	
36	0	4000	8000	1.0	0.0	256.6	513.2	0.58
37	0	5000	10000	1.0	0.0	320.8	641.6	0.58
38	0	6000	12000	1.0	0.0	384.9	769.8	0.58
39	0	7000	14000	1.0	0.0	449.1	898.2	0.58
40	0	5000	8000	2.50	0.0	320.8	641.6	1.45
41	0	7000	14000	2.50	0.0	449.1	898.2	1.45
42	0	8000	16000	2.50	0.0	513.2	1026.4	1.45
43	0	10200	18000	2.50	0.0	654.3	1308.6	1.45
44	0	10200	18000	4.0	0.0	654.3	1308.6	2.30
45	0	10200	18000	5.80	0.0	654.3	1308.6	3.28
46	4000	2000	4000	0.0	256.6	128.3	256.6	0.00
47	5000	2000	4000	0.0	320.8	128.3	256.6	0.00
48	6000	2000	4000	0.0	384.9	128.3	256.6	0.00
49	6000	2000	4000	1.0	384.9	128.3	256.6	0.58
50	8000	2000	4000	1.0	513.2	128.3	256.6	0.58
51	10000	2000	4000	1.0	641.5	128.3	256.6	0.58
52	12000	2000	4000	1.0	769.8	128.3	256.6	0.58
53	14000	4000	8000	2.50	898.1	256.6	513.2	1.45
54	16000	4000	8000	2.50	1026.4	256.6	513.2	1.45
55	18000	4000	8000	2.50	1154.7	256.6	513.2	1.45
56	20000	4000	8000	2.50	1283.0	256.6	513.2	1.45
57	3000	2000	4000	0.0	192.5	128.3	256.6	0.00
58	3000	3000	6000	0.0	192.5	192.5	385	0.00
59	3000	4000	8000	0.0	192.5	256.6	513.2	0.00
60	6000	2000	4000	1.0	384.9	128.3	256.6	0.58
61	6000	3000	6000	1.0	384.9	192.5	385	0.58
62	6000	4000	8000	1.0	384.9	256.6	513.2	0.58
63	12000	4000	8000	2.50	769.8	256.6	513.2	1.45
64	12000	5000	10000	2.50	769.8	320.8	641.6	1.45
65	12000	6000	12000	2.50	769.8	384.9	769.8	1.45

续表

工况序号	全尺寸排烟风量（m³/h）	全尺寸送风风量（m³/h）		全尺寸室外风（m/s）	缩尺寸实验排烟风量（m³/h）	缩尺寸实验送风风量（m³/h）		缩尺寸实验室外风（m/s）
		前室	楼梯间			前室	楼梯间	
66	12000	7000	14000	2.5	769.8	449.1	898.2	1.45
67	13000	10200	18000	2.5	834.0	654.3	1308.6	1.45
68	13000	10200	18000	4.0	834.0	654.3	1308.6	2.30
69	13000	10200	18000	5.8	834.0	654.3	1308.6	3.28

四、实验步骤和实验器材

本书实验按照以下步骤进行：

（1）接通实验室电源，打开计算机，连接热电偶和多点风速仪的数据采集模块。

（2）在实验台外适当位置架设摄像装置；将片光激光器放置在环形走道的适当位置，并调整激光发射角度。

（3）试运行数据采集软件，对风速仪和热电偶模块采集的数据进行观察和调试，待一切正常后重置并运行软件、打开摄像机和片光激光器。

（4）调节送风风机、排烟风机与室外风风机至工况设定功率，准备开始实验。

（5）将点燃的烟饼放入发烟罐，开启液化气罐阀门，观察转子流量计，调节燃气流量至所需值，用点火器引燃燃烧器，并开始计时。

（6）30s后开启控烟设施、室外风系统和燃烧房间外窗。

（7）300s后关闭火源，停止数据采集并及时保存数据，关闭摄像机和片光激光器。

（8）打开实验台通风系统，对实验台进行冷却，待实验台内温度与外部环境温度一致后，开始下一组实验。

实验中用到的仪器及其具体参数见表5.6。

表5.6　实验仪器一览表

序号	仪器名称	规格/型号	单位	数量
1	液化石油气罐	容积：50kg	个	1
2	沙盘燃烧器	30cm（长）×30cm（宽）×25cm（高）	个	4

续表

序号	仪器名称	规格/型号	单位	数量
3	减压阀	压力范围：0~0.25MPa	个	1
4	转子流量计	量程：0~3.5m³/h；精度：0.05m³/h	个	1
5	排烟风机	HTF－I－A－4	台	2
6	送风风机	SFG4－2	台	2
7	送风风机	EG－3.5A－2	台	1
8	K型铠装热电偶	ϕ1.0mm	支	131
9	热电偶支架	自制	个	11
10	数据采集模块	Ztic RM400	个	9
11	笔记本电脑	联想	台	2
12	手持式单点风速仪	加野麦克斯 KA23	个	1
13	多点风速仪	加野麦克斯 MODEL 6243	个	8
14	片光激光器	EP532－1W	台	1
15	片光激光器	EP532－200mw	台	1
16	发烟罐	自制	个	1
17	卷尺	量程：5m；精度：1mm	个	2
18	静压箱	尺寸：100cm（长）×100cm（宽）×100cm（高）	个	1
19	静压箱支架	尺寸：150cm（长）×100cm（宽）×200cm（高）	个	1
20	计时器	TF307	个	1
21	摄像机	索尼	台	2

第二节　机械排烟与加压送风对控烟效果的影响

对于高层建筑，由于其结构特性，空间复杂，烟气效应明显，更容易造成严重后果。因此研究建筑类烟气控制系统的控烟效果具有非常重要的意义。本章将参照《建筑防烟排烟系统技术标准》从排烟与防烟两个方面对建筑控烟效果进行研究。首先根据前室温升和前室门洞气体流向与流速，引出高层建筑有效控烟标准，定义临界控烟量的概念；然后在此控烟标准的基础上，以一栋十层的缩尺寸实验台为模型开展小尺寸实验。通过烟气水平流动速度、烟气层温度、烟气层形态等火灾参数，分别研究机械排烟、加压送风两种控烟方式不同组合的控烟效果和烟气输运特性，并探讨不同情况下排烟、送风对控烟的影响；最后得到有效控烟的临界排烟量和送风量。

一、高层建筑有效控烟的判定标准

控制烟气的最终目的是保障人员的生命安全,确保发生火灾时,建筑内的所有人员能够疏散到室内外安全地点。前室和楼梯间作为疏散通道上的第二、第三安全区,在人员疏散过程中应属于无烟状态,此时防烟排烟系统就起到了成功控制烟气的效果,视为有效控烟。若在此时间段,大量烟气蔓延进入前室或楼梯间,影响人员安全疏散,则视为控烟失败。

目前普遍使用压差法、门洞风速法来计算前室与楼梯间的送风量。规范也对前室的余压值和开门门洞风速做了细致说明:前室余压值为25～30Pa;开门门洞风速为0.7～1.2m/s时可视为能够控制烟气不进入前室。但这两种方法只适用于无火灾情况下,送风对前室保护效果判定参数的测量。例如,高普生[9]在无火情况下测量了哈尔滨某一高层建筑合用前室的正压值与门洞风速。在规范规定的送风量前提下,同时开启三层前室门时,实测门洞风速达到0.7m/s以上,由此认定该送风量在火灾中能够起到有效的防烟效果。在火灾实验中,由于受到热烟气的影响,压差法和门洞风速法不能作为检验防烟效果的方法。王渭云[10]与冯瑞[11]在实体火灾实验中利用观察法判断烟气是否进入前室,由此作为加压送风防烟效果的判断依据。但直接观察不够严谨,难免会出现主观误差。

综上所述,结合前人对防烟效果的判断依据和实验的实际情况,为了更加精准地判断火灾烟气是否进入前室,确定不同情况下成功控烟的临界排烟量和送风量,本书结合温度变化法和前室门洞风速法两种方法,并辅以片光激光器观察烟气流场,共同确定烟气蔓延状态。理论上讲,前室门洞处温度只要升高即说明有烟气进入前室。但少量的烟气进入前室并不会对人员生命造成威胁,要求烟气完全不进入前室无疑增加了控烟难度,在实际工程中也难以达到。因此,本书综合前人研究方法和实际情况,规定了高层建筑有效控烟标准。

(1)建筑发生火灾的一段时间内(人员疏散时间,约为10min[6]),当前室最高温升小于5℃时,视为此时间段烟气没有蔓延进入前室或仅有少量烟气进入前室,不会影响疏散通道人员安全,控烟系统属于有效控烟;

(2)通过测得前室门洞顶部气体流动方向进一步确定烟气是否会进入前室。当门洞顶部气体流向走道方向,则烟气没有进入前室,反之则控烟失败。由于受到实验仪器精密程度的影响,若门洞上部气流速度较小(小于0.1m/s,振幅较大),则依据温升来确定烟气的蔓延状态。

能够达到建筑有效控烟标准的最小排烟量或送风风量称为该条件下的临界控烟量。

二、实验设计

实验台共十层，设定第三层为着火层。除着火房间门外，其他房间门均为关闭状态。开启着火层的前室门和楼梯间门，同时开启一层直通室外的出口。如图5.11所示。实验主要研究在不同机械排烟量或加压送风量情况下，火灾烟气的蔓延情况。

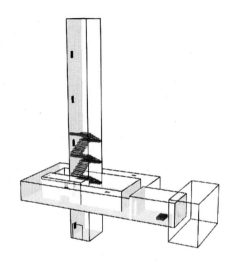

图 5.11 实验台模型图

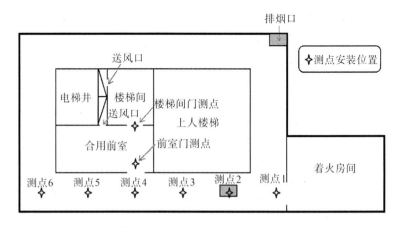

图 5.12 实验楼层平面图

实验楼层平面图如图 5.12 所示。在前室门对应的长走道上设置 6 组测点，从着火房间至走道一端分别编号测点 1 ~ 测点 6。相邻测点间距离 1m。每个测点上布置 13 个温度探头。编号由上至下依次是 T1 - 1，T1 - 2，…，T1 - 13，…，T6 - 13。每个温度探头之间间距为 5cm，最高探头 $Tn - 1$ 高度位置 85cm，距离顶棚 5cm。所有热电偶树都布置在走道的中心线上。最靠近着火房间的测点 1 位置距离着火房间 0.3m；测点 2 位于走道排烟口正下方；测点 4 位于前室门同处；测点 6 处于环形走道拐角处。

在合用前室内设置一组测点，测点位置距前室门 5cm。测点支架上设置 8 个温度探头，从上至下编号为 T7 - 1 ~ T7 - 8，测点支架上各热电偶探头间距 10cm，最高测点距前室顶棚 10cm。支架上还布置 4 个风速探头，高度分别为 70cm、60cm、50cm 和 40cm。风速探头用于测量由门洞气体水平速度。风速探头具有方向性，当测量数据为正时表示为前室流向走道的空气速度，当测量数据为负时表示走道流向前室的烟气速度。在楼梯间门洞处设置一组测点，布置 6 个热电偶，编号为 T8 - 1 ~ T8 - 6。最高测点距门洞上沿 1cm，各测点间距 10cm，用于检测烟气是否进入楼梯间。图 5.13 是前室门洞处温度测点和速度测点布置立面图，图 5.14 是走道温度测点布置立面图。

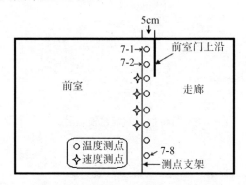

图 5.13 前室门洞处测点布置立面图

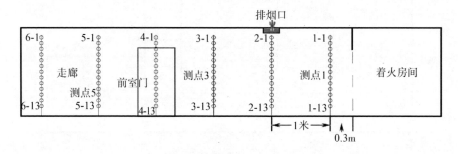

图 5.14 走道温度测点布置立面图

　　排烟、送风系统启动时间包括火灾确认时间和控制系统联动响应时间。由于实验模拟火源直接进入稳定燃烧过程，跳跃了火灾发展阶段，且本书研究的是排烟、送风风量对烟气的控制效果，设备启动时间不是关键影响因素。所以根据实验现象和规范要求，将设备开启时间设定为点火后 30s（外窗在此时同时开启）。根据第四章的介绍说明，火源功率取 1.5MW，换算到实验模型中的火源热释放速率为 96.2kW，液化气流量为 3.9m³/h。燃料为洁净能源，燃烧产物中无黑烟，因此实验过程加入示踪材料，以便于观察走道内烟气运动状态，同时使用片光激光器来增强烟气的可视性。排烟量和送风量则综合实验控烟效果和规范规定取值来定。每组实验时间为 350s，换算成全尺寸火灾时间为 606s，约为 10 分钟。

　　具体实验工况如表 5.7 所示。工况 1~工况 19 是对比不同排烟、送风风量组合对烟气控制效果的影响。工况 1 是无排烟烟气自然蔓延实验；工况 2~6 是不同机械排烟量的控烟效果；工况 7~15 是不同排烟、送风风量组合情况下的控烟效果；工况 16~19 是研究不同加压送风量对烟气控制的影响。

表 5.7　送风、排烟对烟控效果影响的工况设置

工况序号	全尺寸机械排烟量（m³/h）	全尺寸加压送风量（m³/h）		缩尺寸实验排烟风量（m³/h）	缩尺寸实验送风风量（m³/h）	
		前室	楼梯间		前室	楼梯间
1	0	0	0	0.0	0.0	0.0
2	5000	0	0	320.8	0.0	0.0
3	6000	0	0	384.9	0.0	0.0
4	8000	0	0	513.2	0.0	0.0
5	10000	0	0	641.5	0.0	0.0
6	13000	0	0	834.0	0.0	0.0
7	8000	1000	2000	513.2	64.2	128.4
8	8000	2000	4000	513.2	128.3	256.6
9	6000	3000	6000	384.9	192.5	385.0
10	5000	4000	8000	320.8	256.6	513.2
11	4000	4000	8000	256.6	256.6	513.2
12	4000	5000	10000	256.6	320.8	641.6
13	3000	5000	10000	192.5	320.8	641.6
14	2000	5000	10000	128.3	320.8	641.6
15	2000	6000	12000	128.3	384.9	769.8
16	0	6000	12000	0.0	384.9	769.8

工况序号	全尺寸机械排烟量（m³/h）	全尺寸加压送风量（m³/h）		缩尺寸实验排烟风量（m³/h）	缩尺寸实验送风风量（m³/h）	
		前室	楼梯间		前室	楼梯间
17	0	7000	14000	0	449.1	898.2
18	0	8000	16000	0	513.2	1026.4
19	0	10200	18000	0	654.3	1308.6

三、实验结果分析

（一）烟气自然蔓延的输运特性分析

工况 1 是烟气自然蔓延情况。图 5.15 为 1.5MW 稳态火源，无送风、排烟情况下前室门洞处测点温度曲线图。从图可以看出，在无任何防排烟措施情况下，前室门洞处 70cm 高度以上的温度在 300s 内迅速上升，最高温度可达 60℃，达到威胁人员生命安全的最低温度。

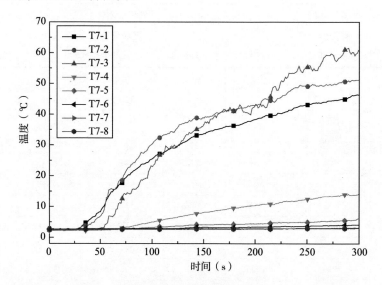

图 5.15　前室门洞处测点温度

图 5.16 为工况 1 前室门洞处热电偶树与走道测点 4 位置热电偶树在 300s 的温度分布图。比对两图发现，虽然两组热电偶仅相距 30cm，一束在前室门外，一束在前室内。但两处最高温度出现位置均差异很大。走道上温度随着高度增加而上升，顶棚处最高温度为 104.4℃；前室内最高温度仅为 59.7℃，出现在 70cm

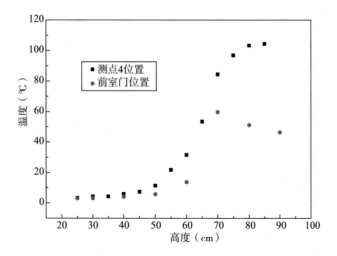

图 5.16　前室门与测点 4 温度曲线图

高度处。这是因为该束热电偶靠近前室门洞，受到壁面的阻挡，烟气层必须下降至门洞高度 70cm 才能溢流进入前室，所以前室热电偶最高温度出现在 70cm 处，随着高度增加温度下降。受到前室冷空气的影响，烟气层温度也发生骤降，从 104.4℃ 降低至 59.7℃。

利用 N 百分比法计算工况 1 前室和走道 4 号树位置的烟气层厚度。图 5.17、图 5.18 为计算结果。前室的烟气层高度为 63cm，走道 4 号树位置烟气层高度为 62cm，基本保持在同一平面上，说明在无外力影响情况下，经过一道门，烟气层高度并不会受到影响，但烟气温度会发生骤降。

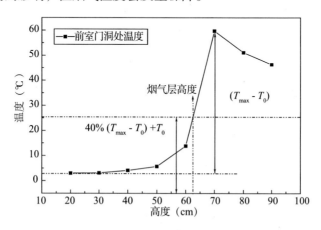

图 5.17　前室门处测点温度树

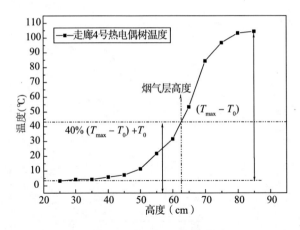

图 5.18　测点 4 位置温度树

　　烟气水平蔓延速度是火灾的基本参数。实验测得烟气的水平流速数据会有很大波动，见图 5.19。以前室门 40cm 高度处风速探头测得实验结果为例，根据参考文献，认为气体流速是定常速度和扰动速度的叠加，即 $\mu(t) = \mu_{const} + \mu'(t)$，其中 $\int_0^\infty \mu'(t)\mathrm{d}t = 0$。对烟气速度进行傅里叶变换滤波处理，取 0Hz 低通分量，得到烟气的定常分量。

　　根据测点计算得到风速为缩尺寸实验速度，根据相似原理中流速的比例关系 $v_m = v_F(l_m/l_F)^{1/2}$ 换算得到全尺寸模型中气体流速。图 5.19 为工况 1 前室门洞处气流速度测量数据及处理结果。

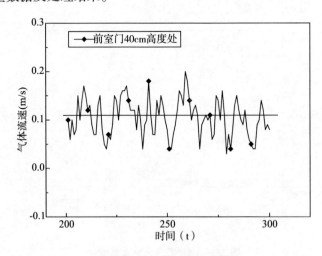

图 5.19　气体流速数据处理

由于测点 2 受到排烟风速的影响，测点 4、测点 5 受到前室内流出空气影响，烟气速度变较大，且气流方向不易掌握，所以本书不采用各测点速度平均法计算走道烟气蔓延速度。测点 3 位于走道中间位置，同时处在前室门与排烟口中间，相对而言此处烟气受到排烟、送风气流干扰影响最小，速度较为稳定。所以本书将测点 3 位置烟气速度视为走道烟气蔓延速度。（下文提到的走道烟气速度不作特别说明均为换算成全尺寸后的走道测点 3 位置烟气速度。）

经过数据分析与处理，得到全尺寸情况烟气自然蔓延条件下走道烟气输运的基本特性参数，见表 5.8。在 1.5MW 火源中，单纯热浮力作用下时，烟气在走道自然蔓延速度约为 0.62m/s，蔓延进前室的速度约为 0.21m/s。在 300s 时，走道烟气层高度约为 186cm，烟气最高温度为 231℃。

表 5.8　1.5MW 火源、无控烟措施情况下烟气输运特性参数

序号	工况描述	走道最高温度	走道平均烟气层高度	走道烟气蔓延速度	前室门上方烟气速度	前室门下方空气速度
1	无控烟	231℃	186cm	0.62m/s	0.21m/s	0.20m/s

（二）排烟对烟控效果的影响

根据《建筑防烟排烟系统技术标准》第 4.6.3 条规定，走道的机械排烟量不应小于 13000m³/h，实验排烟量大小以此为基础，结合具体控烟效果设定。工况 2 ~ 工况 6 的全尺寸排烟量分别为 5000m³/h、6000m³/h、8000m³/h、10000m³/h、130000m³/h（为了方便比较，下文中提到的排烟量与送风量均为全尺寸风量）。所有工况均在实验进行 30s 时开启相应的排烟风机。下图 5.20 ~ 图 5.22 为工况 2 ~ 工况 5 前室门洞处和楼梯间门洞处的温度曲线图。

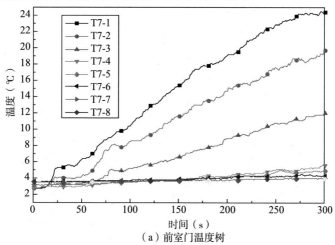

（a）前室门温度树

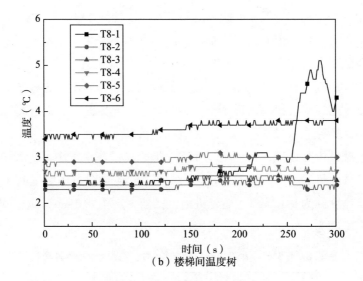

（b）楼梯间温度树

图 5. 20　工况 2 排烟量 5000m³/h、前室和楼梯间处温度树

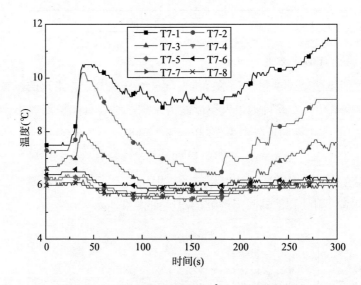

图 5. 21　工况 4 排烟量 8000m³/h 前室门温度树

由图 5. 20（a）可发现，当走道排烟量为 5000m³/h 时，测点 7-1、7-2 有明显的升温幅度，最高温升达到 20℃；在 250s 时，烟气从楼梯间门洞上部蔓延进入楼梯间。在 5000m³/h 排烟量条件下烟气能够蔓延进入前室，且进入楼梯间，控烟失效。随着排烟量的增大，前室温升程度越小，烟气越难进入。由图 5. 21发现，当排烟量增大至 8000m³/h 时，前室温度曲线首次出现下降趋势。30s 时启动排烟风机，45s 左右排烟风机完全启动达到预期排烟风量，此时前室温度曲线开始下降，但180s时温度又开始上升。此现象说明走道排烟量为8000m³/h对烟气进入前室有一定的阻拦效果，5分钟内前室最高温升约5℃，远小于排烟量为5000m³/h的温升20℃，虽然烟气稍进入能进入前室，根据上文建筑控烟标准属于有效控烟。由图5.22发现，当走道排烟量为10000m³/h时，前室门内温度先升后降，在150s左右降到室温，说明在该排烟量条件下不仅可以将烟气控制在走道上，还能把风机启动前进入前室的烟气排除，起到良好的控烟作用。

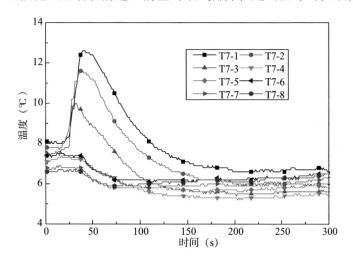

图5.22　工况5　排烟量10000m³/h前室门温度树

仅依靠排烟不可能将烟气控制在排烟口一端，只能将烟气层稳定在某一高度处。图5.23为各工况不同测点位置的烟气层高度散点图。在无外界因素干扰情形下，烟气层高度随着排烟量的增大而增高。测点1位置靠近着火房间门，烟气受到房门影响，高度稳定在59cm处，并不随着排烟量而发生改变。测点4位置处于前室门正前方，排烟量为8000m³/h时，烟气层高度为70.2cm。门洞高度70cm，烟气层未下降至门洞高度，烟气被挡在前室门外。当排烟量减小至6000m³/h时，测点4位置烟气层高度下降至66.4cm，低于门洞高度，烟气从前室门上部蔓延进入前室。此结果与上文前室门测点温度得到的控烟结论一致，排烟量8000m³/h是该情形下的临界控烟量。

表5.9是五种工况走道上各测点位置最高温度，视为烟气温度。从表中可看出，烟气温度同排烟量呈正相关。测点2位于走道排烟口正下方，距离着火房间1.5m。排烟量为6000m³/h时，测点2处烟气温度为53.1℃；排烟量为8000m³/h时，烟气温度仅为26.1℃；排烟量为13000m³/h时，排烟口下方仅有9.3℃。根据烟气层的吸穿现象表明，在开启机械排烟系统后，由于排烟风机的抽吸作用，

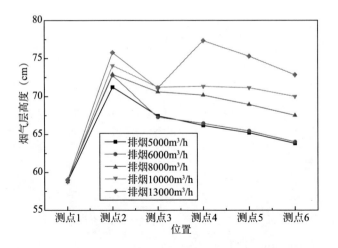

图 5.23 各工况不同测点位置的烟气层高度散点图

排烟口正下方的烟气层会出现凹陷，且凹陷程度随着排烟量的增大而增加，最终产生吸穿现象。排烟口下方烟气的减少直接导致温度的下降。各工况排烟口下方最高温度均出现在热电偶树最高探头 85cm 处，距离排烟口 5cm。排烟 $10000m^3$/h 时烟气温度为 12.4℃，已经接近室温。排烟量再增加，温度仅小幅下降，说明在排烟量为 $10000m^3$/h 情况下，排烟口下方开始发生吸穿现象，此时排烟口速度仅为 4.34m/s，远小于规范要求的 10m/s。

表 5.9 走道各测点位置烟气温度   单位:℃

测点序号	工况 2 排烟量 $5000m^3$/h	工况 3 排烟量 $6000m^3$/h	工况 4 排烟量 $8000m^3$/h	工况 5 排烟量 $10000m^3$/h	工况 6 排烟量 $13000m^3$/h
1	226.9	221.3	225.1	226.3	207.7
2	61.9	53.1	26.1	12.4	9.3
3	102.1	97	88.6	83.7	69.9
4	92.8	86.2	78.1	74.2	50.6
5	83.2	74.8	73.4	68	36.4
6	74.2	68.3	65.9	60.1	37.3

比较五组工况发现，温度降幅最大的工况是工况 6 排烟量 $13000m^3$/h。工况 6 中测点 5 和测点 6 位置烟气最高温度分别为 36.4℃、37.3℃，远低于工况 5 的烟气温度 68℃和 60.1℃。结合图 5.23，工况 6 的烟气层高度优于其他四组。根据实验结果，从排热效率、烟气层高度量方面分析，排烟口下方的吸穿现象并没有影响到机械排烟效能。原因是由于在走道上吸穿现象的产生形成了一个垂直的

空气幕，更加有效地阻止了烟气向前方运动。综上，在排烟量相同条件下，吸穿现象的发生会导致排烟效率的降低，但是吸穿效应形成的空气幕对烟气的阻挡效果更好，能够有效地减缓烟气蔓延速度。

图 5.24 是进行全尺寸换算后，工况 2～工况 6 工况前室门洞处不同高度的空气水平流速。图 5.25 是五种工况在走道测点 3 位置和测点 5 位置的烟气流速。

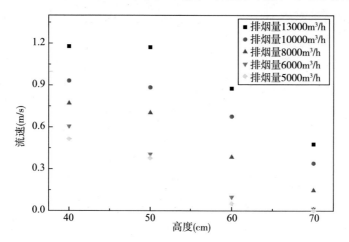

图 5.24　不同工况前室门处空气流速

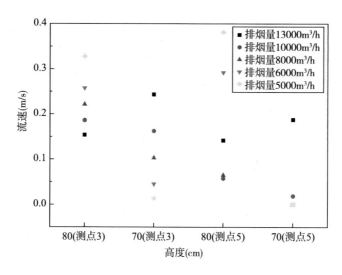

图 5.25　走道测点 3 测点 5 位置烟气流速

由图 5.24 不难发现，排烟量越大，前室门洞处气体流速越大。排烟导致走道形成负压，空气通过前室门补充进入前室。且前室门洞处位置越低，空气流速越大。分析原因有两个：一是由于空气自身重力的影响，下方流速会稍稍偏大；

二是上方空气需要克服烟气驱动力进入走道，当由走道负压引起的上部空气速度小于在热浮力驱动下的烟气速度时，控烟失效。当排烟量为10000m³/h时，门洞顶部空气流速为0.34m/s；排烟量为8000m³/h时，门洞顶部空气流速为0.1m/s，根据上文温升曲线，该风速下前室温升达到5℃。因此门洞顶部空气流速为0.1m/s时不能完全抵挡烟气，有烟气渗入前室；当排烟量减少至6000m³/h时，门洞上部气体流速基本为0，烟气大量进入前室。因此排烟导致走道负压的大小是决定控烟成败的主要原因。

图5.25表明，在测点3位置80cm高度，工况2～工况6排烟量13000m³/h、10000m³/h、8000m³/h、6000m³/h、5000m³/h五组工况的烟气水平速度分别是0.15m/s、0.19m/s、0.22m/s、0.26m/s、0.33m/s，烟气速度随着排烟量的增大而减小，均远小于烟气自然蔓延速度0.62m/s。说明机械排烟量的增大能够有效地减慢烟气水平流动速度。在走道测点5位置80cm高度，排烟量6000m³/h和排烟量5000m³/h两组工况烟气水平速度略大于测点3位置；另两组工况烟气速度则大幅减小，下降至0.03m/s。原因在于，当排烟量大于6000m³/h时，前室门上方有空气流出，流出的气体在一定程度上阻止了烟气的水平流动；当排烟量小于等于6000m³/h时，走道负压引起的前室补风已经不足以抵挡烟气，前室门洞上方无空气流出。门洞下方流出的空气经过壁面阻挡，大部分流向排烟口一方，小部分则方向流动，补充到烟气中，增大了烟气动能，从而增加了前室门下方向（远离排烟口方向）的烟气蔓延速度，不利于烟气的控制。

综上，机械排烟能够在建筑走道内造成负压，当楼梯间底层有直通室外的出口时，新鲜空气经过楼梯间、前室，通过前室门流向走道，形成底层出口—楼梯间—前室—走道—排烟口的气体流动通道，有效地防止了烟气侵入前室等安全区域。如果负压值过小，烟气仍从前室门上部侵入，所以走道负压值必须达到一定大小才能起到预期的控烟效果。实验证明，在1.5MW火源、烟气仅凭借热浮力驱动条件下，走道临界控烟排烟量为8000m³/h，此时烟气蔓延速度为0.22m/s。当排烟量为规范设定值13000m³/h时，走道控烟效果良好，烟气蔓延速度下降至0.15m/s。

（三）送风对烟控效果的影响

加压送风能在楼梯间、前室形成正压区，以抵挡烟气的入侵。根据《建筑防烟排烟系统技术标准》第3.4.2条规定，计算与查表可得该建筑楼梯间的加压送风量为19692m³/h，前室的送风量为10200m³/h。实验中前室和楼梯间送风量大小以此为基础，结合具体的控烟效果按比例同时改变前室和楼梯间的送风量。按规范计算得到的前室和楼梯间送风量比值近似2：1，实验过程中为了方便调节，在实验中设定的前室和楼梯间送风量均为2：1。由于实验条件有限，楼梯间送风量最高只能达到18000m³/h。按送风2：1比例计算得楼梯间送风量在18000m³/h以上时均取18000m³/h。

工况16~19对比分析了不同加压送风量对烟气控制的影响。工况16前室送风量为6000m³/h，楼梯间送风量为12000m³/h；工况17前室送风量为7000m³/h，楼梯间送风量为14000m³/h；工况18前室送风量为8000m³/h，楼梯间送风量为16000m³/h；工况19前室送风量为10200m³/h，楼梯间送风量为18000m³/h。图5.26和图5.27分别为工况17、工况18前室门洞处温度曲线图。

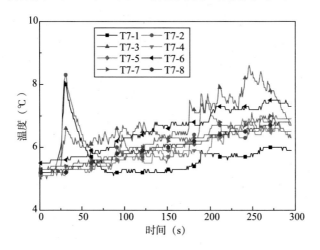

图5.26　工况17前室温度曲线图

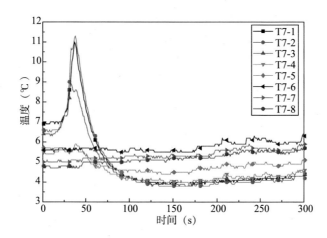

图5.27　工况18前室温度曲线图

观察图 5.26 和图 5.27 容易发现，工况 17 前室送风量为 $7000\text{m}^3/\text{h}$、楼梯间送风量为 $14000\text{m}^3/\text{h}$，开启送风设备后前室烟气被迅速吹出，前室温度降到室温。但是，走道较为密闭，没有排烟通道，烟气和送风气流不断在走道聚集。随着时间的增加，走道热压不断增大，200s 左右烟气再次蔓延进入前室。因此，在该送风量条件下不能在规定的时间内控制烟气。当前室送风量增大至 $8000\text{m}^3/\text{h}$、楼梯间送风量增加至 $16000\text{m}^3/\text{h}$ 时，烟气在 300s 内未进入前室，属有效控烟。

图 5.28 和图 5.29 分别是全尺寸换算后，工况 16 ~ 工况 19 前室气体风速与走道烟气流速。

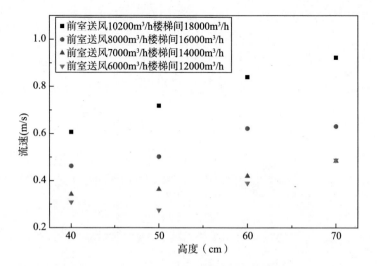

图 5.28　工况 16 ~ 工况 19 前室气体风速

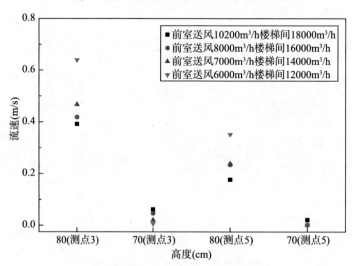

图 5.29　工况 16 ~ 工况 19 走道烟气流速

从图 5.28 看出，加压送风前室门洞处气体流速分布与机械排烟相反，呈上大下小趋势。门洞顶部的空气流速最大，门洞底部的空气流速最小。因为机械排烟依靠走道负压引起前室气流补充进入走道，受到重力作用下部气流流速较大；而前室送风口高度约为 0.7m，与门洞上沿平齐，水平吹入前室的气流经壁面阻挡后更多的从前室门同高度位置处流出。

图 5.29 为走道烟气速度。工况 16 ~ 工况 19 送风量依次增加，走道烟气速度分别是 0.64m/s、0.47m/s、0.42m/s、0.39m/s。工况 16 前室送风量 6000m³/h，楼梯间送风量为 12000m³/h，走道烟气速度略大于烟气自然蔓延速度 0.62m/s。随着送风量增大，烟气水平蔓延速度减小至 0.62m/s 以下，与送风量大小呈正相关。前室送风量为 6000m³/h、楼梯间送风量为 12000m³/h 为送风影响走道烟气速度的临界值，当送风量小于该值时，自然蔓延相比，送风会加速烟气的流动速度；当送风量大于该值时，送风会抑制走道烟气的流动，但前室 6000m³/h、楼梯间 12000m³/h 并不是临界控烟送风量。

综上所述，前室送风量 8000m³/h、楼梯间送风量 16000m³/h 时可保证烟气在着火 300s 时间内不蔓延进入前室，小于规范要求的前室送风量 10200m³/h、楼梯间送风量 19692m³/h。但如果建筑缺少排烟通道，建筑内压随着时间的推移逐渐升高，当内压增大至送风风压时，烟气势必会进入前室。所以，在密闭的高层建筑内排烟通道相当关键。

（四）排烟与送风对烟控效果的影响

研究发现在建筑火灾中防烟和排烟设施同时工作控烟效果更佳。工况 7 ~ 工况 15 分析了排烟送风组合情况下的火灾烟气控制情况。表 5.10 是根据前室门洞处热电偶树的温度变化作出的不同工况控烟效果汇总表。

表 5.10　不同工况控烟效果一览表

工况序号	机械排烟量（m³/h）	加压送风量（m³/h）		控烟效果描述
		前室送风量	楼梯间送风量	
7	8000	1000	2000	最高温升 7.5℃，控烟失败
8	8000	2000	4000	有效控烟
9	6000	3000	6000	有效控烟
10	5000	4000	8000	250s 后有烟气侵入前室，升温小于 3℃，有效控烟
11	4000	4000	8000	最高温升 8℃，控烟失败

续表

工况序号	机械排烟量（m³/h）	加压送风量（m³/h）		控烟效果描述
		前室送风量	楼梯间送风量	
12	4000	5000	10000	有效控烟
13	3000	5000	10000	有效控烟
14	2000	5000	10000	烟气慢慢侵入，300s 时最高温升5℃，控烟失败
15	2000	6000	12000	有效控烟

从表5.10可以发现，机械排烟与加压送风组合更容易控制烟气，且风量远小于规范要求的最小值。根据上文的建筑控烟标准，工况8、工况9、工况10、工况12、工况13、工况15属于有效控烟。当建筑较为密闭，着火房间没有直通外界的出口，机械排烟是影响控烟效果的主导因素。排烟是烟气流出建筑的必经通道，没有排烟通道，送风量再大也不能一直控制烟气不进入前室。

图5.30是工况2、工况3、工况4、工况7、工况8、工况9、工况10七组工况不同测点位置烟气层高度曲线图。表5.11是工况4、工况7、工况8、工况9、工况10测点1位置不同高度探头温度。

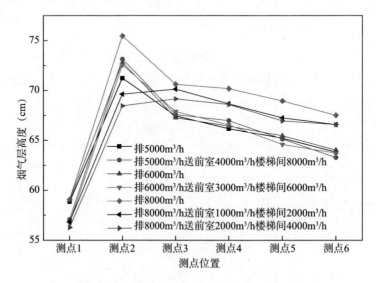

图5.30 送风、排烟量对烟气层高度的影响

表5.11　工况4、工况7、工况8、工况9、工况10测点1位置温度表　　单位:℃

探头高度（cm）	工况4	工况7	工况8	工况9	工况10
85	88	120.5	134.9	125.9	110.2
80	220.6	205.4	204.3	216.2	206.9
75	210.9	212.3	217.8	217	202.9
70	225.1	219.7	226.7	222.9	204.5
65	121.9	171	187	173.7	157.6
60	113.7	172.6	191.7	177.1	155.8
55	32.5	56.1	73.1	63.7	53.7
50	21.4	34.2	45	40.8	36
45	17.2	23.4	28	30.7	29
40	17.2	24.5	29.2	31.6	28.9
35	16.3	20.7	24.3	28	26.1
30	15.3	20.1	23.5	26.1	24.3
25	14.4	18.4	21	22.9	22.1

从图5.30和表5.11中发现，当送风量较小时（前室送风2000m³/h、楼梯间4000m³/h），随着送风量增加，烟气层高度略微下降，测点1位置温度升高。比较图5.30中工况2、工况3、工况9、工况10四组工况的烟气层高度曲线。发现送风的加入对烟气层高度影响并不显著。虽然送风带入的冷空气对走道起一定的冷却作用，但是，送风气流经过走道下部流入着火房间，为火源带来新鲜空气，增加了火源燃烧速率和产烟量，导致更多的烟气进入走道，走道温度不降反升。随着送风量的继续增大，当送风风量大于前室3000m³/h、楼梯间6000m³/h时，冷却效应占据主导因素，走道烟气温度开始缓慢下降，但对烟气层高度的影响不大。

第三节　室外风对机械排烟控烟效果的影响

第二节通过实验重点分析了在热浮力驱动下，加压送风、机械排烟风量对建筑走道火灾烟气控制的效果。高层建筑发生火灾时，当着火房间温度达到300℃，高温可能导致房间外窗玻璃破裂，形成直接对外的开口，势必影响火灾的发展。本节将讨论在着火房间外窗破裂、室外风与热浮力共同驱动作用下机械排烟的控烟效果。首先，将介绍实验模型的机械排烟、室外风大小等工况设计情况；然后，分析不同室外风作用下机械排烟的临界控烟风量，并对比规范要求，找到机械排烟失效的临界室外风速。

一、引言

实际火灾中，由于自然天气和火焰卷吸等影响，火灾往往是在有风条件下发展蔓延。在环境风影响下，火灾产烟量、烟气层温度、烟气层高度等也会随之发生变化。室外风灌进着火房间，给房间提供充足氧气，促进火灾的发展，增大火灾规模；在室外风作用下，火焰羽流倾斜增长，空气卷吸量增加，烟气产生量增加；室外风气流吹入，增加了烟气动能，提高烟气在建筑内的蔓延速度；大量冷空气的进入，降低了烟气温度，同时过大的室外风速也容易引起烟气层的失稳。这些都将对建筑机械排烟和加压送风等控烟系统造成影响，特别是烟气运输特性和烟气层形态的变化，将很大程度影响机械排烟效果。

研究表明，环境风速随着高度的增加呈指数增加。风速与地面高度的关系见式（5.4）。

$$u = u^* \left(\frac{z}{z^*} \right)^k \tag{5.4}$$

式中，u 为高度 z 处环境风速；u^* 为参考高度 z^* 处的环境风速，z^* 一般取10m；k 为反映地面粗糙程度的无量纲风速指数，城市市区一般取0.4。

《建筑防烟排烟系统技术标准》和 NFPA 92 均是基于无风条件下的轴对称羽流火灾模型公式来确定建筑机械排烟量，但是相对高层建筑处于较大环境风作用下的情形具有一定局限性。有学者在香港高层建筑上进行了关于环境风速的测试，发现在32m高度处平均风速能达到 3~8m/s。如此风速进入房间后，会产生近10Pa的压差，势必对火灾烟气的输运与控制产生较大影响。尤其是高层建筑发生火灾后，室外风成为烟气运动不可忽视的驱动力之一，甚至超过火灾热浮力成为主要驱动力。此时再根据规范设定的机械排烟量显然不能满足现实需求。因此，在不同大小环境风作用下会对机械排烟的控烟效果产生什么影响，影响有多大，都是值得进一步研究和探讨的。

针对以上问题，本章将通过系列实验对不同室外风作用下机械排烟的控烟效果进行探讨，并在第四节、第五节分别分析室外风作用对加压送风和机械排烟、加压送风组合情况下烟控效果的影响，以期量化排烟、送风、室外风关系，找到防烟、排烟系统失效的临界风速，为工程应用和规范设定提供一定的数据支撑和参考。

二、实验工况设计

实验台的具体设计请参考第四章。火源功率取 1.5MW，30s 时打开着火房间外窗。由于受到实验设备的限制，实验中模拟室外风最大仅能达到 5.8m/s。所以实验风速设定为 0m/s，1m/s，2.5m/s，4m/s，5.8m/s 五种，风力等级分别属于 0~4 级。

根据《建筑防烟排烟系统技术标准》第 4.6.3 条规定，走道的机械排烟量不应小于 13000m³/h，实验排烟量大小以此为基础，结合具体控烟效果设定。所有工况均在 30s 时开启相应的排烟风机。具体实验工况见表 5.12。

表 5.12　实验工况一览表

工况序号	全尺寸排烟风量（m³/h）	全尺寸室外风（m/s）	缩尺寸实验排烟风量（m³/h）	缩尺寸实验室外风（m/s）
20	6000	0.0	384.9	0.00
21	8000	0.0	513.2	0.00
22	10000	0.0	641.5	0.00
23	8000	1.0	513.2	0.58
24	10000	1.0	641.5	0.58
25	12000	1.0	769.8	0.58
26	13000	1.0	834.0	0.58
27	13000	2.5	834.0	1.45
28	16000	2.5	1026.4	1.45
29	20000	2.5	1283.0	1.45
30	20000	4.0	1283.0	2.30
31	20000	5.8	1283.0	3.28

三、实验结果分析

针对室外风对烟气输运的影响，本章主要针对不同大小室外风条件下烟气层稳定性、烟气水平运动速度、烟气层高度、前室烟气控制效果、前室门洞空气流速等火灾烟气相关参数对走道机械排烟控烟效果的影响进行进一步分析探讨。

（一）无室外风时对控烟效果的影响

当环境风速为0m/s时，打开着火房间外窗相当于开启一个自然排烟口。图5.31、图5.32分别是30s时开启着火房间外窗条件下排烟量为6000m³/h和8000m³/h时前室门洞处温度曲线变化图。图5.33、图5.34是前室门处气体流速和走道测点3、测点5位置的烟气流速散点图。

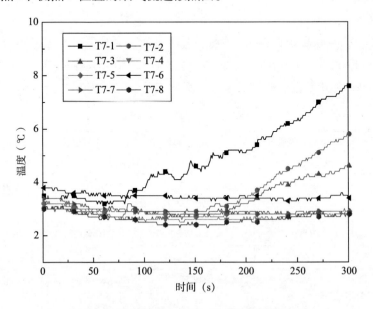

图5.31 排烟量6000m³/h前室门温度曲线图

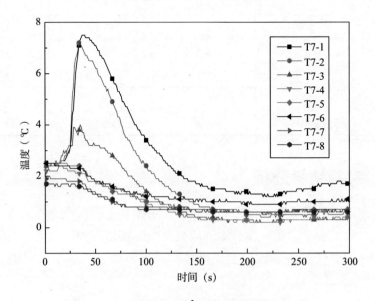

图5.32 排烟量8000m³/h前室门温度曲线图

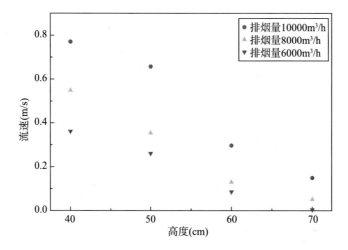

图 5.33　工况 20～22 前室门处气体流速

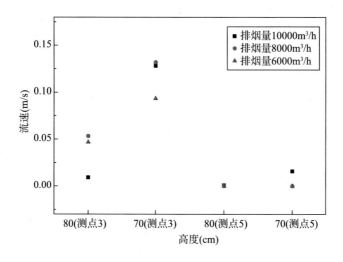

图 5.34　工况 20～22 走道测点 3、5 位置烟气流速

如图 5.33 所示，开启排烟设施，走道排烟量为 6000m³/h 即可控制烟气。与关闭着火房间外窗相比，相同排烟量条件下，开启外窗时前室门洞处空气流速略小。说明由排烟造成的走道负压因为着火房间外窗的开启而减小，导致前室向走道补入气流减小，前室防烟效果变差。开启外窗能够排除着火房间内的部分烟气，减小走道烟气水平流动速度。

对于机械排烟而言，外窗的开启不利于前室－走道－排烟口气流通道的建立，防烟控烟效果有所下降，但部分烟气会从外窗直接流出，进入走道的烟气减少，走道烟气速度大幅下降，控烟要求随之降低。总体而言，在 1.5MW 火源，室外风为 0.00m/s 条件下，机械排烟的临界控烟量为 6000m³/h。

（二）室外风速 1m/s 对控烟效果的影响

图 5.35 是室外风速为 1m/s、机械排烟量为 8000m³/h 的走道烟气形态图。较小的室外风（1m/s）并没有对烟气的运动形态产生改变，走道内保持上烟气层－下空气层的双区域。烟气层厚度随着蔓延距离的增加而增加。由于排烟原因，烟气层厚度在排烟口附近变薄。从图 5.36 可看出，较小室外风不能阻止烟气溢出着火房间外窗，在窗户上部，一部分火灾烟气逆风流到室外。

图 5.35 室外风为 1m/s、机械排烟量为 8000m³/h 时走道烟气形态

图 5.36 着火房间外窗烟气溢出

图 5.37 是工况 23～工况 26 的前室门洞处温度变化曲线图。

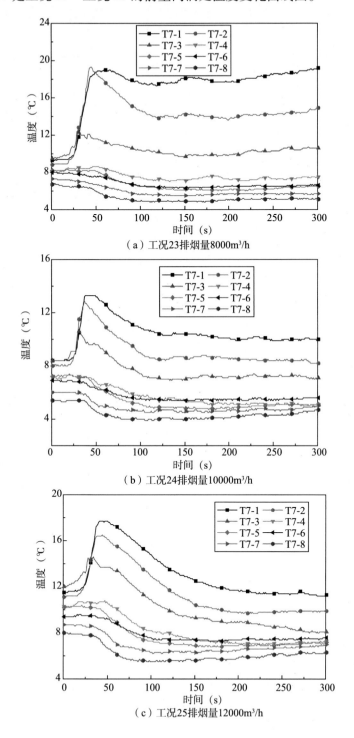

（a）工况23排烟量8000m³/h

（b）工况24排烟量10000m³/h

（c）工况25排烟量12000m³/h

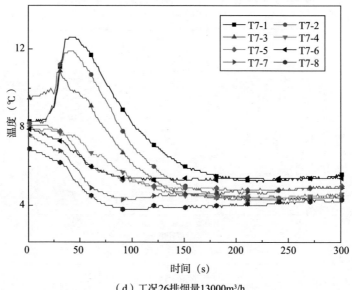

（d）工况26排烟量13000m³/h

图5.37　工况23～26前室门温度曲线图

　　室外风速度较小，烟气层基本稳定，没有发生紊乱现象，排烟效率较高。对比四组工况可发现，虽然排烟量从8000m³/h增大至13000m³/h，但是控烟效果并没有明显的增强，前室均有少量烟气进入。排烟量为8000m³/h时，前室温度最高温升达到10℃，控烟失效。排烟量增加至10000m³/h时，虽然不能完全阻止烟气进入前室，但前室门洞处最高温升仅为2℃，根据控烟标准，属于成功控烟范畴。所以，1.5MW火源中，室外风为1m/s场景下临界控烟的机械排烟量为10000m³/h。

　　图5.38是前室门洞和走道测点3、测点5位置的烟气流速散点图。当排烟量为10000m³/h时，前室顶部的空气流速大于0，且温升仅为2℃，说明在该情况下，烟气没有大量蔓延进入前室。从图5.38（b）发现，排烟量为8000m³/h、10000m³/h、12000m³/h、13000m³/h的走道烟气速度分别为0.18m/s、0.23m/s、0.24m/s、0.28m/s，走道烟气速度随着排烟量的增加而略微增大。

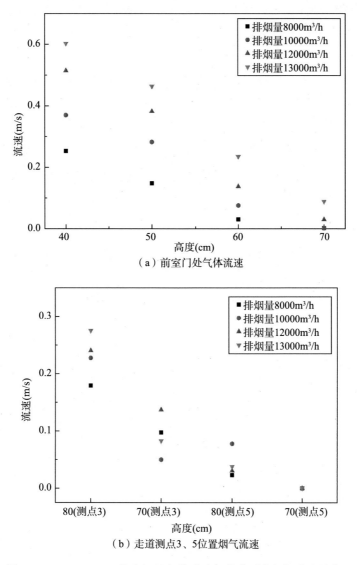

（a）前室门处气体流速

（b）走道测点3、5位置烟气流速

图 5.38　工况 23～26 前室门处气体流速与走道测点烟气流速散点图

表 5.13 为机械排烟量相同（均为 10000m³/h），1m/s 室外风与室外风为 0 状况的前室门空气、走道烟气水平速度。较小的室外风虽然没有造成烟气层形态的变化，但提高了烟气水平蔓延速度。走道排烟口后测点 3 位置烟气流动速度由 0.1m/s 增加至 0.13m/s，前室门洞上方空气速度由 0.09m/s 下降至零。室外风的加入让走道负压区更难形成，同时增加了烟气的动压，前室空气流速比无室外风情况整体降低，控烟成本增加。

表 5.13　排烟量 10000m³/h，室外风 0m/s、1m/s 前室门与走道不同测点位置烟气速度

单位：m/s

工况描述	烟气流速							
	前室门 70cm 高度	前室门 60cm 高度	前室门 50cm 高度	前室门 40cm 高度	测点 3 位置 80cm 高度	测点 3 位置 70cm 高度	测点 5 位置 80cm 高度	测点 3 位置 70cm 高度
室外风 0m/s	0.09	0.17	0.38	0.45	0.01	0.07	0.00	0.01
室外风 1m/s	0.00	0.04	0.16	0.21	0.13	0.03	0.04	0.00

表 5.14 为四组工况测点 2 位置排烟口下方不同高度处温度。比较四组温度发现，排烟量从 8000m³/h 增加 13000m³/h，排烟口下方温度变化不大。四种排烟量 85cm 高度处温度分别为 17.8℃、14.3℃、16.1℃、13.5℃，均接近室温。根据吸穿现象特征，排烟量为 8000m³/h 时排烟口下方发生吸穿现象。

表 5.14　不同排烟量排烟口下方温度　　单位：℃

探头高度 (cm)	85	80	75	70	65	60	55	50	45	40	35	30	25
排烟量 8000m³/h	17.8	14.8	14.9	12.9	12.3	12	13.5	12.4	12.4	12	12.1	9.9	9.3
排烟量 10000m³/h	14.3	13	12.7	11	10.6	10.3	11.3	11.1	11.3	10.9	11	9.4	8.6
排烟量 12000m³/h	16.1	14.8	14.5	12.7	12.1	11.7	12.7	12.4	12.8	12.8	13	11.3	10.5
排烟量 13000m³/h	13.5	12.2	11.9	10.3	9.7	9.3	10.2	10.2	10.7	10.6	10.6	8.7	8.2

图 5.39（a）（b）分别是排烟量 8000m³/h 走道测点 2 和测点 3 位置的温度分布图。测点 2 离着火房间门水平距离 1.5m，处于排烟口正下方；测点 3 着火房间门 2.5m。比较两组热电偶温度数值发现，排烟口下方温度最高仅为 20℃ 左右，远低于树 3 位置温度，也反映出排烟量为 8000m³/h 时排烟口发生了吸穿现象。图 5.40 是机械排烟量为 8000m³/h 时排烟口处的吸穿现象，排烟口下方烟气层厚度基本为 0，温度下降，但比室温略高。与无室外风相比，较小室外风的存在使排烟吸穿现象更容易发生。

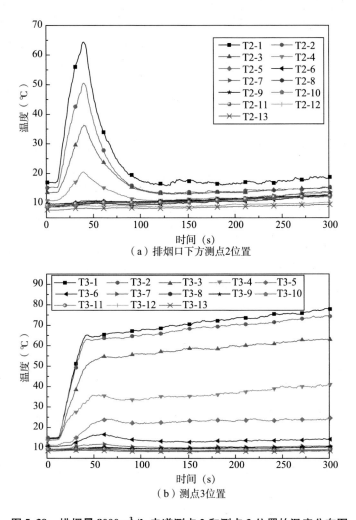

（a）排烟口下方测点2位置

（b）测点3位置

图 5.39　排烟量 8000m³/h 走道测点 2 和测点 3 位置的温度分布图

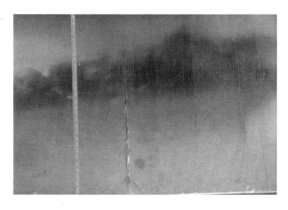

图 5.40　排烟口下方吸穿现象

　　综上，1m/s室外风对排烟控制烟气影响不大。从片光激光照片发现，较小的室外风速没有扰乱烟气的形态，走道内保持上部烟气层、下部空气层的双区域状态，排烟效率得到基本保障。但是室外风增加了烟气的动能，烟气水平流动增加，动压增大，提高了控烟成本，1.5MW火源、1m/s室外风条件下的临界控烟排烟量为10000m³/h。

（三）室外风速2.5m/s对控烟效果的影响

　　图5.41是2.5m/s室外风作用下，走道烟气运动状态直观图，图5.42是排烟量13000m³/h条件下，走道热电偶测点2树、测点3树的温度曲线图。

图5.41　室外风2.5m/s前室门洞处烟气形态

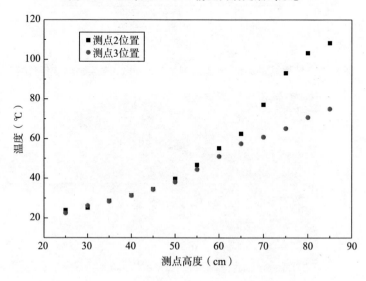

图5.42　排烟13000m³/h走道温度曲线图

根据图 5.41 显示，室外风增加至 2.5m/s，烟气层明显变厚、变淡，烟气基本充斥着整个走道。从图 5.42 走道热电偶测点温度曲线上也能看出，走道上下温度均有上升，温度基本呈线性变化，没有明显的温度突变界面，烟气层化现象遭到破坏。虽然排烟量达到 13000m³/h，但由于烟气层的紊乱，排烟口下方温度仍然较高，没有出现吸穿现象，排烟效果不明显。

因此，烟气的直观形态和走道排烟口下方温度曲线都表明，在 2.5m/s 的室外风作用下，烟气发生紊乱，不能保持良好的层化现象，走道的烟气 – 空气双区域形态遭到破坏，排烟效率明显降低。

图 5.43、图 5.44 分别是工况 27 排烟量为 13000m³/h 与工况 29 排烟量为20000m³/h 的前室门温度变化曲线图。

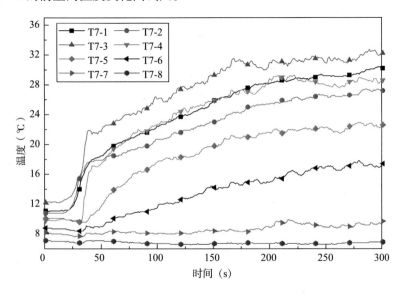

图 5.43　排烟量 13000m³/h 前室门温度曲线图

受到实验设备限制，排烟量最大只能达到 20000m³/h。但从图 5.44 明显看出，当室外风速为 2.5m/s 时，仅开启排烟已经很难达到控烟要求。即使排烟量高达 20000m³/h 也无法将烟气控制在走道上。此风速下，走道烟气已完全失稳，没有明显的分界面。开启房间外窗后，整个走道上层短时间内充满烟气，排烟效率随之大打折扣，烟气借助室外风力进入前室和楼梯间。因此，当室外风速大于2.5m/s 时，仅依靠机械排烟不能有效控制烟气，此时前室和楼梯间的防烟措施更为重要。

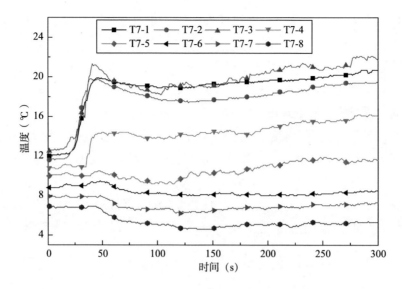

图 5.44 排烟量 20000m³/h 前室门温度曲线图

图 5.45 是室外风为 2.5m/s 条件下，三种排烟量工况的前室门洞和走道上的气体水平速度图。室外风的增大对走道烟气运动速度的提升效果显著。排烟量为 13000m³/h 走道测点 3 位置 80cm 高度的烟气流速达到 1.4m/s，相比较于同位置 1m/s 室外风条件下 0.28m/s 的烟气速度增大了 5 倍。从图中看出室外风速 2.5m/s 时排烟量的大小对走道烟气水平流速的影响不明显。

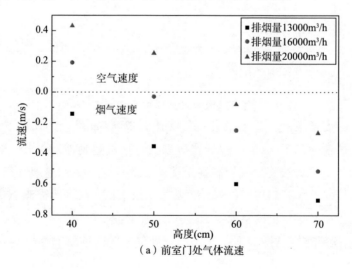

（a）前室门处气体流速

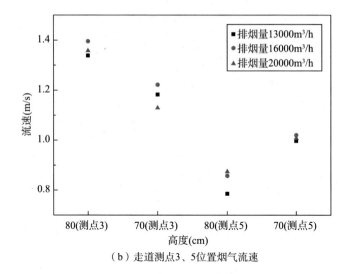

（b）走道测点3、5位置烟气流速

图5.45　前室门处气体流速与走道测点烟气流速散点图

图5.45（a）中虚线代表速度为0，虚线上方为前室流向走道的空气速度，虚线下方为走道进入前室的烟气速度。观察发现，排烟量的增大能够有效地减小烟气蔓延进入前室的速度。排烟量13000m³/h，前室门顶部烟气水平速度0.70m/s；排烟量增加至20000m³/h，前室门顶部烟气水平速度下降至0.27m/s，门洞下方的气流方向也发生变化。所以，在2.5m/s室外风条件下，机械排烟的控烟效果大打折扣，排烟量的增加对走道烟气蔓延速度影响不大，但在一定程度上减小了烟气进入前室的速度，为人员疏散争取到更多时间。

综上所述，室外风增加至2.5m/s时，建筑火灾烟气开始发生紊乱，走道不再保持烟气–空气的双区域形态，烟气水平速度较小室外风速的情况急剧增加，机械排烟效率降低。在该室外风速下，即使排烟量高达20000m³/h也不能将烟气控制在走道上。机械排烟只能减缓烟气进入前室的速度，仅凭借着排烟不能将烟气完全控制在走道上，必须采取其他措施保证前室安全。

（四）室外风速4m/s及其以上对控烟效果的影响

室外风继续增大，当室外风增大至4m/s，在外窗开启的短时间内走道被烟气充满，如图5.46所示。图中直观体现出走道包括前室没有安全区域，整个建筑内部被烟气填满，此时机械排烟基本可认定为失效。室外风风速成为烟气速度的主导因素，火灾热浮力对烟气输运的影响基本可以忽略。

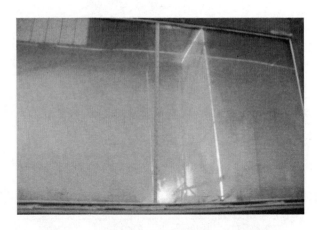

图 5.46　室外风 4m/s 时走道烟气运动状态

第四节　室外风对加压送风防烟效果的影响

上一节重点分析了室外风对机械排烟控烟效果的影响。实验结果表明 2.5m/s 的室外风导致排烟系统的控烟效果大幅下降，即使超出规范要求也不能达到控烟目的。本节将讨论不同室外风对加压送风系统的防烟效果的影响，分析《建筑防烟排烟系统技术标准》规定的加压送风风量失效的临界室外风速。

2.5m/s 室外风导致烟气层失稳，排烟系统效能降低，在控烟过程中所占权重随着室外风速的增加而降低。在同等情况下，加压送风的防烟效果如何，是否能控制烟气，值得进一步探讨。针对该问题，本章将继续通过系列实验，从多个火灾烟气特性参数着手，分析室外风对加压送风控烟影响，量化有效控烟时室外风速与加压送风风量的关系。

一、实验工况设计

实验时火源功率取 1.5MW，30s 时打开着火房间外窗。由于受到实验设备的限制，实验中模拟室外风最大仅能达到 5.8m/s。所以实验风速设定为 0m/s，1m/s，2.5m/s，4m/s，5.8m/s 五种，风力等级分别属于 0~4 级。

该建筑楼梯间的加压送风量为 19692m³/h，前室的送风量为 10200m³/h。实验中前室和楼梯间送风量大小以此为基础，结合具体的控烟效果按比例同时改变前室和楼梯间的送风量。按规范计算得到的前室和楼梯间送风量比值近似 2：1，实验过程中为了方便调节，在实验中设定的前室和楼梯间送风量均为 2：1。由于实验条件有限，楼梯间送风量最高只能达到 18000m³/h。按送风 2∶1 比例计算得楼梯间送风量在 18000m³/h 以上时均取 18000m³/h。

具体实验工况见表 5.15。工况 32 ~ 工况 34 分析室外风速为 0.0m/s 情况下不同送风量对烟气输运和控制的影响；工况 35 ~ 工况 39 分析室外风为 1m/s 情况下不同送风量对烟气输运和控制的影响；工况 40 ~ 工况 43 分析室外风为 2.5m/s 情况下不同送风量对烟气输运和控制的影响；工况 44、工况 45 是对比规范规定的送风量在 4m/s 与 5.8m/s 室外风作用下的控烟效果。

表 5.15　实验工况

工况序号	全尺寸加压送风量（m³/h）		全尺寸室外风速（m³/h）	缩尺寸实验送风量（m³/h）		缩尺寸实验室外风速（m/s）
	前室	楼梯间		前室	楼梯间	
32	3000	6000	0.0	192.5	385.0	0.00
33	4000	8000	0.0	256.6	513.2	0.00
34	6000	12000	0.0	384.9	769.8	0.00
35	3000	6000	1.0	192.5	385.0	0.58
36	4000	8000	1.0	256.6	513.2	0.58
37	5000	10000	1.0	320.8	641.6	0.58
38	6000	12000	1.0	384.9	769.8	0.58
39	7000	14000	1.0	449.1	898.2	0.58
40	5000	8000	2.5	320.8	641.6	1.45
41	7000	14000	2.5	449.1	898.2	1.45
42	8000	16000	2.5	513.2	1026.4	1.45
43	10200	18000	2.5	654.3	1308.6	1.45
44	10200	18000	4.0	654.3	1308.6	2.30
45	10200	18000	5.8	654.3	1308.6	3.28

二、实验结果分析

针对室外风对烟气输运的影响，本节主要针对不同大小室外风条件下走道烟气层稳定性、走道烟气水平运动速度、烟气层高度、走道烟气最高温度、前室烟气控制效果、前室门洞空气流速等火灾烟气相关参数对加压送风控烟效果的影响进行进一步分析探讨。

（一）无室外风时送风的防烟效果分析

1. 烟气形态

为了增加实验的观察性，方便观察实验过程中烟气的运动状态和烟气形态，实验过程中采用舞台舞幕烟饼产生的白色烟气作为示踪剂，并加入平行走道中线和垂直前室门的两束片光源增强烟气流动的可视效果。图5.47是无室外风条件下走道内烟气形态直观图。

（a）走道烟气形态

（b）前室门附近烟气形态

图 5.47　无室外风的走道烟气形态图

图5.47（a）是工况33室外风为0，前室送风量4000m³/h、楼梯间8000m³/h的走道烟气运动形态。从图中发现，室外风为0.0m/s，走道烟气贴顶棚向前蔓延，烟气层与空气层有明显的分界面。图5.47（b）是前室门处烟气形态。由于加压送风气流的影响，在前室门附近特别是远离着火房间方向，烟气卷吸现象加剧，烟气-空气分界面下降并变得模糊。加压送风能将烟气控制在走道上，不让

烟气进入前室，同时气流会略微扰乱前室门附近的烟气形态，但走道上总体还是保持烟气 – 空气的双区域模型。

2. 前室防烟效果

图 5.48、图 5.49 分别是室外风为 0.0m/s，工况 32 和工况 33 的前室温度变化曲线图。

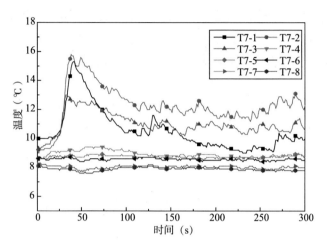

图 5.48　室外风为 0.0m/s 工况 32 前室温度曲线图

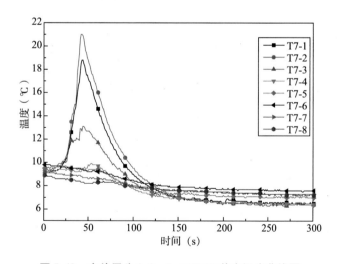

图 5.49　室外风为 0.0m/s 工况 33 前室温度曲线图

当室外风为 0.0m/s，根据前室温度结果发现：前室送风量 3000m³/h、楼梯间 6000m³/h 时，前室门洞处温度在 150s 后有振荡上升的趋势，表明烟气正慢慢渗入前室，但升温小于 5℃，属于有效控烟范畴，是该条件下的临界控烟送风量。前室送风量4000m³/h、楼梯间送风量8000m³/h在100s后室温度趋于一致，接近室温，表明烟气均被吹出前室，防烟效果更好。从前室升温看，1.5MW火源，着火房间外窗开启无室外风情况的临界控烟送风量为前室3000m³/h、楼梯间6000m³/h。

无室外风情况下临界控烟送风量大小比建筑密闭情况下减小一半多。分析原因有两点：一是外窗的开启导致一部分烟气直接流出，从着火房间进入走道的烟气减少，建筑内热压降低；二是在建筑内形成了良好的气体流通通道，加压送风为前室送入冷的新鲜空气，空气通过前室门洞流进走道、着火房间，并通过外窗流出，形成了一个有效的排烟流动通道。

3. 烟气速度

图5.50（a）（b）分别是不同加压送风量条件下前室门和走道的气体速度散点图。

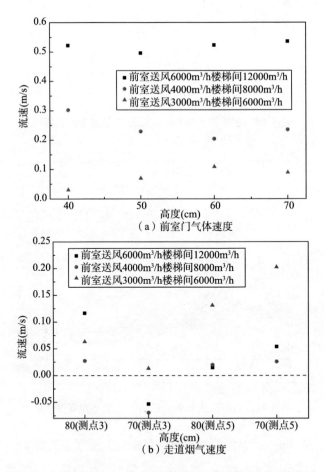

（a）前室门气体速度

（b）走道烟气速度

图5.50　无室外风时前室门气体速度、走道烟气速度散点图

　　图 5.50（a）是室外风为零的三组不同送风量的前室门洞处四个测点的水平气体流速。空气由前室流向走道为正方向。图 5.50（b）走道四个测点在三组不同送风量下测得的烟气水平流速。着火房间至前室门为正方向。由图分析，送风量越大，前室门洞气流速度越大。门洞上下空气速度较为均匀，没有出现上小下大的情况。速度值均为正数，说明该送风模式控烟效果较为理想，需进一步结合前室温升考虑各送风量的控烟效果。受到前室门流出的送风气流影响，与前室门 70cm 同高度测点 3 位置的气体速度数值接近于零或为负数，同高度远离着火房间测点 5 位置的气体流速则最大。80cm 高度的气体流速受送风气流影响减弱，基本为烟气速度。缺少室外风的推力，走道烟气动能仅依靠火源热浮力提供，又受到送风气流的阻挡，所以烟气水平蔓延速度偏小，三组工况下烟气速度最大仅为 0.12m/s，远小于烟气自然蔓延速度 0.62m/s。说明开启外窗，送风对走道烟气的阻挡效果大大提高。

　　（二）室外风速 1m/s 对防烟效果的影响

　　1. 烟气形态

　　图 5.51 是工况 36 的走道烟气运动形态。

（a）走道烟气形态

（b）前室门附近烟气形态

图 5.51　室外风速为 1m/s 时的走道烟气流动形态

从图 5.51（a）中观察可发现，室外风在增加烟气动能的同时，破坏了烟气层稳定性。室外风力增大了烟气与空气的湍流程度，上层烟气与下部空气混合加剧。图 5.51（b）与图 5.51（a）对比观察，尽管送风量大小保持不变，由于室外风的略微增加，前室门附近烟气层形态遭到较为严重的破坏。前室门附近烟气已经接近地面，严重影响本楼层人员疏散。此现象说明相对于加压送风，室外风是扰乱烟气形态的主要原因，特别是在前室门等有开口地方的附近，烟气与空气的相互卷吸更加剧烈。

2. 前室防烟效果

图 5.52 和图 5.53 是室外风速 1m/s 时工况 35 和工况 36 的前室温度变化曲线图。

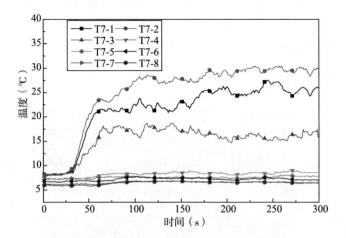

图 5.52　室外风速 1m/s 工况 35 前室温度曲线图

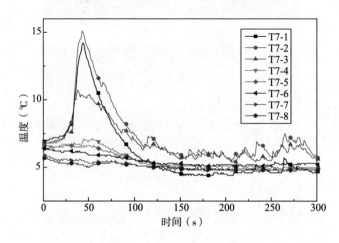

图 5.53　室外风速 1m/s 工况 36 前室温度曲线图

当室外风速增大到 1m/s，前室送风量 3000m³/h、楼梯间 6000m³/h，前室温度在 150s 以后趋于稳定，最高温度达 30℃左右，属于控烟失败。前室送风量 4000m³/h、楼梯间送风量 8000m³/h，160s 后虽然前室上部温度稍有波动，烟气少量进入，但升温范围小于 5℃，属于可接受范围，所以该情形下前室送风量 4000m³/h、楼梯间 8000m³/h 为临界控烟送风量。室外风增大了烟气动能，控烟难度增加，在相同送风量情况下，室外风增加，前室最高温度增大。

3. 烟气速度

图 5.54 是室外风为 1m/s 条件下前室气体、走道烟气速度散点图。

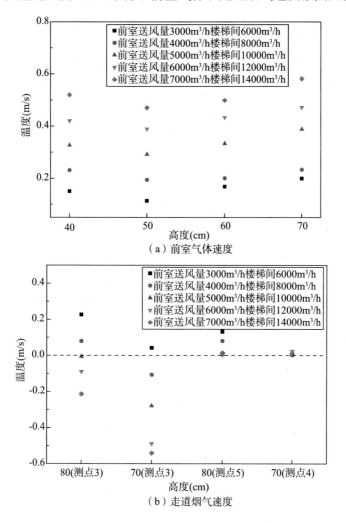

图 5.54　室外风速 1m/s 时前室门气体速度、走道烟气速度散点图

由图 5.54 看出，前室门气流速度呈上下大、中间小的趋势，总体速度与送风量大小成正比。与室外风为 0.0m/s 相比，相同送风量情况下前室门空气速度有所减小。以前室送风量 4000m³/h、楼梯间 8000m³/h 为例，各点空气速度均减小约 0.1m/s。送风量最小的两组工况 35、工况 36 在走道测点 3 位置 80cm 高度处烟气以较小的速度向前蔓延，随着送风量的增大该高度处烟气速度均小于 0，说明烟气被送风气流阻挡住，烟气被迫开始向着火房间方向运动。由于高度与前室门顶部相同，测点 3 位置 70cm 高度处的方向气流速度比 80cm 处更大。这表明该处送风对烟气的阻挡能力更强。综上，增大送风量能在走道上形成反向气流，起到更好的阻挡烟气作用，但是并不意味着能将烟气完全阻挡在走道一侧。增大气流的同时也增大了走道空气与烟气的相互掺混，仅靠加压送风将走道烟气完全阻挡在着火房间或完全排除难度较大。

4. 烟气层高度与烟气温度

由上文可知，室外风带入的新鲜空气加速了烟气蔓延速度和卷吸能力。图 5.55（a）（b）分别是工况 35 ~ 工况 39 五种不同加压送风量情况下走道各测点位置的最高温度和烟气层厚度曲线图。

图 5.55（a）是利用 N 百分比法计算得到的走道上六个测点位置的烟气层高度，图 5.55（b）是走道各测点位置的最高温度。结合上文结论，加压送风虽然会影响前室门洞附近烟气形态，加速空气与烟气的混合，导致烟气的沉降，但是从图中总体趋势上看，室外风相同的情况下，送风量越大，走道烟气层高度越高，烟气层温度越低。

测点 1 位置离着火房间门 0.5m，受着火房间火焰的直接热辐射，温度偏高。其余 5 处位置的最高温度都十分接近，没有明显的温度衰减。测点 4 正对着前室门，但是测点 4 与测点 5、测点 3 温度相差不大，没有出现突降，说明加压送风过程中，距离对走道烟气温度没有太大影响。

五种送风量由小到大对应的走道最高温度分别是 166.9℃、164.2℃、151.9℃、97.9℃、40.9℃。送风量两两之间相差均为 1000m³/h，但温度下降并没有与送风量的增加呈线性关系。当风量由 5000m³/h 增加到 6000m³/h 时温度降幅最大，由 3000m³/h 增加到 4000m³/h 时温度仅降 2.7℃，基本没有变化。当前室送风量达到 7000m³/h、楼梯间送风 14000m³/h 时，走道上最高温度仅 40.9℃。说明该条件下，烟气基本未进入前室，烟气基本从着火房间外窗排除。

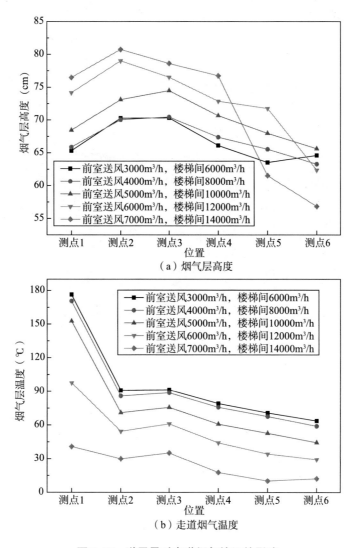

（a）烟气层高度

（b）走道烟气温度

图 5.55 送风量对走道烟气输运的影响

（三）室外风速 2.5m/s 对防烟效果的影响

1. 烟气形态

室外风速增大至 2.5m/s，烟气充斥走道上方大部分区域，仅从烟气形态上分析，烟气属于失稳状态。

2. 前室防烟效果

当室外风速增大至 2.5m/s 时，走道烟气开始发生紊乱。图 5.56 为室外风 2.5m/s 前室门处烟气形态图。图 5.57 和图 5.58 分别是工况 41 和工况 42 的前室温度曲线图。由图可知，当室外风速为 2.5m/s 时，仅凭借前室和楼梯间加压送风的防烟效果开始减弱。前室送风量 8000m³/h、楼梯间 16000m³/h 为该室外风条件下的临界控烟送风量，略小于规范要求的前室 10200m³/h、楼梯间 19692m³/h，远大于室外风速为 1m/s 的控烟临界送风量。尽管室外风速仅增大 1.5m/s，但是控烟难度增加一倍。结合上述实验结果可知，室外风对烟气水平运动动能的提升不是控烟难度增加的主要因素，而室外风对烟气形态的破坏是导致控烟难度急剧提高的主要因素。

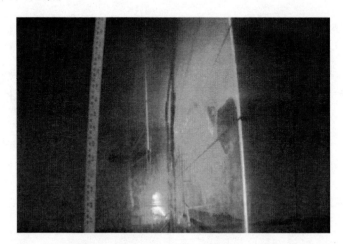

图 5.56　室外风速 2.5m/s 前室门处烟气形态

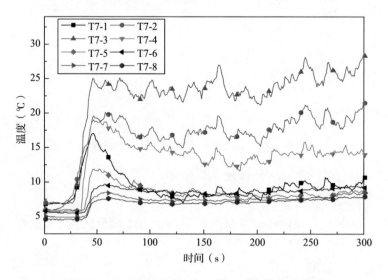

图 5.57　室外风速 2.5m/s 工况 41 前室温度曲线图

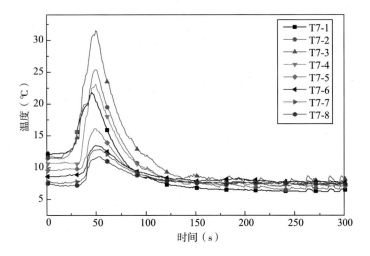

图 5.58　室外风速 2.5m/s 工况 42 前室温度曲线图

3. 烟气速度

图 5.59 为室外风速 2.5m/s 条件下前室气体速度、走道烟气速度散点图。室外风速增大至 2.5m/s，根据上文分析，烟气已经失稳，控烟难度大增。根据图 5.59 所示，前室门洞的风速呈上大下小趋势。且由下至上呈接近线性增长，送风量越大，增加速率越大。三组送风前室门洞顶部的空气速度相差不大，前室送风量 7000m³/h、8000m³/h、10200m³/h 对应的速度分别为 0.464m/s、0.481m/s、0.496m/s。前室送风量 7000m³/h 走道上测点 3 位置烟气的速度为 0.38m/s，前室送风量增大至 8000m³/h 时同位置烟气速度下降至 0.18m/s，速度减小了一倍，而送风量再增加，同位置烟气速度减小并不明显。根据前室温升发现，前室 8000m³/h 的送风量是该情况下的临界控烟量。说明从前室门出来的送风气流对走道烟气蔓延速度的降低起到关键作用。

4. 走道烟气层高度

结合上文烟气形态的直观描述，当室外风到达 2.5m/s 时，走道烟气发生失稳，但室外风增大至 4m/s，走道短时间内被烟气充满，烟气层高度不好确定，结合上文数据，本节讨论烟气层形态未发生太大混乱情况下的烟气层高度。

利用 N 百分比法计算出三组室外风（0m/s、1m/s、2.5m/s）条件下前室送风量 4000m³/h、楼梯间送风量 8000m³/h 的走道六个测点位置烟气层高度，具体如图 5.60 所示。

除去外界影响，烟气层高度变化的总体趋势是距离越远烟气层高度越低。测

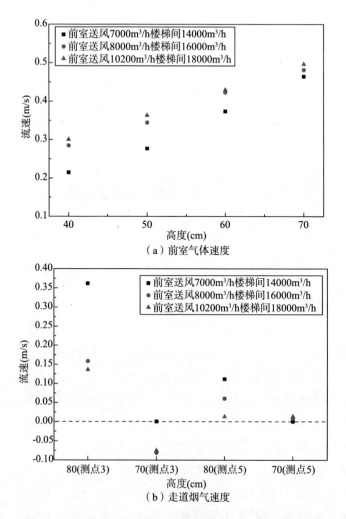

（a）前室气体速度

（b）走道烟气速度

图5.59　室外风速2.5m/s时前室气体速度、走道烟气速度

点1位置靠近着火房间门，受到房间门高度的影响，此处烟气层高度小于房间门高度。有学者研究发现由于室外风的作用使得火源火羽流的卷吸能力增强，烟气生产量增加。对比三条曲线，在送风量（前室送风量4000m³/h、楼梯间送风量8000m³/h）不变的前提下，室外风越大，产烟量越多，走道烟气层高度越低。1m/s室外风比室外风为0.0m/s的情况下烟气层高度整体降低约2cm。

相比前两组工况，室外风速2.5m/s时走道烟气层高度急剧下降，室外风是导致产烟量增大的原因之一。另一方面该风速下烟气层开始紊乱，走道上层烟气对下层空气的卷吸加速，烟气层厚度急剧增大，双区域分层形态变弱。

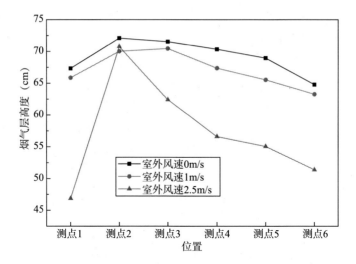

图 5.60　烟气层高度曲线图

5. 走道烟气温度

图 5.61 是三组工况走道上 6 个测点位置的最高温度。

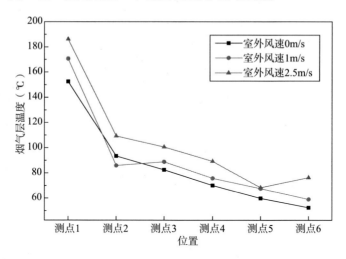

图 5.61　走道各测点处烟气温度

研究发现，室外风带入着火房间的冷空气的冷却效率很高，会导致着火房间乃至烟气层温度的下降。但是从图中直观发现，随着室外风速的增大，走道各点烟气最高温度随着增大。1m/s 室外风的加入整体提高了走道烟气温度约 6℃。相比前者，2.5m/s 的室外风条件下增温更加明显，整体提高走道温度 15～20℃。原因有两个：一是室外风吹入的新鲜空气加大了火源的燃烧效率，增加了总产热量；二是室外风增大了热对流效应，使得着火房间更多热量随着烟气进入走道。

（四）室外风速4m/s及其以上对防烟效果的影响

图5.62是工况42垂直前室门处的烟气形态。

图5.62　室外风速4m/s前室门处烟气形态

即使加压送风的风流将烟气控制在走道上不进入前室，但是在送风与室外风的双重作用下烟气运动轨迹更加难以控制。当室外风增大到4m/s时，整条走道在短时间内全部被烟气充满，烟气控制更加困难。

室外风速增大至4m/s时，走道烟气速度突增至0.8m/s，前室门洞烟气速度高达1.6m/s。按照规范计算的取值已经难以达到预期的效果，必须考虑采用防烟、排烟组合方式控制烟气。

第五节　室外风、排烟与送风对控烟效果的影响

第二节至第四节分别研究了不同室外风条件下送风、排烟的控烟效果。实验结果表明，无室外风情况下，规范规定的送风量、排烟量均能够在一定时间内达到控烟目的；当室外风速增大至4m/s时，仅依靠送风或排烟均不能阻止烟气进入前室和楼梯间。本章将在此基础上分析室外风对送风、排烟组合情况下的控烟

效果的影响。

一、实验工况设计

送、排结合是当今高层建筑最常用的控烟手段。讨论不同室外风作用下的送风、排烟对走道烟气输运特性的影响以及对前室控烟效果的影响有着现实指导意义。根据上文结论，实验选择三种室外风作为分析送风、排烟的基础条件：室外风为零情况（着火房间自然排烟）；不影响走道烟气层形态的较小室外风（1m/s）；影响走道烟气层形态的较小室外风（2.5m/s）。由于4m/s、5.8m/s室外风严重造成走道烟气层失稳。

沿用上文的实验设计，火源功率取1.5MW，换算到实验模型中的火源热释放速率为96.2kW，模拟室外风设定为0m/s，1m/s，2.5m/s，4m/s，5.8m/s五种，实验时间为350s。前室和楼梯间的加压送风量、机械排烟量参照《建筑防烟排烟系统技术标准》和实验现象综合评判取值。

具体实验工况见表5.16。工况1~11是对比分析不同排烟量对走道-前室烟气控制的影响；工况12~工况21是分析加压送风量对走道-前室烟气控制的影响。工况22~工况24是对比不同室外风作用下，规范要求的排烟、送风量的控烟效果。

表5.16　实验工况

工况序号	全尺寸排烟风量（m³/h）	全尺寸送风风量（m³/h）		全尺寸室外风（m/s）	缩尺寸实验排烟风量（m³/h）	缩尺寸实验送风风量（m³/h）		缩尺寸实验室外风（m/s）
		前室	楼梯间			前室	楼梯间	
46	4000	2000	4000	0.0	256.6	128.3	256.6	0.00
47	5000	2000	4000	0.0	320.8	128.3	256.6	0.00
48	6000	2000	4000	0.0	384.9	128.3	256.6	0.00
49	6000	2000	4000	1.0	384.9	128.3	256.6	0.58
50	8000	2000	4000	1.0	513.2	128.3	256.6	0.58
51	10000	2000	4000	1.0	641.5	128.3	256.6	0.58
52	12000	2000	4000	1.0	769.8	128.3	256.6	0.58
53	14000	4000	8000	2.5	898.1	256.6	513.2	1.45
54	16000	4000	8000	2.5	1026.4	256.6	513.2	1.45
55	18000	4000	8000	2.5	1154.7	256.6	513.2	1.45
56	20000	4000	8000	2.5	1283.0	256.6	513.2	1.45
57	3000	2000	4000	0.0	192.5	128.3	256.6	0.00

工况序号	全尺寸排烟风量（m³/h）	全尺寸送风风量（m³/h）		全尺寸室外风（m/s）	缩尺寸实验排烟风量（m³/h）	缩尺寸实验送风风量（m³/h）		缩尺寸实验室外风（m/s）
		前室	楼梯间			前室	楼梯间	
58	3000	3000	6000	0.0	192.5	192.5	385.0	0.00
59	3000	4000	8000	0.0	192.5	256.6	513.2	0.00
60	6000	2000	4000	1.0	384.9	128.3	256.6	0.58
61	6000	3000	6000	1.0	384.9	192.5	385.0	0.58
62	6000	4000	8000	1.0	384.9	256.6	513.2	0.58
63	12000	4000	8000	2.5	769.8	256.6	513.2	1.45
64	12000	5000	10000	2.5	769.8	320.8	641.6	1.45
65	12000	6000	12000	2.5	769.8	384.9	769.8	1.45
66	12000	7000	14000	2.5	769.8	449.1	898.2	1.45
67	13000	10200	18000	2.5	834.0	654.3	1308.6	1.45
68	13000	10200	18000	4.0	834.0	654.3	1308.6	2.30
69	13000	10200	18000	5.8	834.0	654.3	1308.6	3.28

二、室外风、排烟和送风作用下排烟对烟控制效果的影响

工况 46～工况 56 是基于三种条件室外风下不同排烟量对烟气控制的影响。下文将从前室防烟效果、走道烟气层高度、烟气温度、烟气蔓延速度等方面综合分析排烟对烟气输运及其控制的影响。

（一）无室外风条件下排烟的烟控效果

室外风为零相当于着火房间开启外窗自然排烟情况。工况 46～工况 48 为室外风为零、不同排烟量的实验工况。三组工况送风量均为前室 2000m³/h、楼梯间 4000m³/h，排烟量分别为 4000m³/h、5000m³/h、6000m³/h。

1. 前室防烟效果

根据上文烟气控制标准：300s 内前室温升小于 5℃。工况 46 排烟量 4000m³/h，送风量前室 2000m³/h、楼梯间 4000m³/h 属于控烟失败；工况 47 排烟量 5000m³/h，送风量前室 2000m³/h、楼梯间 4000m³/h 属于有效控烟。在室外风为零即房间自然排烟、前室送风量 2000m³/h、楼梯间送风量 4000m³/h 的条件下，排烟量 5000m³/h 为临界控烟排烟风量。

图 5.63 和图 5.64 分别为工况 46 和工况 47 前室门温度曲线图。

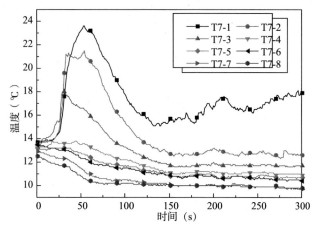

图 5.63 工况 46 前室门温度曲线图

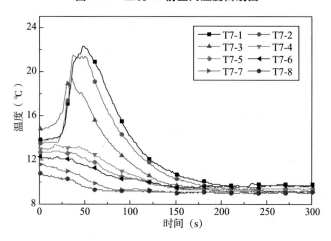

图 5.64 工况 47 前室门温度曲线图

2. 走道烟气层高度与烟气温度

表 5.17 是工况 46 ~ 工况 48 走道各测点位置烟气温度。

表 5.17 工况 46 ~ 工况 48 走道各测点位置烟气温度 单位：℃

位置	工况 46	工况 47	工况 48
测点 1	176.0	181.5	172.2
测点 2	41.3	24.9	21.2
测点 3	79.1	76.1	71.7
测点 4	70.8	68.5	65.1
测点 5	62.6	60.3	58.2
测点 6	55.6	53.7	54.3

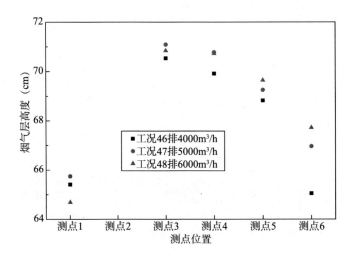

图 5.65　工况 46～工况 48 走道烟气层高度散点图

　　基于走道六组热电偶树测得数据，通过 N 百分比法计算处侧测点位置的烟气层高度。图 5.65 是三组排烟量条件下的走道烟气层高度散点图。

　　测点 4 位于前室门处，工况 46～工况 48 在测点 4 处烟气层高度分别为 69.9cm、70.7cm、70.7cm。从烟气层高度判断工况 46 排烟 4000m³/h 不能将烟气控制在走道内，属于控烟失败，排烟量 5000m³/h 为该条件下的临界排烟量，与上文结论一致。

　　根据表 5.17 发现，排烟量的增加会降低烟气温度。排烟量每增加 1000m³/h 同位置烟气温度下降约 2℃。测点 6 位于走道拐角处，受到壁面的阻挡，烟气沉降速度更快。根据图 5.65 发现，随着排烟量的增加，拐角处的烟气层高度呈降低趋势。说明排烟会影响远端拐角处烟气的沉降，且排烟量越大沉降速度越快。

　　测点 2 位于走道排烟口正下方，结合表 5.17 烟气温度发现，三组工况测点 2 处最高温度分别为 41.3℃、24.9℃、21.2℃，远低于测点 1、测点 3 位置烟气温度，不能再根据 N 百分比法计算烟气层高度。参考烟气层的吸穿现象表明，在开启机械排烟系统后，由于排烟风机的抽吸作用，排烟口正下方的烟气层会出现凹陷，且凹陷程度随着排烟量的增大而增加，最终产生吸穿现象。排烟口下方烟气的减少直接导致温度的下降。三组工况排烟口下方最高温度均出现在热电偶树最高测点 85cm 处，距离排烟口 5cm。此处工况 47 与工况 48 的最高温度已接近室温，相差仅为 3.7℃，说明在排烟量为 6000m³/h 情况下，排烟口下方烟气层厚度小于 5cm，已经发生吸穿现象。结合排烟吸穿现象结论，无送风情况下排烟量达到 10000m³/h 排烟口下方才发生吸穿现象，送风的加入有利于吸穿现象提前发生。

3. 前室门洞处气流速度

图 5.66 是三组不同排烟量情况下前室门洞处气流速度曲线图。风速探头 1～4 高度依次为 40cm、50cm、60cm、70cm。前室门洞处气流速度总体趋势呈现下大上小。越靠近前室门顶部气流速度越小。气流速度随着排烟量的增大而增加，但是组与组之间仅相差 0.02m/s。说明前室门洞气流速度受机械排烟量的影响较小，排烟仅起到控制烟气层高度的作用，在前室防烟排烟量多少并不会起到决定性作用。

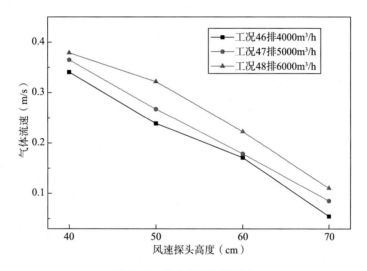

图 5.66　前室门洞气流速度

（二）室外风速 1m/s 对排烟控烟效果的影响

工况 49～工况 52 为室外风 1m/s、不同排烟量的实验工况。四组工况送风量均为前室 2000m³/h、楼梯间 4000m³/h，排烟量分别为 6000m³/h、8000m³/h、10000m³/h、12000m³/h。

1. 前室防烟效果

图 5.67 和图 5.68 分别为工况 49 和工况 50 前室门温度曲线图。根据烟气控制标准：300s 内前室温升小于 5℃。由图知：室外风 1m/s 条件下，工况 49 排烟量 6000m³/h，送风量前室 2000m³/h、楼梯间 4000m³/h 属于控烟失败；工况 50 排烟量 8000m³/h，送风量前室 2000m³/h、楼梯间 4000m³/h 属于有效控烟。

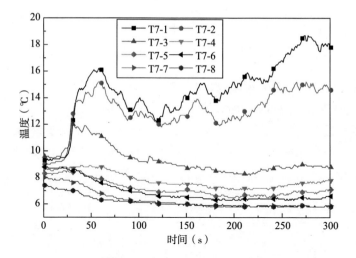

图 5.67　工况 49 前室门温度曲线图

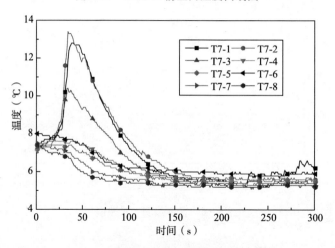

图 5.68　工况 50 前室门温度曲线图

2. 走道烟气层高度与烟气温度

表 5.18 为工况 49 ~ 工况 52 走道各测点位置烟气温度。

表 5.18　工况 49 ~ 工况 52 走道各测点位置烟气温度　　　　单位:℃

测点位置	工况 49	工况 50	工况 51	工况 52
测点 1	182.1	180.3	181.1	179.0
测点 2	24.8	18.3	12.4	8.7
测点 3	77.9	70.8	65.4	57.4
测点 4	70.1	63.5	58.3	49.7

续表

测点位置	工况 49	工况 50	工况 51	工况 52
测点 5	62.9	59.6	53.4	44.6
测点 6	57.3	53.7	46.9	39.2

图 5.69 为工况49～工况 52 走道烟气层高度散点图（排烟口下方温度较低无法用 N 百分比计算烟气层高度，其余各测点位置烟气层高度用 N 百分比计算得出）。

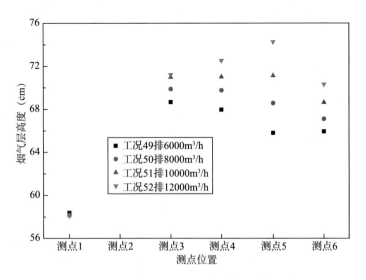

图 5.69　工况 49～工况 52 走道烟气层高度散点图

根据上文所得，1m/s 室外风没有改变烟气形态，仅仅增加了烟气动能。烟气蔓延速度的增加导致控烟成本的提高，前室防烟难度增大。根据图 5.69发现，排烟量为 6000m³/s、8000m³/s、10000m³/s、12000m³/s 时，排烟量每增加 2000m³/s，走道排烟口下游（测点 3～测点 5 位置）烟气层高度升高约 2～3cm，测点 6 走道拐角升高约 1.5cm。比较工况 51、工况 52 与另两组的烟气层高度，发现工况 51、工况 52 中，烟气层高度随着距离的增加而增高，到走道拐角处测点 6 位置才发生降低，说明排烟量增大对走道烟气的减少至关重要。

四组工况排烟口下方温度最高仅 24.8℃，相邻工况间温度相差仅几度，结合上文结论，排烟量 6000m³/s 时排烟口下方已经发生吸穿现象。但是，从四组排烟量各测点位置的烟气层高度和烟气温度来看，排烟口风速过大导致的吸穿现象没有影响到排烟效率。四组工况排烟量 6000～12000m³/s，组组之间的烟气层温度相差约7℃，与上节烟气温度差基本保持一致，且工况51、52的烟气层温度增幅更大。实验结果再次证明，从烟气层高度和烟气温度来说，排烟口下方的吸穿现象对排烟效率的影响可以忽略，形成的空气幕反而能更好地阻止烟气的蔓延。

3. 前室门洞处气流速度

图5.70 为工况49～工况53 前室门洞处气流速度。

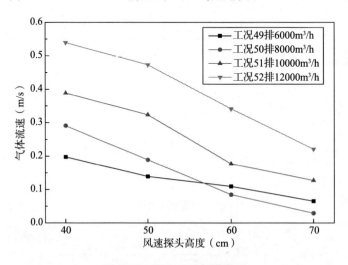

图5.70　前室门洞气流速度

与无室外风相比，同排烟量条件下，前室门处气流速度降幅较大。以排烟6000m³/s 为例，工况48 室外风为零情况下，40cm 高度处空气流速为 0.38m/s，工况49 在室外风1m/s 条件下同位置的空气流速下降至 0.20m/s，减小一倍。但是空气速度变化主要集中在门洞靠下位置，除工况52 排烟量12000m³/s 外，门洞顶部的空气流速均小于 0.1m/s。实验结论表明，该风速难以控制烟气。

（三）室外风速2.5m/s 对控烟效果的影响

工况53～工况56 为室外风2.5m/s、不同排烟量的实验工况。四组工况送风量均为前室4000m³/h、楼梯间8000m³/h。排烟量分别为 14000m³/h、16000m³/h、18000m³/h、20000m³/h。

1. 前室防烟效果

室外风到达2.5m/s，走道烟气开始紊乱，排烟效率降低，即使排烟量高达20000m³/s 也难以完全阻止烟气进入，此时只能增大加压送风量达到前室防烟的效果。

图 5.71 和图 5.72 分别为工况 55 和工况 56 前室门温度曲线。

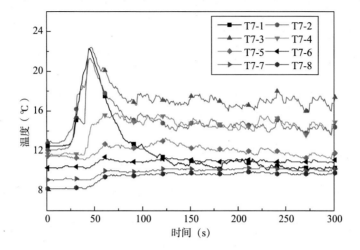

图 5.71　工况 55 前室门温度曲线图

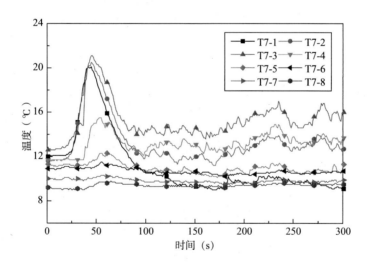

图 5.72　工况 56 前室门温度曲线图

2. 走道烟气层高度与烟气温度

工况 53 ~ 工况 56 走道各测点位置烟气温度见表 5.19。

表 5.19　工况 53 ~ 工况 56 走道各测点位置烟气温度　　　　　单位:℃

测点位置	工况 53	工况 54	工况 55	工况 56
测点 1	186.3	178.5	171.7	162.2
测点 2	106.0	92.4	86.7	84.7
测点 3	69.2	61.8	58.6	54.2

测点位置	工况53	工况54	工况55	工况56
测点4	60.7	55.6	52.0	49.2
测点5	58.4	52.1	48.3	45.7
测点6	56.2	50.8	47.4	44.6

图5.73为工况53~工况56走道烟气层高度散点图。

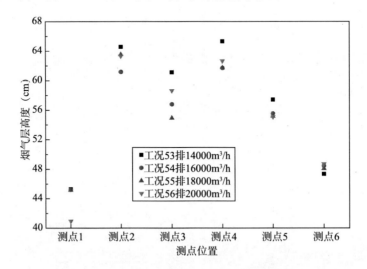

图5.73　工况53~工况56走道烟气层高度散点图

从图5.73中四组烟气层高度比较可得，当烟气形态开始发生紊乱后，烟气层的高度不再随着排烟量呈正相关。仅从烟气层高度上判定，当室外风2.5m/s，加压送风前室4000m³/s、楼梯间8000m³/s时，四种排烟量条件下的控烟效果为14000m³/s＞20000m³/s＞16000m³/s＞18000m³/s。在较大室外风作用下，排烟量越大对走道烟气形态的扰动越强烈，越不利于烟气的稳定，排烟效果也得不到保障。

从排烟口下方的温度数据能直观体现烟气紊乱对排烟效率的影响。与上两节相比，虽然排烟口下方温度还是随着排烟量的增加而降低，但是排烟量最大为20000m³/s时排烟口下方温度有84.7℃，远高于环境温度。与排烟口下方烟气层厚度变薄、温度降低的现象相违背。所以，当室外风达到2.5m/s时，受到风力影响，排烟口下方吸穿现象消失。

三、室外风、排烟、送风作用下送风对烟控制效果的影响

研究工况56~工况66三种室外风条件下（0m/s、1m/s、2.5m/s）不同加压送

风量对走道烟气输运和前室防烟的影响。下文将从前室防烟效果、走道烟气层高度、烟气温度、烟气蔓延速度等方面综合分析送风对烟气输运及其控制的影响。

（一）无室外风条件下送风的烟控效果

工况 57 ~ 工况 59 为室外风零、不同送风量的实验工况。三组工况排烟量均为 3000m³/h。送风量分别为前室 2000m³/h、楼梯间 4000m³/h，前室 3000m³/h、楼梯间 6000m³/h，前室 4000m³/h、楼梯间 8000m³/h。

1. 前室防烟效果

图 5.74 和图 5.75 分别为工况 57 和工况 58 前室门温度曲线图。

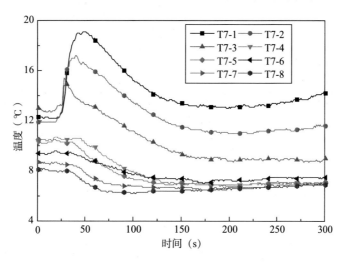

图 5.74　工况 57 前室门温度曲线图

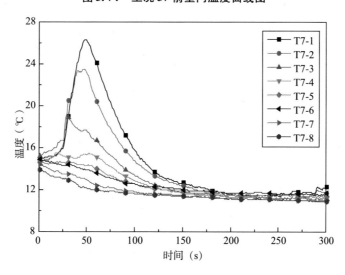

图 5.75　工况 58 前室门温度曲线图

按照前文前室最高温升小于 5℃ 的防烟要求，排烟 3000m³/h 时，前室加压送风 2000m³/h、楼梯间 4000m³/h 即可满足防烟要求。若将送风增加至前室 3000m³/h、楼梯间 6000m³/h，火灾烟气不会进入前室，防烟效果更佳。

2. 走道烟气层高度与烟气温度

图 5.76 为工况 57～工况 59 走道烟气层高度散点图。

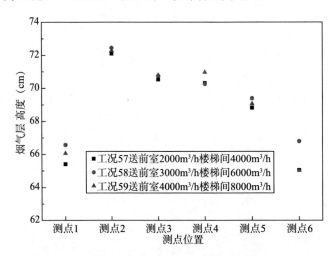

图 5.76　工况 57～工况 59 走道烟气层高度散点图

工况 57～工况 59 走道各测点位置烟气温度见表 5.20。

表 5.20　工况 57～工况 59 走道各测点位置烟气温度　　　　单位:℃

测点位置	工况 57	工况 58	工况 59
测点 1	176.0	183.5	182.0
测点 2	41.3	57.4	83.7
测点 3	79.1	87.1	93.7
测点 4	70.8	77.7	83.7
测点 5	62.6	68.9	73.2
测点 6	55.6	60.3	63.1

通过图 5.76 烟气层高度曲线图可发现，在室外风为 0.0m/s 的情况，排烟量为 3000m³/h 的情况下，加压送风风量的改变对烟气层高度影响不明显。结合表 5.20 发现，送风量的增加反而导致走道烟气温度的升高。原因有两个：一是送风抵挡了上层烟气进入前室，一定程度上减少了一个散热途径，致使上层烟气层

温度的上升；二是无室外风等外界作用干扰下，走道烟气 – 空气有良好的分层，而前室送风进入走道的气流经过走道底部流入着火房间，形成了空气 – 烟气良性通道，促进了烟气的流出。从测点 2 排烟口下方烟气温度也能体现出送风对烟气的流速有促进作用，在排烟量不变的情况下，排烟口下方烟气温度升高，说明烟气总量增多。该现象不利于烟气的控制。

3. 走道烟气速度与前室门洞气流速度

工况 57 ~ 工况 59 前室门、走道气体流速见表 5.21。

表 5.21　工况 57 ~ 工况 59 前室门、走道气体流速 　　　　　单位：m/s

工况序号	前室门 40cm	前室门 50cm	前室门 60cm	前室门 70cm	测点 3 位置 80cm	测点 3 位置 70cm
57	0.39	0.21	0.06	0.03	0.09	0.04
58	0.39	0.26	0.22	0.12	0.04	0.07
59	0.46	0.30	0.28	0.18	0.02	0.08

送风量增大，前室门空气流速增大。前室防烟主要依靠门洞上部空气竹炭烟气。从表 5.21 发现，送风量从前室 $2000m^3/h$、楼梯间 $4000m^3/h$ 增大至前室 $4000m^3/h$、楼梯间 $8000m^3/h$，门洞上部空气流速从 0.03m/s 增大至 0.18m/s。根据实验结果，0.15m/s 的空气速度能够阻挡烟气的入侵。测点 3 位置测量的是烟气速度。根据上节描述，送风会增大着火房间烟气的流出，但是，从表 5.21 可发现，在排烟口后方的的烟气速度随着送风量的增加而减小。

结合烟气层高度、烟气温度、烟气速度综合分析，送风量的增大会导致进入走道的烟气增加，使走道整体温度上升，但是烟气层高度并没有因此下降，烟气蔓延速度降低。综上，送风的加入有利于排烟效率的提高。

（二）室外风速 1m/s 对送风控烟效果的影响

工况 60 ~ 工况 62 为室外风 1m/s、不同送风量的实验工况。三组工况排烟量均为 $3000m^3/h$。送风量分别为前室 $3000m^3/h$、楼梯间 $6000m^3/h$，前室 $4000m^3/h$、楼梯间 $8000m^3/h$，前室 $5000m^3/h$、楼梯间 $10000m^3/h$。

图 5.77 和图 5.78 分别为工况 60 和工况 61 前室门温度曲线图。

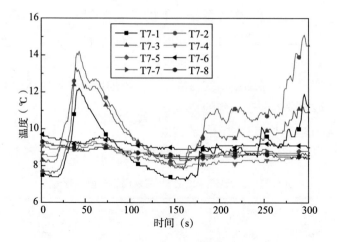

图 5.77 工况 60 前室门温度曲线图

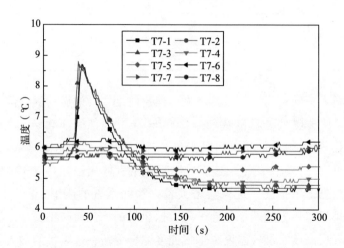

图 5.78 工况 61 前室门温度曲线图

按照前文前室最高温升小于 5℃ 的防烟要求,室外风 1m/s、排烟 3000m³/h 时,前室加压送风 3000m³/h、楼梯间 6000m³/h 满足不了前室防烟要求,烟气缓慢蔓延进入前室。送风量增加至前室 4000m³/h、楼梯间 8000m³/h,火灾烟气不会进入前室,达到预期防烟效果。与室外风为零相比,同排烟量情况下送风量需增大到 2000m³/h 才能控制烟气。

图 5.79 为工况 60~工况 62 走道烟气层高度散点图。图 5.80 为工况 62 前室门附近烟气形态图。

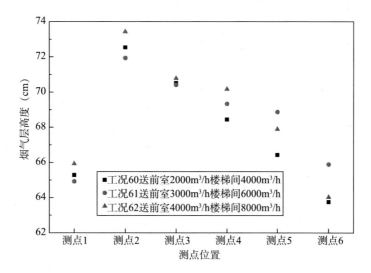

图 5.79　工况 60 ~ 工况 62 走道烟气层高度

结合片光源观察发现，由于送风气流的影响，送风量越大，对前室门附近及拐角处的烟气形态影响越大，对走道远离前室门处影响较小。

图 5.80　工况 62 前室门附近烟气形态

工况 60 ~ 工况 62 前室门、走道气体流速见表 5.22。

表 5.22　工况 60 ~ 工况 62 前室门、走道气体流速　　　　单位：m/s

工况序号	前室门 40cm	前室门 50cm	前室门 60cm	前室门 70cm	测点 3 位置 80cm	测点 3 位置 70cm
60	0.24	0.16	0.17	0.11	0.07	0.11
61	0.25	0.17	0.16	0.11	0.06	0.14
62	0.25	0.18	0.17	0.13	0.06	0.16

从表5.22看出，随着送风量增大，前室门空气流速增大，走道烟气速度减小，但是，室外风的加入弱化了送风量对走道烟气速度影响，三组不同送风量在测点3位置80cm高度处烟气速度分别为0.07m/s、0.06m/s、0.06m/s，两组之间烟气速度变化仅0.01m/s，远不及室外风为0时的变化程度。同理，前室门洞处空气速度受到送风量的影响减弱。

（三）室外风速2.5m/s对送风控烟效果的影响

工况63～工况66为室外风2.5m/s、不同送风量的实验工况。四组工况排烟量均为12000m³/h。送风量分别为前室4000m³/h、楼梯间8000m³/h，前室5000m³/h、楼梯间10000m³/h，前室6000m³/h、楼梯间12000m³/h，前室7000m³/h、楼梯间14000m³/h。

1. 前室防烟效果

图5.81和图5.82分别为工况64和工况65前室门温度曲线图。

按照前文前室最高温升小于5℃的防烟要求，室外风2.5m/s、排烟12000m³/h时，前室加压送风4000m³/h、楼梯间8000m³/h满足不了前室防烟要求，烟气进入前室。送风量增加至前室5000m³/h、楼梯间10000m³/h，仍有火灾烟气渗入前室，当前室整体温升小于5℃，可视为安全区域。送风量增大至前室6000m³/h、楼梯间12000m³/h，方可保证烟气不进入前室。室外风速增大至2.5m/s后，较大的前室送风量是前室人员安全的基本保障。

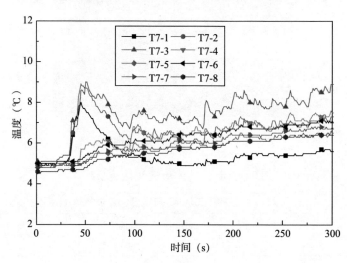

图5.81　工况64前室门温度曲线图

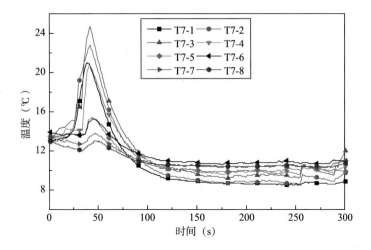

图 5.82　工况 65 前室门温度曲线图

2. 走道烟气输运的影响

图 5.83 是工况 63 ~ 工况 66 走道各测点烟气层高度散点图。图中显示送风规律与上文一致,加压送风对前室门附近及拐角处烟气的影响更大,对远离前室门烟气影响较小。

图 5.84 是工况 63 ~ 工况 66 测点 2 位置温度曲线图。

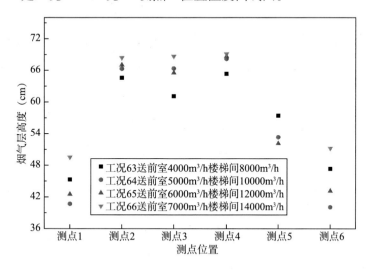

图 5.83　工况 63 ~ 工况 66 走道烟气层高度散点图

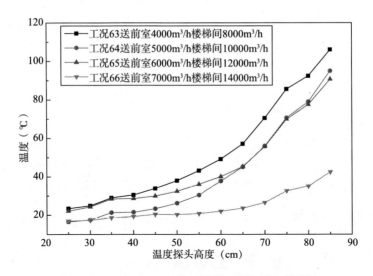

图 5.84　工况 63～工况 66 测点 2 位置温度曲线图

上文提到，在室外风速较小情况下，送风会促进烟气进入走道，提高排烟效果，延缓吸穿现象的发生。从图 5.84 发现，随着室外风的增大，送风量越大，排烟口下方温度越低。原因是前室送风空气流与排烟气流形成一个气流回路，导致进入走道的新鲜空气又直接从排烟口抽吸排除。工况 66 前室送风量 7000m³/h、楼梯间 14000m³/h 时，排烟口下方温度发生骤降，说明此时排烟口下方发生吸穿现象，但由于室外风的作用，温度略高于室温。

四、室外风对走道烟气输运和前室防烟的影响

工况 57～工况 59 探讨规范规定的加压送风、机械排烟量及三种室外风条件（2.5m/s、4m/s、5.8m/s）对走道烟气输运和前室防烟的影响。下面将从前室防烟效果、走道烟气形态、烟气温度等方面综合分析送风对烟气输运及其控制的影响。

1. 前室防烟效果

图 5.85 和图 5.86 分别为室外风速 4m/s 和 5.8m/s 条件下前室门温度曲线图。

从前室防烟角度来看，室外风速越大，烟气驱动力越强，防烟越难；从排烟角度上看，室外风速越大，烟气层越不稳定，排烟效率越低。从图 5.85 和图 5.86 看，按照规范要求计算得到的机械排烟量（13000m³/h）和加压送风量（前室送风量 10200m³/h、楼梯间 18000m³/h）在 4m/s 室外风作用下能够保证前室

的安全但不能完全阻止烟气进入前室。若室外风继续增大，此排烟、送风风量难以继续保证前室人员安全。当室外风达到5.8m/s时，前室温度全面上升，最高温度高达50℃，排烟和送风的控烟措施失去应有的作用。

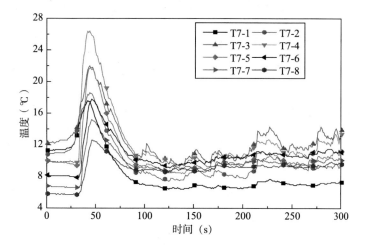

图5.85　室外风速4m/s前室门温度曲线图

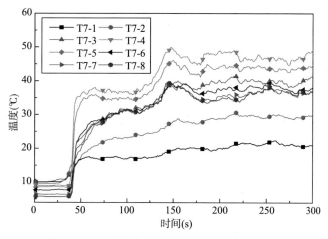

图5.86　室外风速5.8m/s前室门温度曲线图

5.8m/s自然风为四级风速。在几十米的高空中，风速经常达到四级乃至更高，所以，在此背景下，仅仅凭借排烟和送风以期达到控烟效果不太可行，应配合更多的控烟措施来保证人员的生命安全。

2. 走道烟气输运的影响

图5.87、图5.88和图5.89分别为室外风速2.5m/s、4m/s、5.8m/s条件下走道各测点温度曲线图。

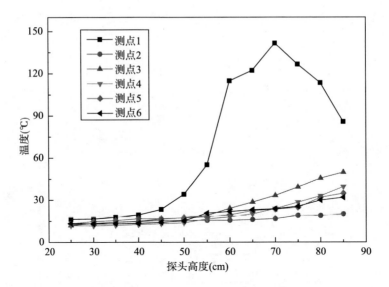

图 5.87 室外风速 2.5m/s 走道各测点温度曲线图

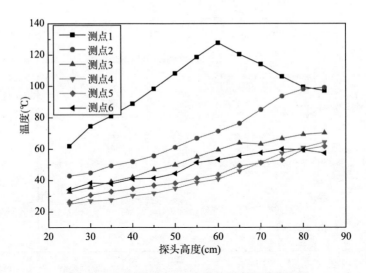

图 5.88 室外风速 4m/s 走道各测点温度曲线图

随着室外风增大，走道烟气温度下降，但整体温度上升。当室外风速为
2.5m/s 时，测点 1 位置 70cm 高度处出现最高温度 141℃；室外风速为 4m/s 时，
测点 1 位置最高温度为 127.8℃；室外风速为 5.8m/s 时，测点 1 位置最高温度
85.9℃。室外风的增大在降低烟气温度的同时也增加了火源产烟量，扰乱了烟气
层。图 5.87 中，室外风速 2.5m/s，规范规定的送风、排烟量控烟效果较好，走
道除靠近着火房间测点 1 位置温度较高外，其余地方最高温度均小于 60℃，

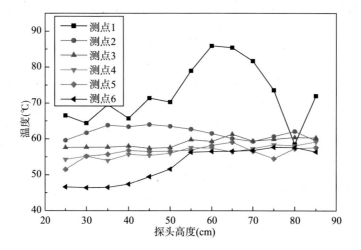

图 5.89　室外风速 5.8m/s 走道各测点温度曲线图

70cm 高度以下均小于 40℃。图 5.88 中，室外风增大到 4m/s，各测点 70cm 高度温度超过 60℃或接近 60℃，但还能明显观察到走道温度上升趋势，只是烟气和空气温度突变的分界面消失了。图 5.89 中，室外风 5.8m/s 时，走道内上下温度趋于一致，最低温度超过 45℃，空气层完全消失，排烟和送风完全失效。

参考文献

［1］范维澄，王清安，姜冯辉，等．火灾学简明教程［M］．合肥：中国科学技术大学出版社，1995．

［2］Chen H X, Liu N A, Chow W K. Wind tunnel tests on compartment fires with crossflow ventilation［J］. Journal of Wind Engineering and Industrial Aerodynamics, 2011, 99 (10): 1025 - 1035.

［3］梁振涛．室外风作用下高层建筑机械排烟量的确定［D］．廊坊：中国人民警察部队学院，2014．

［4］Li Y Z, Lei B, Ingason H. Study of critical velocity and backlayering length in longitudinally ventilated tunnel fires［J］. Fire safety journal, 2010, 45 (6): 361 - 370.

［5］中华人民共和国住房和城乡建设部，中华人民共和国国家质量监督检验免疫总局．建筑防烟排烟系统技术标准（GB51251—2017）［S］．北京：中国计划出版社，2018．

［6］霍然，胡源，李元州．建筑火灾安全工程导论［M］．合肥：中国科学技术大学出版社，2009．

［7］Harkleroad M, Quintiere J, Rinkinen W. An experimental study of upper hot layer stratification in full - scale multiroom fire scenarios［J］. Journal of Heat Transfer, 1982, 104: 741.

［8］刘方．中庭火灾烟气流动与烟气控制研究［D］．重庆：重庆大学，2002．

［9］高甫生，王砚玲，邱旭东．高层建筑加压送风系统试验研究［J］．暖通空调，2003，33（4）：31－35．

［10］王渭云．高层建筑火灾逃生路线的机械防烟与排烟研究［J］．消防技术与产品信息，1997，4：14－17．

［11］冯瑞．高层建筑加压送风系统的有效性研究［D］．合肥：中国科学技术大学，2006．